Instationäre Strömungsvorgänge in Rohrleitungen an Verbrennungskraftmaschinen

Die Berechnung nach der Charakteristikenmethode

Von

Dr.-Ing. Hans Seifert

Mit 96 Abbildungen

Springer-Verlag
Berlin Heidelberg GmbH 1962

ISBN 978-3-540-02906-9 ISBN 978-3-662-12088-0 (eBook)
DOI 10.1007/978-3-662-12088-0

Ursprünglich erschienen bei Springer-Verlag OHG., Berlin/Göttingen/Heidelberg 1962

Library of Congress Catalog Card Number: 62-19575

Vorwort

Der Inhalt des vorliegenden Buches ist meine von der Technischen Hochschule Karlsruhe im Sommer 1960 anerkannte Promotionsarbeit.

Die Anregung zu dieser Arbeit ging von den JLO-Werken in Pinneberg/Hamburg aus. Sie traten im Frühjahr des Jahres 1955 an Herrn Professor Dr.-Ing. K. KOLLMANN, Karlsruhe, dessen Lehrstuhl ich damals als Assistent angehörte, mit der Bitte heran, sich in eine zu jener Zeit gerade auf eigenem Prüffeld anlaufende Versuchsreihe an einem kurbelkastengespülten Zweitakt-Vergasermotor einzuschalten und in erster Linie die theoretische Auswertung der Versuchsergebnisse zu übernehmen. Die Versuche sollten der weiteren Klärung des Gaswechsels des Zweitaktmotors, besonders seines Systems Kurbelkasten – Überströmkanäle – Zylinder – Auspuffrohr, dienen.

Herr Professor Dr.-Ing. K. KOLLMANN betraute mich mit der Bearbeitung der Aufgabe, deren Ergebnis ich mit der Genehmigung der technischen Leitung der JLO-Werke im zweiten Teil dieses Buches niedergelegt habe.

Über diese spezielle Aufgabenstellung hinaus erschien es sinnvoll, der Darstellung der Charakteristikentheorie der instationären Gasdynamik, die als Berechnungsgrundlage verwendet wurde, einen breiteren Raum zu geben, als es normalerweise im Rahmen einer Promotionsarbeit üblich ist, da sie im Schrifttum in Verbindung mit dem Anwendungsgebiet *Kolbenmaschinen* noch wenig vertreten ist. Wenn auch die angeführten Beispiele sich nur auf einen schmalen Bereich dieses Anwendungsgebietes beziehen, so ist der theoretische Teil doch so allgemein aufgebaut, daß hieraus auch die Grundlagen für die Berechnung anderer instationärer Strömungsprobleme im Kolbenmaschinenbau entnommen werden können. Durch das dankenswerte Entgegenkommen des Springer-Verlages ist es mir möglich, die aus der genannten Theorie gewonnenen Berechnungsmethoden und Ergebnisse einem zweifellos vorhandenen größeren Interessentenkreis zugänglich zu machen.

Ich möchte an dieser Stelle die Gelegenheit wahrnehmen, Herrn Professor Dr.-Ing. K. KOLLMANN für das lebhafte Interesse und die großzügige Unterstützung, die er diesem Buch zuteil werden ließ, meinen ergebensten Dank auszusprechen. Auch den Herren Professoren Dr.-Ing. habil. J. JEHLICKA, Karlsruhe, und Dr. K. OSWATITSCH, Wien, schulde ich für manchen nützlichen Hinweis und Ratschlag großen Dank.

Meinen besten Dank sage ich Herrn Direktor E. BIEFANG, eh. technischer Leiter der JLO-Werke, dessen großes Entgegenkommen in allen Fragen mir die Durchführung der Versuche sehr erleichterte. Herrn Dr.-Ing. H. MÜLLER danke ich für seine bereitwilligst gegebene Mithilfe bei der Klärung versuchstechnischer Probleme und Herrn Dipl.-Ing. R. KATTENTIDT für seine wertvolle Mitarbeit bei der Durchrechnung der angeführten Beispiele.

H. Seifert

Mannheim, Frühjahr 1961

Inhaltsverzeichnis

Seite

I. Einleitung 1

II. Zielsetzung 4

III. Theoretische Grundlagen 5

A. Die Verträglichkeitsbedingungen der allgemeinen instationären Fadenströmung 5

1. Voraussetzungen 5
2. Schallgeschwindigkeit 6
3. Die MACHschen Linien 7
4. Charakteristik und Verträglichkeitsbedingung 8
5. Grundgleichungen 10
   a) Zustandsgleichung 10
   b) Erster und zweiter Hauptsatz der Wärmelehre 11
   c) Kontinuitätsgleichung 12
   d) Bewegungsgleichung 13
   e) Energiegleichung 13
6. Transformation der Grundgleichungen auf die MACHschen Linien 15

B. Die Charakteristikenmethode 17

1. Die isentrope instationäre Rohrströmung 17
2. Verdichtungsstoß 23
3. Die anisentrope instationäre Rohrströmung ohne Berücksichtigung der Reibung und des Wärmeaustausches 29
   a) Berechnung der Strömungsebene für *ein* Medium im Rohr 29
   b) Berechnung der Strömungsebene für zwei verschiedene Medien im Rohr . 33
4. Die isentrope instationäre Diffusorströmung 37
5. Die instationäre Rohrströmung mit Reibung 42
6. Die instationäre Rohrströmung mit Wärmeaustausch 45
7. Die allgemeine instationäre Fadenströmung mit Reibung und Wärmeaustausch 50

C. Randbedingungen 51

1. Randbedingung *Offenes Rohrende* 51
   a) Druckwelle 51
   b) Saugwelle 54
2. Randbedingung *Geschlossenes Rohrende* 56

Seite

3. Randbedingungsdiagramm 57
   a) Bedingungslinien α = const 58
   b) Entropielinien $e^{(s-s_0)/2c_p}$ = const 60
   c) Mengenlinien $\bar{G}/(P/P_0)$ = const 61
   d) Überschallbereich 62
4. Anwendungsbeispiele 63
   a) Instationäres Ausströmen aus einem Behälter in ein angeschlossenes Rohr; das ausströmende Medium und das im Rohr befindliche seien von der gleichen Art 63
   b) Instationäres Ausströmen aus einem Behälter in ein angeschlossenes Rohr; das ausströmende Medium und das im Rohr befindliche seien von verschiedener Art 69
   c) Instationäre Strömung durch eine Drosselstelle im Rohr 73
   d) Instationäres Einströmen durch eine Drosselstelle in einen Behälter 78
   e) Vereinfachter Rechnungsgang zur Lösung der Aufgabenstellung in den Abschnitten 4c und 4d 79
   f) Instationäres Ausströmen aus einem Rohr durch eine Blende oder Düse in die Atmosphäre 82
   g) Instationäres Einströmen aus der Atmosphäre durch eine Blende oder Düse in ein Rohr 83
   h) Randbedingung *Turbine* am Ende einer Abgasleitung 84
   i) Randbedingung *Rohrverzweigung* 85
   k) Randbedingung *Rohrverzweigung* nach der linearisierten Methode 86
   l) Randbedingung *Rohrverzweigung T-Stück* für Druckwellen mit großer Amplitude 87

IV. Experimentelle Untersuchungen und Berechnungen 91

A. Versuchseinrichtung 91
   1. Versuchsmotor 91
   2. Prüfstandsaufbau 92
   3. Allgemeine Meßeinrichtung 93
   4. Druckmeßeinrichtung 94
   5. Untersuchte Rohranordnungen 96

B. Bestimmung des zeitlichen und örtlichen Zustandsverlaufes einer instationären Gasströmung im Rohr 1 96
   1. Die Kenngrößen der Zustands- und Strömungsebene 97
   2. Berechnung der Strömungsebene 99
   3. Diskussion des Auspuffvorganges 102

C. Berechnung der Bahn des ersten in den Überströmkanal eingedrungenen Abgasteilchens in der Strömungsebene 105
   1. Die Kenngrößen der Strömungs- und der Zustandsebene 105
   2. Randbedingung *Kurbelkastenmündung* 110
   3. Kurbelkastendruck P_{0k} 112
   4. Berechnung der Strömungsebene 115
   5. Diskussion der Spülströmung in den Überströmkanälen 118

Seite

D. Berechnung des Gaswechsels ... 120

1. Wirkungsweise des Rohres 2 ... 120
2. Die Kenngrößen des Gaswechsels ... 121
3. Die Ausgangswerte der Rechnung ... 123
4. Berechnung des Zustandsverlaufes im Zylinder ... 126
5. Die Kenngrößen der Strömungs- und Zustandsebene für Rohr 2 ... 128
6. Die Kenngrößen der Strömungs- und Zustandsebene für *einen* Überströmkanal ... 133
7. Randbedingungen *Auspuffschlitz* und *Überströmschlitz* ... 135
   a) Ausströmvorgang ... 135
   b) Einströmvorgang ... 142
8. Randbedingung *Kurbelkastenmündung* ... 143
9. Übergangsbedingung *Blende im Rohr 2* ... 143
10. Zahlenbeispiel eines Schrittes der Gaswechselrechnung ... 144
11. Diskussion des Ergebnisses der Gaswechselrechnung ... 149
   a) Die Erfolgsgrößen des Gaswechsels ... 149
   b) Die Zustandsgrößen des Zylinderinhaltes ... 153
   c) Die Strömungsebene und die Zustandsebenen des Rohres 2 ... 155
   d) Die Strömungs- und Zustandsebene *eines* Überströmkanals ... 163
12. Folgerungen für die Nutzanwendung ... 167

V. Zusammenfassung ... 169

Literaturverzeichnis ... 172

Sachverzeichnis ... 174

Formelzeichen

a	$\frac{\text{m}}{\text{sek}}$	Schallgeschwindigkeit
a_{0za}	$\frac{\text{m}}{\text{sek}}$	Schallgeschwindigkeit im Zylinder beim Öffnen des Auslaßschlitzes
$\bar{a}_{0za}$	$\frac{\text{m}}{\text{sek}}$	Schallgeschwindigkeit im Zylinder am Ende der Spülung bei Abschluß des Auspuffschlitzes
b_e	$\frac{\text{g}}{\text{PSh}}$	Spez. Kraftstoffverbrauch
c	$\frac{\text{m}}{\text{sek}}$	Laufgeschwindigkeit der Stoßfront
c_p	$\frac{\text{mkg}}{\text{kg °K}}$	Spez. Wärme bei konstantem Druck
c_v	$\frac{\text{mkg}}{\text{kg °K}}$	Spez. Wärme bei konstantem Volumen
$C_{vm}\Big\|_0^{T_{0za}}$	$\frac{\text{kcal}}{\text{kmol °K}}$	Mittlere Molwärme
d	mm	Bohrung des Versuchsmotors
d, D	m, mm	Rohrdurchmesser
e	—	Basis der natürlichen Logarithmen e = 2,71828...
e	$\frac{\text{mkg}}{\text{kg}}$	Innere Energie
f, F	m^2	Querschnittsfläche
g	$\frac{\text{m}}{\text{sek}^2}$	Erdbeschleunigung
G	kg, $\frac{\text{kg}}{\text{sek}}$	Gewicht des Behälterinhaltes, Gewichtsdurchsatz
$\bar{G}$	—	Dimensionsloser Gewichtsdurchsatz
G_{az}	kg	Aus dem Zylinder ausströmendes Gewicht
G'_{az}	kg	Aus dem Zylinder in das Auspuffrohr ausströmendes Gewicht
G''_{az}	kg	Aus dem Zylinder in die Überströmkanäle ausströmendes Gewicht
G_{ez}	kg	In den Zylinder einströmendes Gewicht
G'_{ez}	kg	Aus dem Auspuffrohr in den Zylinder zurückgeschobenes Gewicht
G''_{ez}	kg	Aus den Überströmkanälen in den Zylinder einströmendes Gewicht
G_{za}	kg	Gasgewicht bei Öffnung des Auslaßschlitzes

$\overline{G}_{za}$	kg	Gasgewicht am Ende des Gaswechsels bei Abschluß des Auslaßschlitzes
G_{Fz}	kg	Nach Abschluß der Spülperiode im Zylinder verbliebenes Ladungsgewicht
H	cm	Poldistanz der DE HALLERschen Konstruktion
H_u	$\frac{\text{kcal}}{\text{kg}}$	Unterer Heizwert
i	$\frac{\text{mkg}}{\text{kg}}$	Enthalpie
l	mm	Pleuellänge des Versuchsmotors
L	m	Bezugslänge
L	%	Durch die Stoßwelle aus dem Auspuff in den Zylinder zurückgeschobene Frischladungsmenge
L_0	$\frac{\text{m}^3}{\text{kg}}$	Luftbedarf
m	$\frac{\text{kg}}{\text{kmol}}$	Molekulargewicht
m_p	cm	Maßstab der $(P/P_1)^{(\varkappa-1)/2\varkappa}$-Achse im Zustandsdiagramm
m_u	cm	Maßstab der u/a_1-Achse im Zustandsdiagramm
m_x	cm	Maßstab der X-Achse in der Strömungsebene
m_z	cm	Maßstab der Z-Achse in der Strömungsebene
n	$\frac{\text{U}}{\text{min}}$	Drehzahl
P	$\frac{\text{kg}}{\text{m}^2}$	Druck
p_e	$\frac{\text{kg}}{\text{cm}^2}$	Mittlerer effektiver Druck
p_{i-l}	$\frac{\text{kg}}{\text{cm}^2}$	Mittlerer indizierter Druck ohne Ladungswechselarbeit
p_l	$\frac{\text{kg}}{\text{cm}^2}$	Mitteldruck des Ladungswechsels
P_{0k3}	$\frac{\text{kg}}{\text{m}^2}$	Druck im Kurbelkasten bei halber Öffnung des Einlaßschlitzes vor OT
P_{0k4}	$\frac{\text{kg}}{\text{m}^2}$	Druck im Kurbelkasten bei halber Öffnung des Einlaßschlitzes nach OT
P_{0za}	$\frac{\text{kg}}{\text{m}^2}$	Zylinderdruck beim Öffnen des Auslaßschlitzes
$\overline{P}_{0za}$	$\frac{\text{kg}}{\text{m}^2}$	Zylinderdruck am Ende der Spülung bei Abschluß des Auslaßschlitzes
$P_{0z\ddot{u}}$	$\frac{\text{kg}}{\text{m}^2}$	Zylinderdruck beim Öffnen der Überströmschlitze
p_{Sp}	$\frac{\text{kg}}{\text{cm}^2}$	Mitteldruck der Kurbelkastenspülpumpe
p_R	$\frac{\text{kg}}{\text{cm}^2}$	Reibungsdruck
q	$\frac{\text{mkg}}{\text{m}^3\text{sek}}$	Je Volumen- und Zeiteinheit zu- oder abgeführte Wärmemenge

Q	—	Je Volumen- und Zeiteinheit zu- oder abgeführte Wärmemenge, dimensionslos
r	mm	Kurbelradius des Versuchsmotors
R	$\frac{\text{mkg}}{\text{kg °K}}$	Gaskonstante
Re	—	REYNOLDS-Zahl
R_z	$\frac{\text{mkg}}{\text{kg °K}}$	Gaskonstante des Zylinderinhaltes im Verlauf der Spülperiode
$\bar{R}_z$	$\frac{\text{mkg}}{\text{kg °K}}$	Gaskonstante des Frischgases und des Abgases im Zylinder bei Abschluß des Auslaßschlitzes
R_{zm}	$\frac{\text{mkg}}{\text{kg °K}}$	Gaskonstante des Zylinderinhaltes, Mittelwert über der Spülperiode
s	$\frac{\text{mkg}}{\text{kg °K}}$	Entropie
s	mm	Hub des Versuchsmotors
t	sek	Zeit
T	°K	Temperatur
T_{0k2}	°K	Temperatur im Kurbelkasten bei halber Öffnung der Überströmschlitze vor UT
T_{0k4}	°K	Temperatur im Kurbelkasten bei halber Öffnung des Einlaßschlitzes nach OT
T_{0za}	°K	Temperatur der Zylinderladung beim Öffnen des Auslaßschlitzes
$\bar{T}_{0za}$	°K	Temperatur der Zylinderladung am Ende der Spülung bei Abschluß des Auspuffschlitzes
T_s	°K	Temperatur der Ladung beim Einströmen in den Zylinder
u	$\frac{\text{m}}{\text{sek}}$	Strömungsgeschwindigkeit
u_{f_B}	$\frac{\text{m}}{\text{sek}}$	Axialgeschwindigkeit eines Gases im Querschnitt f_B der Blende
u'_n	$\frac{\text{m}}{\text{sek}}$	Geschwindigkeit der Teilchen hinter der Stoßfront nach Überlagerung des Geschwindigkeitsfeldes $-c$
u_r	$\frac{\text{m}}{\text{sek}}$	Radialgeschwindigkeit eines Gases im Querschnitt f_B der Blende
u'_v	$\frac{\text{m}}{\text{sek}}$	Geschwindigkeit der Teilchen vor der Stoßfront nach Überlagerung des Geschwindigkeitsfeldes $-c$
V	m^3, cm^3	Volumen
V	%	Bleibender Ladungsverlust durch den Auspuff
V'	%	Ladungsverlust durch den Auspuff während der Spülung
V''	%	Ladungsverlust durch den Auspuff nach der Spülung
V'''	%	Nach beendigter Spülung wieder in den Kurbelkasten zurückgeschobene Ladung
V_A	%	Bleibender Ladungsverlust durch den Auspuff bei Aufladung
V'_A	%	Ladungsverlust durch den Auspuff während der Spülung bei Aufladung

V''_A	%	Ladungsverlust durch den Auspuff nach der Spülung bei Aufladung
V'''_A	%	Nach beendigter Spülung wieder in den Kurbelkasten zurückgeschobene Ladungsmenge bei Aufladung
V_{aF}	m^3	Volumenanteil der Frischladung am ausströmenden Volumen
V_{az}	m^3	Aus dem Zylinder in das Auspuffrohr verdrängtes Volumen
V_e	cm^3	Kompressionsvolumen
V_{ez}	m^3	Eingeströmtes Frischladungsvolumen, bezogen auf den Zustand im Zylinder nach Temperaturausgleich mit dem Zylinderinhalt
V_{F0}	m^3	Nach Abschluß der Spülperiode im Zylinder verbliebenes Frischladungsvolumen, bezogen auf den Außenzustand
V_{Fz}	m^3	Nach Abschluß der Spülperiode im Zylinder verbliebenes Frischladungsvolumen, Zustand im Zylinder nach Temperaturausgleich
V_H	cm^3	Hubvolumen des Versuchsmotors
V_k	cm^3	Kurbelkastenvolumen des Versuchsmotors im UT
V_{k2}	m^3	Kurbelkastenvolumen bei halber Öffnung der Überströmschlitze vor UT
V_{k4}	m^3	Kurbelkastenvolumen bei halber Öffnung des Einlaßschlitzes nach OT
V_m	$\frac{m^3}{kmol}$	Molvolumen bei P_0 und T_0
V_z	cm^3	Zylinder-Gesamtvolumen des Versuchsmotors
V_{za}	m^3	Zylindervolumen bei Öffnung des Auslaßschlitzes
w	$\frac{m}{sek^2}$	Reibungskraft je Masseneinheit
W	—	Auf die Masseneinheit bezogene Reibungskraft, dimensionslos
x	m	Ortskoordinate in Strömungsrichtung
X	—	Abszissenwert der Strömungsebene (dimensionslose Ortskoordinate in der Strömungsebene)
X_{I}	—	Abszissenwert der Meßstelle I (im Auspuffrohr) in der Strömungsebene
X_{II}	—	Abszissenwert der Meßstelle II (im Auspuffrohr) in der Strömungsebene
X_{III}	—	Abszissenwert der Meßstelle III (im Überströmkanal) in der Strömungsebene
X_B	—	Abszissenwert der Blende im Auspuffrohr in der Strömungsebene
X_{De}	—	Abszissenwert des Diffusoranfangs in der Strömungsebene
X_{De}	—	Abszissenwert des Diffusorendes in der Strömungsebene
X_{DS}	—	Abszissenwert des Diffusorscheitels in der Strömungsebene
X_ϑ	—	Dimensionslose Ortskoordinate des Diffusors mit Ursprung im Diffusorscheitel
X_l	—	Abszissenwert des Auspuffrohrendes in der Strömungsebene

Z	—	Dimensionslose Zeitkoordinate in der Strömungsebene
α	—	Durchflußzahl, Verhältnis des wirklichen Gewichtsdurchflusses durch eine Drosselstelle zum theoretischen ($\alpha = G/G_{th}$)
α	°	Neigungswinkel der MACH-Linien in der Strömungs- und der Charakteristiken in der Zustandsebene
α^*	°	Neigung der Charakteristiken des Mediums mit $\varkappa = 1{,}32$ in der Zustandsebene des Mediums mit $\bar{\varkappa} = 1{,}4$
β	°	Neigungswinkel der Teilchenbahn in der Strömungsebene
β	—	Ausflußzahl $\beta = f_D/f_B$
γ	°	Öffnungswinkel des Diffusors
$\bar{\delta}$	—	Molverhältnis von Abgas zu Frischgas und Abgasrest im Zylinder am Ende der Spülperiode
ε	—	Kompressionsverhältnis des Versuchsmotors
η_{i-l}	—	Innerer Wirkungsgrad des Arbeitsprozesses ohne Ladungswechselarbeit
η_u	—	Umsetzungsgrad, Verhältnis der umgesetzten zur zugeführten chemischen Energie
Θ	—	Zustandsgröße eines Gasteilchens
$\varkappa$	—	Verhältnis der spezifischen Wärmen bei konstantem Druck bzw. konstantem Volumen $\varkappa = c_p/c_v$, $\varkappa$-Wert des Abgases
$\bar{\varkappa}$	—	$\varkappa$-Wert des Frischgases
λ	—	Widerstandszahl der reibungsbehafteten Rohrströmung
λ	—	Luftüberschußzahl
λ'	—	Abkürzung für $\lambda L/2d$
λ_g	—	Gesamtladungsgrad, auf den Außenzustand bezogene Gesamtladung des Zylinders
λ_l	—	Liefergrad, Verhältnis des im Zylinder verbliebenen Frischladungsvolumens V_{F0}, bezogen auf den Außenzustand, zum Hubvolumen
λ_s	—	Spülgrad, Verhältnis des im Zylinder verbliebenen Frischladungsvolumens V_{Fz} zum Zylindervolumen
λ_s'	—	Spülgrad, Verhältnis des im Zylinder verbliebenen Frischladungsvolumens zum Zylindervolumen ohne Temperaturausgleich zwischen Frischgas und Abgasrest
Λ_0	—	Ladungsaufwand, Verhältnis des eingeströmten Frischladungsvolumens im Außenzustand zum Hubvolumen
Λ_z	—	Spülender Ladungsaufwand, Verhältnis des eingeströmten Frischladungsvolumens zum Zylindervolumen, bezogen auf den Zustand im Zylinder nach Temperaturausgleich mit dem Zylinderinhalt
Λ_z'	—	Spülender Ladungsaufwand, Verhältnis des Frischladungsvolumens (Zustand im Zylinder vor Temperaturausgleich) zum mittleren Zylindervolumen
μ	—	Kontraktionszahl $\mu = \hat{f}/f$

ξ_g	—	Verhältnis der Radialgeschwindigkeit u_r zur Axialgeschwindigkeit u_{f_B} eines Gases im Querschnitt f_B der Blende
ξ_w	—	Verhältnis der Radialgeschwindigkeit u_r zur Axialgeschwindigkeit u_{f_B} eines inkompressiblen Mediums im Querschnitt f_B der Blende
ϱ	$\frac{\text{kg sek}^2}{\text{m}^4}$	Dichte
τ	—	Faktor zur Berücksichtigung der Aufheizung der eintretenden Frischladung durch Verwirbelung und Wärmeübergang [*33*]
φ	°KW	Kurbelwinkel
φ_w	—	Wärmeverlustzahl, verhältnismäßiger Wärmeverlust infolge Wärmeüberganges während des Arbeitsprozesses
ψ	—	Ausflußfunktion

Indizes

0	Zustand im Behälter (Ruhezustand) bzw. Außenzustand
1	Bezugsgröße
A	Abgas
a	Ausströmend
B	Blende
D	Düse
e	Einströmend
F	Frischgas
k	Größen im Kurbelkasten
l	Linkslaufend
m	Mittelwert
n	Hinter der Drosselstelle bzw. nach dem Stoß
Ord	Ordinatenwert
r	Rechtslaufend bzw. radial
th	Theoretisch
v	Vor der Drosselstelle bzw. vor dem Stoß
z	Größen im Zylinder
$\wedge$	Größen im engsten Strahlquerschnitt $\hat{f}$ hinter der Drosselstelle
1, 2, 3, 4	Gasschichten

I. Einleitung

In neuerer Zeit werden die Berechnungsmethoden der instationären Gasströmung mit konstanten Zuständen über den Querschnitten und großer Amplitude [*1*, *2*, *3*], welche Charakteristikenverfahren genannt werden, auch zur Berechnung der Druckwellenvorgänge in den Rohrsystemen der Verbrennungskraftmaschinen herangezogen

Druckwellen mit großen Amplituden treten vornehmlich in den Auspuffleitungen der Verbrennungsmotoren auf. Werden diese Wellen mit Hilfe der linearisierten Theorien (Theorie der fortschreitenden Wellen [*4*], Theorie der stehenden Wellen [*5*, *6*]) berechnet, so treten größere Fehler auf.

In den Ansaugleitungen sind die Druckwellen mit großen Amplituden nur bei äußerst starker Anregung vorhanden oder wenn Resonanzbedingungen herrschen. Bei normalen motorischen Bedingungen werden sie den *akustischen oder linearen Wellen* zugeordnet und auch nach diesen Theorien behandelt, oder es werden diese Strömungsvorgänge sogar nur unter Berücksichtigung der *Massenwirkung der Gassäule* berechnet [*7*]. Bei der Auslegung der Steuerung von Viertaktmotoren haben sich diese Berechnungsmethoden gut bewährt. Es sei aber festgestellt, daß diese sogenannten *linearen Vorgänge* – hierzu gehören auch die Luftschwingungen in den Rohrleitungen von Kolbenkompressoren – ebenfalls sehr übersichtlich und mit einem durchaus vertretbaren rechnerischen Aufwand, der nicht über dem der obengenannten Verfahren liegt, durch die *nichtlinearen* Charakteristikenverfahren beschrieben werden. Ein besonderer Vorteil der graphischen Charakteristikenmethode gegenüber den akustischen Rechenverfahren liegt darin, daß die Randbedingungen sich einfacher und deshalb leichter überschaubar in den Rechnungsgang einbeziehen lassen.

Neben dem akustischen Problem der Schalldämpfung sind es im wesentlichen zwei Aufgabengebiete des Ingenieurs, die mit der Betrachtung der instationären Strömungsvorgänge in den Auspuffleitungen der Verbrennungsmotoren verknüpft sind und für deren Bearbeitung die Charakteristikenmethode eine gute Hilfe ist.

Bei Saugmotoren ist es wichtig, die Auspuffanlage so auszuführen und abzustimmen, daß möglichst wenig Widerstand durch Drosselstellen (Schalldämpfer) und Rohrreibung vorhanden ist. Vor allem soll eine ungünstige Rückwirkung der reflektierten Druckwellen auf die Auspuff- und Spülperiode der Motorzylinder vermieden werden.

Von großer Bedeutung ist eine gut abgestimmte Auspuffleitung für das Leistungsverhalten eines Zweitaktmotors, und hier steht der kurbelkastengespülte Motor an erster Stelle. Die Drücke in der Abgasleitung liegen bei diesen Motoren in der Größenordnung der Spüldrücke, so daß während der Spülperiode ein unmittelbarer Einfluß der instationären Strömung im Auspuffrohr auf den Spülvorgang und damit auf Liefergrad und Leistung besteht (s. a. Kap. IV D).

Bei Viertaktmotoren ist der Einfluß der Druckschwingung im Auspuffrohr auf den Liefergrad geringer, da hier die Spülperiode (Überschneidung der Steuerzeiten von Ein- und Auslaßventil) im Vergleich zur Ansaugperiode klein ist. Ein hoher Druck im Auspuffrohr hinter dem Auslaßventil während der Spülperiode beeinflußt den Liefergrad ungünstig, da Abgas in das Ansaugrohr einströmen kann und das angesaugte Frischgasvolumen um den Betrag des verdrängten Volumens verkleinert. Unterdruck nach dem Auslaßventil setzt die Frischgassäule im Ansaugrohr in Bewegung, bevor der Saughub des Kolbens begonnen hat: Die Restgase werden ausgespült, das Auslaßventil wird gekühlt und der Liefergrad erhöht. Unterdruck während des ganzen Ausschubhubes bedeutet Verkleinerung der Gaswechselarbeit und damit Senkung des Brennstoffverbrauches.

Das zweite Gebiet umfaßt die Aufklärung der wirklichen physikalischen Vorgänge, die bei der Abgasturboaufladung von Dieselmotoren vornehmlich in dem Leitungssystem Zylinder–Abgasleitung–Turbine–Auspuffrohr auftreten. Die Kenntnis des instationären Strömungszustandes – Druck, Temperatur und Geschwindigkeit der Abgasteilchen in Abhängigkeit von Zeit und Ort – ist Voraussetzung dafür, daß der Energietransport von den einzelnen Motorzylindern zur Turbine ermittelt und schließlich Auskunft über die Größe des Ausnutzungsgrades der zugeführten Energie in der Turbine gegeben werden kann. Außerdem interessiert es wegen der langen Spülperiode bei aufgeladenen Motoren, die Rückwirkungen der instationären Gasbewegung in der Abgasleitung auf den Gaswechsel im Zylinder kennenzulernen.

Statische Messungen von Druck und Temperatur vor der Turbine, wie sie vor allem auf Motorprüfständen zur Beurteilung von Turboladern an Serienmaschinen üblich sind, liefern Ergebnisse, die wohl miteinander an ein und demselben Motor verglichen werden können, aber keine allgemeingültigen Schlüsse zulassen. Auf diese Weise ist es zusammen mit den Meßergebnissen auf der Laderseite möglich, den besten Turbolader für einen einzelnen Motor zu finden; die Übertragung der Ergebnisse auf andere Motortypen kann jedoch zu Fehlschlüssen führen. Insbesondere ist die Berechnung der Mengen- und Energieströme mit Hilfe dieser irgendwelche Mittelwerte darstellenden Meßgrößen mit mehr oder weniger großen Fehlern behaftet. Eine Messung des pulsierenden Mengenstromes bzw. der veränderlichen Teilchengeschwindigkeit bei gleichzeitiger Registrierung des instationären Druck- und Temperaturverlaufes in der Abgasleitung ist noch nicht möglich, so daß nur der Weg der Berechnung der instationären Strömung übrigbleibt, um zu den pulsierenden Abgasmengen und Energieströmen zu gelangen. Sie wird erleichtert, wenn man auf dynamischen Druckmessungen aufbauen kann. Die Charakteristikenmethode hat sich bereits als Berechnungsverfahren bewährt (s. w. u.). Sie erleichtert, die richtige Leitungsanordnung zu finden, die für eine gute Anpassung des Turboladers an einen Motor wesentlich ist.

Eine erste ausführliche Darstellung der Charakteristikenmethode in Verbindung mit der Aufgabenstellung, Druckwellen in Auspuffleitungen zu berechnen, wurde von Jenny [*8*] gegeben. Auf einer Arbeit von de Haller [*9*] aufbauend, bestätigte er im Jahre 1949 die Verläßlichkeit der Charakteristikenmethode zur Berechnung instationärer Strömungsvorgänge in Rohrleitungen durch den Modellversuch.

Ein spezielles Thema wurde bereits im Jahre 1947 von Hadlatsch [*10*], jedoch nur theoretisch, behandelt. Unter Berücksichtigung der Gesetze der instationären

Gasdynamik gab er bei vereinfachenden Annahmen für die Randbedingung *Auspuffschlitz* eine Berechnungsmethode nach dem Felderverfahren [*1*] für die Behandlung der instationären Gasströmung im Auspuffrohr eines Zweitaktmotors an. Er diskutierte die Auswirkung der Auspuffströmung auf den Spülerfolg und verglich seine Ergebnisse mit denen, die mit Hilfe der akustischen Näherungstheorie [*4*] berechnet wurden.

YIAN-NIAN CHEN (1953) verwandte die Charakteristikenmethode zur Diskussion und Lösung eines praktischen Problems: Die Ausnutzung der Druckwellenenergie in der Spül- und Auspuffleitung zur Einleitung und Aufrechterhaltung der Durchspülung des Zylinders eines Zweitakt-Dieselmotors [*11*].

WILHELM (1955) berechnete nach der genannten Methode von HADLATSCH den Gaswechsel eines kurbelkastengespülten Zweitakt-Vergasermotors und bestätigte das Ergebnis durch den Versuch [*12*].

Auf dem Gebiet der Abgasturboaufladung von Dieselmotoren sind zwei Arbeiten zu nennen, die die Anwendung der Charakteristikenmethode zur Berechnung der instationären Strömung in den Auspuffleitungen und ihres Energietransportes beschreiben. JENNY [*13*] behandelte die Abgasturboaufladung von Viertakt-Dieselmotoren. GYSSLER [*14*] untersuchte den Auslaßvorgang aufgeladener Zweitakt-Dieselmotoren und berichtete von den Schwierigkeiten, die bei der Anpassung eines Turboladers an einen Zweitaktmotor auftreten, der im Stoßbetrieb aufgeladen wird.

Die Charakteristikenmethode hat sich auch als Berechnungsgrundlage bei der Entwicklung eines neuen Aufladeverfahrens, des Druckaustauscher- oder Comprex-Verfahrens, sehr gut bewährt [*15*]. Das Comprex-Verfahren wird bei der Aufladung von Fahrzeug-Dieselmotoren verwendet und ist besonders in den USA bekannt geworden. Die Aufladung ist im praktischen Betrieb bis zu einem Druck von 2,2 ata, der bis auf 5 ata gesteigert werden kann, heute erprobt.

Eine besondere Bedeutung kommt der Aufstellung der Randbedingungen zu, denn sie prägen den charakteristischen zeitlichen und örtlichen Zustandsverlauf einer instationären Rohrströmung. Von der Genauigkeit ihrer Erfassung hängt es ab, in welchem Maße wirklichkeitsgetreu gerechnet werden kann. Sie ist je nach Problemstellung mehr oder weniger schwierig. So sind z.B. die Anfangswerte einer Gasschwingung, die in einem Rohr durch einen in seiner Längsachse bewegten Kolben angeregt wird, relativ einfach zu bestimmen; die Berechnung der Gasschwingung jedoch, angeregt durch das intermittierende Ausströmen aus dem Zylinder eines Verbrennungsmotors durch ein Ventil, einen Schieber oder Schlitz in ein Auspuffrohr, ist weitaus verwickelter. Der Schwierigkeitsgrad der Berechnung wird beim Zweitaktmotor und auch beim aufgeladenen Viertaktmotor durch die Aufteilung des Ausströmvorganges in zwei Abschnitte – den Vorauslaß mit nachfolgender Ausschubperiode (letzteres nur beim Viertaktmotor) und die eigentliche Spülperiode – noch erhöht, da der Einfluß der Spülströmung auf die erregte Druckwelle im Auspuffrohr nur durch die gleichzeitige Betrachtung des Überströmvorganges berücksichtigt werden kann.

Es ist das Verdienst von JENNY [*8*], die instationäre Drosselströmung durch die Ein- und Auslaßorgane der Verbrennungsmotoren durch eine quasistationäre Betrachtungsweise grundsätzlich diskutiert zu haben. Er stellt zwei Randbedingungsdiagramme für das Ein- und Ausströmen auf, die in Verbindung mit den

Gleichungen der instationären Gasdynamik die Berechnung der Druckwellen in den angeschlossenen Rohren erlauben.

In einer neueren Arbeit [*16*] führt Hadlatsch in seinem Randbedingungsdiagramm an Stelle des von Jenny verwendeten Parameters φ (Verhältnis des engsten Stromfadenquerschnitts des Drosselweges zum Rohrquerschnitt) die allgemeingültige Durchflußzahl α als das Verhältnis des wirklichen Gewichtsdurchsatzes zum theoretischen ein. α ist die einzige Meßgröße, die der Berechnung zugrunde gelegt wird.

In der englisch-sprachigen Literatur sind ein Buch von G. Rudinger [*17*] und die Übersetzung eines russischen Werkes von K. P. Stanyukovich [*18*] zu nennen, die die grundsätzlichen Zusammenhänge der eindimensionalen instationären Gasströmung behandeln. Benson [*19*] benutzte die Charakteristikenmethode zur Berechnung des Auspuffvorganges an Zweitaktmotoren.

Eine Programmierung des Charakteristikenverfahrens ist noch nicht bekannt geworden, aber sicherlich möglich, so daß die Berechnung instationärer Strömungsvorgänge von elektronischen Rechenmaschinen durchgeführt werden könnte. Sie wird jedoch nicht einfach sein, wenn man z. B. an die Behandlung von Verdichtungsstößen in Rohren mit veränderlichen Querschnitten (Diffusoren) denkt.

II. Zielsetzung

Es werden die Gleichungen der eindimensionalen instationären Gasströmung (instationäre Fadenströmung) auf das Anwendungsgebiet *Kolbenmaschinen* ausgerichtet und Beispiele gasdynamischer Probleme aus dem Gebiet des Verbrennungs-, insbesondere des Zweitaktmotorenbaues, die mit Hilfe der Theorie der instationären Fadenströmung gelöst werden können, gebracht. Es ist vor allem beabsichtigt, dem in vielen Fällen noch rein empirisch arbeitenden Versuchsingenieur einige Regeln zu nennen, die in sinnvoller Anwendung zusammen mit dem Versuchsergebnis die schwierig überschaubaren Zusammenhänge der instationären Strömungsvorgänge in den Zylindern und angeschlossenen Rohrleitungen der Verbrennungsmotoren deutlicher erkennen lassen. Dieses Vorhaben fällt um so leichter, da für die eigentliche Anwendung der Berechnungsmethode keine besonderen mathematischen Vorkenntnisse notwendig sind.

Der theoretische Teil der Arbeit enthält eine anschauliche Herleitung der Berechnungsmethode der allgemeinen instationären Fadenströmung unter Berücksichtigung der äußeren Reibung und Wärmezufuhr. Ausgehend von den Grundgleichungen wird das graphische Berechnungsverfahren (Gitterpunktverfahren) erläutert.

Besonderer Wert wurde auf eine ausführliche Darstellung der Randbedingungen gelegt. Auf den Gedankengängen von Jenny [*8*] und Hadlatsch [*16*] aufbauend, wird ein neues Randbedingungsdiagramm entworfen, dessen Verwendungsmöglichkeit durch die Zulassung unterschiedlicher $\varkappa$-Werte auf alle technischen Gase ausgedehnt werden kann. Seine vielseitige und erweiterte Anwendungsmöglichkeit wird angegeben.

Im experimentellen Teil der Arbeit wird an Hand von Beispielen die Anwendung des graphischen Berechnungsverfahrens gezeigt:

Beispiel 1. Berechnung des zeitlichen und örtlichen Verlaufes einer instationären Gasbewegung in einem Auspuffrohr mit konstantem Querschnitt unter Zugrundelegung einer Druckmessung an einer beliebigen Stelle des Auspuffrohres. Die schwierig zu erfassende Randbedingung des zeitlich veränderlichen Ausströmquerschnittes am Zylinder geht in die Berechnung nicht ein.

Beispiel 2. Berechnung des zurückgelegten Weges des ersten Gasteilchens, welches durch Rückströmen aus dem Zylinder des untersuchten Zweitaktmotors in den Überströmkanal gelangt, unter Berücksichtigung einer Druckmessung an einer beliebigen Stelle im Überströmkanal.

Beispiel 3. Berechnung des Gaswechsels des untersuchten Zweitaktmotors mit dem weiteren Ziel, die Konstruktion einer Auspuffanlage zu ermöglichen, die den Spülvorgang unterstützt und durch Aufladewirkung eine Leistungssteigerung des Motors bringt. Das Ergebnis der Berechnung wird mit dem Versuchsergebnis verglichen, und die daraus gezogenen Folgerungen für die Nutzanwendung werden diskutiert.

III. Theoretische Grundlagen

A. Die Verträglichkeitsbedingungen der allgemeinen instationären Fadenströmung

Die Herleitung der Charakteristikenmethode zur Berechnung der anisentropen instationären Fadenströmung mit Berücksichtigung der äußeren Reibung und Wärmezufuhr wurde von SAUER [*8*] unter Anwendung der Theorie der quasilinearen partiellen Differentialgleichungen gegeben. Im folgenden soll ein anderer Weg beschritten werden, der den Vorteil der größeren physikalischen Anschaulichkeit gegenüber der rein mathematischen Methode besitzt. Die Herleitung gelingt bei geeigneter Wahl der Zustandsvariablen durch Übertragung der Grundgleichungen der Strömungslehre auf die Bahnen der Schallwellen in der Zeit-Weg-Ebene[1].

1. Voraussetzungen

Einige Voraussetzungen seien bei der Herleitung gemacht, um nicht vor unüberwindlichen mathematischen Schwierigkeiten zu stehen:

a) Es sei vorausgesetzt, daß der Gaszustand über den einzelnen Fadenquerschnitten durch Angabe von Mittelwerten der Zustandsgrößen genügend genau beschrieben wird. Damit bleibt die Betrachtung auf eindimensionale Vorgänge beschränkt, die nur von einer Ortskoordinate x und der Zeit t abhängen. Diese Voraussetzung ist gültig bei instationären Vorgängen in Rohren mit konstantem Querschnitt, Diffusoren mit kleinen Öffnungswinkeln und bei kugel- und zylindersymmetrischen Vorgängen.

b) Die Betrachtungen beziehen sich auf ein ideales Gas mit konstanter spezifischer Wärme.

c) Das Medium stehe im Wärmeaustausch mit der Umgebung. Die Wärmeleitung innerhalb der Gasschichten und die innere Reibung seien jedoch vernachlässigt.

d) Äußere Kräfte mit Ausnahme der Wandreibung greifen an dem betrachteten Medium nicht an.

---

[1] Vgl. [*3*], Herleitung der Gleichungen der instationären Fadenströmung, jedoch ohne Reibung und Wärmeaustausch – die Entropie der Gasteilchen bleibt jeweils konstant –, durch Transformation der Grundgleichungen.

2. Schallgeschwindigkeit

Mit den unter 1. gemachten Voraussetzungen gilt nach SAUER [8] für die Fortpflanzungsgeschwindigkeit a (Schallgeschwindigkeit) einer schwachen Störung oder Elementarwelle – in Abb. 1 als beliebig kleine Unstetigkeit gezeichnet –, die in einem sehr langen Rohr über gasförmiges Medium hinwegläuft:

$$a = \sqrt{\left(\frac{dP}{d\varrho}\right)_{s=\text{const}}} = \sqrt{\varkappa \frac{P}{\varrho}} = \sqrt{g\, c_p (\varkappa - 1)\, T}\,, \tag{1}$$

wenn P den Druck, ϱ die Dichte, s die Entropie, $\varkappa$ das Verhältnis der spezifischen Wärmen, c_p die spezifische Wärme bei konstantem Druck und T die Temperatur bedeuten[1]. Die Schallgeschwindigkeit eines idealen Gases hängt nur von einer Zustandsgröße, der Temperatur T, ab. Sie kann somit als Zustandsgröße aufgefaßt und in den späteren Formeln auch als solche benutzt werden.

Eine beliebig geformte, stetige Druckwelle (Abb. 2) kann man sich aus einer unendlich großen Anzahl solcher Elementarwellen aufgebaut denken. Daraus

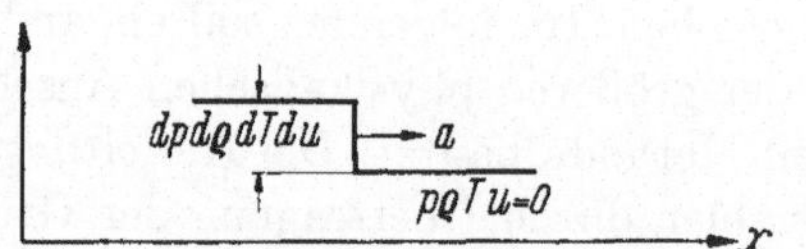

Abb. 1. Fortpflanzung einer Elementarwelle in einem gasförmigen Medium

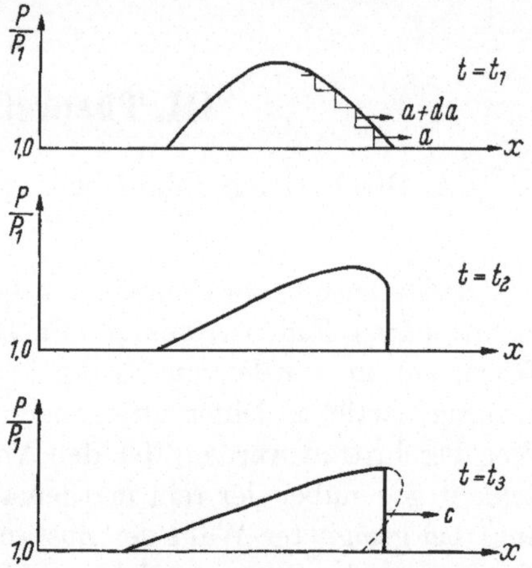

Abb. 2. Änderung der Form einer Welle in Abhängigkeit von der Laufzeit

folgt, daß wegen der Isentropie der Elementarwelle auch die Druckwelle das Medium isentropisch verdichtet, unabhängig von den Einflüssen, die Querschnittsänderung, Wandreibung oder Wärmeaustausch auf die Welle haben. Wegen der Umkehrbarkeit der *Isentrope* erfolgt auch die Druckabnahme isentropisch.

Verfolgt man den Weg der nach rechts laufenden Druckwelle in einem Rohr konstanten Querschnitts mit der Zeit (Abb. 2), ohne wiederum den Einfluß der Wandreibung und des Wärmeaustausches zu berücksichtigen, so stellt man eine ständige Änderung der Wellenform fest. Die Wellenfront (Verdichtungswelle) steilt sich auf, da alle Elementarwellen, die über ihre Vorgängerinnen hinweglaufen, zu Gebieten höheren Druckes und höherer Temperatur gehören und somit nach Gl. (1) auch größere Schallgeschwindigkeiten als diese besitzen. Hinter der Front auf der Rückseite der Welle nimmt die Schallgeschwindigkeit wieder ab, die Elementarwellen bleiben zurück (Verdünnungswelle). Dies führt im Zeitpunkt $t = t_3$ an der Front der Welle zu einem unendlich steilen Druckanstieg (Verdichtungsstoß). Die Fortpflanzungsgeschwindigkeit c der Front ist jetzt nicht mehr mit der Schallgeschwindigkeit a nach Gl. (1) identisch. Das Auftreten eines Verdichtungsstoßes mit großem Druckverhältnis begrenzt den Gültigkeitsbereich der in

[1] Dimensionen der Zustandsgrößen siehe Aufstellung am Schluß des Buches.

den nächsten Abschnitten abgeleiteten Gesetze der allgemeinen instationären Fadenströmung, da für ihre Herleitung stetige und differenzierbare Funktionen vorausgesetzt werden. Die Beziehungen des Verdichtungsstoßes werden in Abschn. III B 2 gesondert betrachtet. Ein Überschlagen der Wellenfront ist physikalisch nicht möglich, da einem Raumpunkt dann mehrere Zustände gleichzeitig zugeordnet sein müßten. Diese Eigenschaft der instationären Gasströmung besitzen auch die akustischen Wellen [3].

Durch Wellen mit steiler Front kann bei den schlitzgesteuerten Zweitaktmotoren bis zu sehr hohen Drehzahlen ein günstiger Aufladeeffekt erzielt werden (s. Kap. IV D).

3. Die MACHschen Linien

Bei dem allgemeinen Fall der instationären Rohrströmung sieht der Beobachter, der sich an einer beliebigen Stelle x eines Rohres befinden möge, nicht nur nach rechts laufende Elementarwellen, sondern gleichzeitig auch linkslaufende Elementarwellen an sich vorbeilaufen. Beide bewegen sich relativ zu ihm, wenn das Medium mit der Geschwindigkeit $u < a$ nach rechts strömt, mit der Geschwindigkeit

$$\frac{dx}{dt} = u \pm a. \tag{2}$$

Für Teilchengeschwindigkeiten $u > a$ laufen alle Elementarwellen stromabwärts (Überschallbereich). In der Strömungsebene, deren Ordinate die Zeit t und deren Abszisse die Rohrlänge x sei, beschreiben die rechts- und linkslaufenden Elementar- oder Schallwellen einander kreuzende Bahnkurven (Abb. 3).

Ihnen entlang kann man sich die Störungen ausbreitend denken. Die Bahnkurven werden rechts- und linkslaufende *Mach-Linien* genannt [3]. Auch der

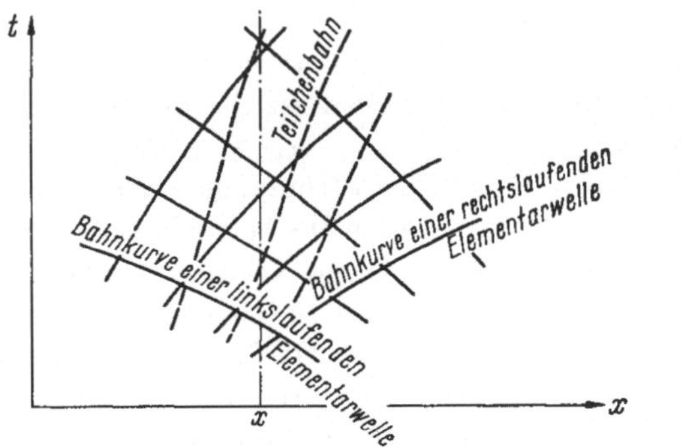

Abb. 3. MACH-Linien und Teilchenbahnen in der Strömungsebene

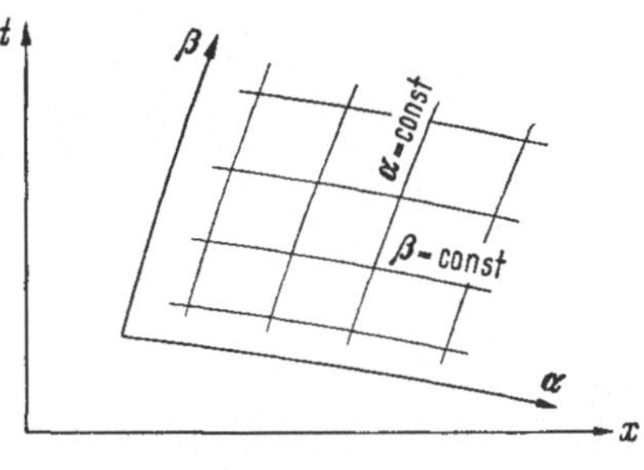

Abb. 4. Einführung krummliniger Koordinaten $\alpha(x, t) = \text{const}$ und $\beta(x, t) = \text{const}$

Weg eines Mediumteilchens kann in der Strömungsebene verfolgt werden. Seine Bahnkurve wird *Teilchenbahn* oder *Lebenslinie* genannt.

Für die mathematische Herleitung ist es nützlich, die MACH-Linien in einem krummlinigen Koordinatensystem mit den Achsen α und β in der Weise festzulegen, daß für die rechtslaufenden MACH-Linien $\alpha = \text{const}$ und für die linkslaufenden $\beta = \text{const}$ geschrieben werden kann (Abb. 4). Dann gilt für die Neigung an jeder Stelle dieser Kurven:

$$\left.\begin{aligned}\frac{dx}{dt} &= \left(\frac{\partial x}{\partial t}\right)_\alpha = -\frac{\frac{\partial \alpha}{\partial t}}{\frac{\partial \alpha}{\partial x}} = u + a \qquad &&\text{(rechtslaufende MACH-Linien)},\\ \frac{dx}{dt} &= \left(\frac{\partial x}{\partial t}\right)_\beta = -\frac{\frac{\partial \beta}{\partial t}}{\frac{\partial \beta}{\partial x}} = u - a \qquad &&\text{(linkslaufende MACH-Linien)}.\end{aligned}\right\} \tag{3}$$

Zwei Scharen von MACH-Linien existieren auch im ruhenden Medium:

$$\frac{dx}{dt} = \pm a_1 \tag{4}$$

und in der ungestörten Rohrströmung:

$$\frac{dx}{dt} = u_1 \pm a_1\,. \tag{5}$$

In beiden Fällen sind die MACH-Linien wegen $u_1 = \text{const}$ und $a_1 = \text{const}$ zwei Geradenscharen mit jeweils konstanter Neigung.

Die Kurvenbahnen der Gl. (3) können nicht ohne weiteres aufgezeichnet werden, da die Funktionen $u = u\,(x, t)$ und $a = a\,(x, t)$ unbekannt sind und zunächst gefunden werden müssen.

4. Charakteristik und Verträglichkeitsbedingung

Der Schallzustand auf einer MACHschen Linie ist allgemein durch die Angabe zweier, frei wählbarer thermischer Zustandsgrößen und der Geschwindigkeit u, die den Strömungszustand festlegt, vollständig bestimmt. Das Gesetz seiner Abhängigkeit von der unabhängig veränderlichen Wegkoordinate x und Zeitkoordinate t findet man mit Hilfe der EULERschen Betrachtungsweise der instationären Strömung.

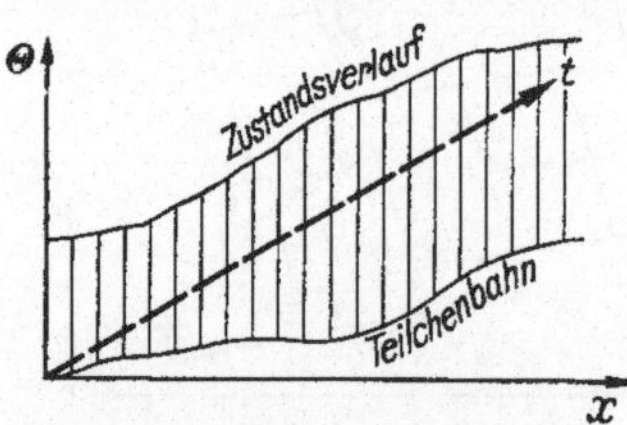

Abb. 5. Zustandsverlauf eines Teilchens in der Strömungsebene

Obwohl nach EULER die Strömungsvorgänge von einem ruhenden Bezugssystem aus betrachtet werden, kann doch durch eine einfache Transformation auf die Zustandsänderungen eines *strömenden* Teilchens *mit der Zeit* geschlossen werden. Die Neigung in jedem Punkt der Teilchenbahn ist durch die Teilchengeschwindigkeit u vorgeschrieben (Abb. 5):

$$\frac{dx}{dt} = u\,(x,t)\,. \tag{6}$$

Das Teilchen ändert mit der Zeit seinen Zustand Θ und seinen Ort x. Für den Zustand Θ gilt damit die Beziehung:

$$\Theta = \Theta\,(x,t)\,.$$

Da aber der Ort x bezogen auf das Teilchen ebenfalls eine Funktion von t ist, gilt:

$$x = x\,(t)\,,$$

und damit ist

$$\Theta = \Theta[x(t), t] = \Theta'(t)$$

eine mittelbare Funktion von t allein. Mit der Kettenregel der partiellen Differentiation erhält man eine Gleichung für die auf das Teilchen bezogene Zustandsänderung in der Zeiteinheit:

$$\frac{d\Theta}{dt} = \frac{\partial\Theta}{\partial t}\frac{dt}{dt} + \frac{\partial\Theta}{\partial x}\frac{dx}{dt}$$

und mit Gl. (6):

$$\frac{d\Theta}{dt} = \frac{\partial\Theta}{\partial t} + u\frac{\partial\Theta}{\partial x}. \tag{7}$$

$d\Theta/dt$ gibt die in der Zeiteinheit durchlaufene Zustandsänderung des Teilchens an (substantieller Differentialquotient). $\partial\Theta/\partial t$ ist die Zustandsänderung mit der Zeit bei festgehaltenem Ort. $\partial\Theta/\partial x$ ist der Betrag, der sich daraus ergibt, daß das Teilchen an Orte mit anderen Zuständen wandert.

Mit Gl. (7) ist es jetzt möglich, das Grundgesetz der Mechanik (Bewegungsgleichung) oder den 1. Hauptsatz der Wärmelehre auf das *strömende* Teilchen anzuwenden und damit die Bedingungen zu finden, nach denen sich die Teilcheneigenschaften auf ihrer Bahn ändern.

Ausgehend von der gleichen Überlegung, lassen sich die obengenannten Grundgleichungen der Strömungslehre – insbesondere auch die Kontinuitätsgleichung – auf die MACHschen Linien transformieren. Die unbekannten Ableitungen der einzelnen Größen des Schallzustandes müssen dann auf der rechts- und linkslaufenden MACH-Linie folgende Beziehung erfüllen:

$$\left.\begin{aligned}\left(\frac{\partial\Theta}{\partial t}\right)_\alpha &= \frac{\partial\Theta}{\partial t} + \left(\frac{\partial x}{\partial t}\right)_\alpha \frac{\partial\Theta}{\partial x},\\ \left(\frac{\partial\Theta}{\partial t}\right)_\beta &= \frac{\partial\Theta}{\partial t} + \left(\frac{\partial x}{\partial t}\right)_\beta \frac{\partial\Theta}{\partial x},\end{aligned}\right\} \tag{8}$$

und mit Gl. (3) und (7) erhält man:

$$\left.\begin{aligned}\left(\frac{\partial\Theta}{\partial t}\right)_\alpha &= \frac{\partial\Theta}{\partial t} + (u+a)\frac{\partial\Theta}{\partial x} = \frac{d\Theta}{dt} + a\frac{\partial\Theta}{\partial x},\\ \left(\frac{\partial\Theta}{\partial t}\right)_\beta &= \frac{\partial\Theta}{\partial t} + (u-a)\frac{\partial\Theta}{\partial x} = \frac{d\Theta}{dt} - a\frac{\partial\Theta}{\partial x}.\end{aligned}\right\} \tag{9}$$

Die gesuchte Differentialgleichung, die das Gesetz der Schallzustandsänderung in Abhängigkeit von x und t ausdrückt, darf also nur Ableitungen nach Gl. (9) enthalten, denn nur dann ist gewährleistet, daß sie die Zustandsänderungen *entlang* der MACHschen Linien angibt.

Kurven, für die nur Ableitungen in Richtung ihrer Bahnen existieren oder besser, deren Ableitungen quer zu ihren Bahnen unbestimmt sind, nennt man in der Theorie der linearen partiellen Differentialgleichungen *Charakteristiken.* Entsprechend werden die Differentialgleichungen, die nur Ableitungen entlang der Charakteristiken enthalten, ihre *Verträglichkeitsbedingungen* genannt [*3, 20*].

Für die allgemeine instationäre Fadenströmung reichen die beiden Verträglichkeitsbedingungen der links- und rechtslaufenden MACHschen Linien zur Beschreibung des Schallzustandes nicht aus, da insgesamt drei abhängige Veränderliche bestimmt werden müssen. Eine dritte Verträglichkeitsbedingung wird für die Teilchenbahn gewonnen werden, die auch, wie aus dem Vorangegangenen zu entnehmen ist, die Bedingung einer Charakteristik erfüllt.

Sind die drei Verträglichkeitsbedingungen bekannt, so lassen sich, von einer Anfangsbedingung ausgehend, alle Punkte $P(x, t)$ der Strömungsebene, die in den Bereich der MACHschen Linien fallen, berechnen. Die Berechnung ist jedoch nur näherungsweise möglich: von den beliebig kleinen Elementarwellen wird zu Einzelwellen endlicher Größe übergegangen.

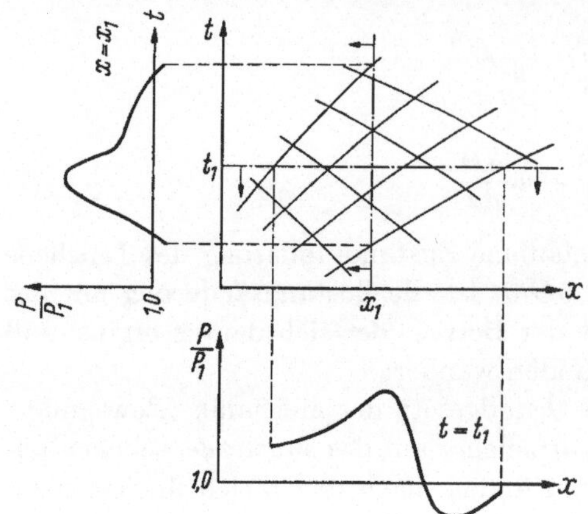

Abb. 6. Zustandsverlauf für x = const und t = const

Insbesondere ist es dann auch möglich, für x = const oder t = const einen beliebigen Zustandsverlauf (z.B. den Druckverlauf P/P_1) an einer bestimmten Stelle x_1 des Rohres über der Zeit t oder über der Rohrlänge x zu einem bestimmten Zeitpunkt t_1 anzugeben (Abb. 6). P_1 sei ein beliebiger Bezugsdruck (z.B. Atmosphärendruck). Zu jedem Schnittpunkt der Geraden t = const oder x = const mit den Charakteristiken gehört nach den Verträglichkeitsbedingungen ein ganz bestimmter Zustandswert.

In den beiden nächsten Abschnitten werden diese Verträglichkeitsbedingungen für die allgemeine instationäre Fadenströmung mit Hilfe der Grundgleichungen der Strömungslehre hergeleitet.

5. Grundgleichungen

Die auf verschiedenem Wege mögliche Herleitung der Grundgleichungen der Strömungslehre geschieht hier im wesentlichen in Anlehnung an die in [*3*] gebrachte Darstellung unter Berücksichtigung der hier betrachteten anisentropen instationären Gasströmung mit Reibung und Wärmeaustausch.

a) Zustandsgleichung

Der thermische Zustand eines homogenen Mediums ist durch die Angabe zweier beliebiger thermischer Zustandsgrößen bestimmt. Jede andere Zustandsgröße läßt sich mit den beiden vorgegebenen berechnen. So ist die Zustandsgleichung auch in der folgenden Form denkbar:

$$P = P(a, s) . \tag{10}$$

Die Herleitung der Verträglichkeitsbedingungen der allgemeinen instationären Fadenströmung wird besonders übersichtlich, wenn man die Bewegungs-, die Kontinuitäts- und die Energiegleichung auf die beiden thermischen Zustandsgrößen a (Schallgeschwindigkeit) und s (Entropie) zurückführt.

Für das Gas mit konstanten spezifischen Wärmen gilt die Zustandsgleichung insbesondere auch in der Form:

$$P = R g \varrho T , \tag{11}$$

wenn R die auf die Gewichtseinheit bezogene Gaskonstante bedeutet. R läßt sich durch die spezifischen Wärmen ausdrücken:

$$R = c_p - c_v . \tag{12}$$

Gl. (11) lautet dann mit Gl. (12):

$$\frac{P}{g\varrho} = (c_p - c_v)\, T . \tag{13}$$

b) Erster und zweiter Hauptsatz der Wärmelehre

Der erste und zweite Hauptsatz der Wärmelehre in differentieller Form lauten in einer Gleichung zusammengefaßt:

$$T\, ds = di - \frac{1}{g\varrho}\, dP = de + P\, d\frac{1}{g\varrho} . \tag{14}$$

di ist die Enthalpieänderung und de die Änderung der inneren Energie, beide bezogen auf die Gewichtseinheit. Für sie gelten:

$$di = c_p\, dT , \tag{15}$$

$$de = c_v\, dT . \tag{16}$$

Mit der EULERschen Beziehung (7) lassen sich der erste und zweite Hauptsatz auf das bewegte Gasteilchen transformieren:

$$T\frac{ds}{dt} = \frac{di}{dt} - \frac{1}{g\varrho}\,\frac{dP}{dt} = \frac{de}{dt} + P\,\frac{d\frac{1}{g\varrho}}{dt} . \tag{17}$$

Gl. (1) lautet in differenzierter Form:

$$dT = \frac{2a}{g\, c_p\, (\varkappa - 1)}\, da . \tag{18}$$

Mit Gl. (1), (13), (16) und (18) läßt sich Gl. (17) wie folgt umformen:

$$\frac{1}{\varrho}\,\frac{d\varrho}{dt} = \frac{2}{\varkappa - 1}\,\frac{1}{a}\,\frac{da}{dt} - \frac{1}{c_p - c_v}\,\frac{ds}{dt} \tag{19}$$

oder

$$\frac{1}{\varkappa}\,\frac{a}{P}\,\frac{dP}{dt} = \frac{2}{\varkappa - 1}\,\frac{da}{dt} - \frac{1}{\varkappa - 1}\,\frac{a}{c_p}\,\frac{ds}{dt} . \tag{20}$$

Aus Gl. (14) lassen sich mit Gl. (15) und (18) die Ausdrücke gewinnen:

$$\frac{1}{\varrho}\,\frac{\partial P}{\partial x} = \frac{2}{\varkappa - 1}\, a\,\frac{\partial a}{\partial x} - \frac{1}{\varkappa - 1}\,\frac{a^2}{c_p}\,\frac{\partial s}{\partial x} \tag{21}$$

und

$$\frac{1}{\varrho}\,\frac{dP}{dt} = \frac{2}{\varkappa - 1}\, a\,\frac{da}{dt} - \frac{1}{\varkappa - 1}\,\frac{a^2}{c_p}\,\frac{ds}{dt} . \tag{22}$$

Gl. (14) lautet integriert, wenn Gl. (1), (13), (15) und (18) berücksichtigt werden:

$$\left.\begin{aligned} \frac{T}{T_1} &= \left(\frac{P}{P_1}\right)^{\frac{\varkappa-1}{\varkappa}} e^{\frac{s-s_1}{c_p}} , \\ \frac{a}{a_1} &= \left(\frac{P}{P_1}\right)^{\frac{\varkappa-1}{2\varkappa}} e^{\frac{s-s_1}{2c_p}} , \\ \frac{P}{P_1} &= \left(\frac{\varrho}{\varrho_1}\right)^{\varkappa} e^{\frac{s-s_1}{c_v}} . \end{aligned}\right\} \tag{23}$$

Bei isentroper Zustandsänderung ergeben sich die Gleichungen:

$$\left.\begin{aligned} \frac{T}{T_1} &= \left(\frac{P}{P_1}\right)^{\frac{\varkappa-1}{\varkappa}}, \\ \frac{a}{a_1} &= \left(\frac{P}{P_1}\right)^{\frac{\varkappa-1}{2\varkappa}}, \\ \frac{P}{P_1} &= \left(\frac{\varrho}{\varrho_1}\right)^{\varkappa}. \end{aligned}\right\} \tag{24}$$

c) *Kontinuitätsgleichung*

Betrachtet man einen Stromfadenabschnitt der allgemeinen instationären Fadenströmung (Abb. 7), dessen senkrechte Begrenzungsflächen den zeitlich unveränderlichen Abstand dx haben, so muß die Zunahme der Masse innerhalb des betrachteten Stromfadenquerschnitts mit der Zeit gleich der Differenz der durch seine Endquerschnitte in der Zeiteinheit ein- und ausfließenden Masse sein:

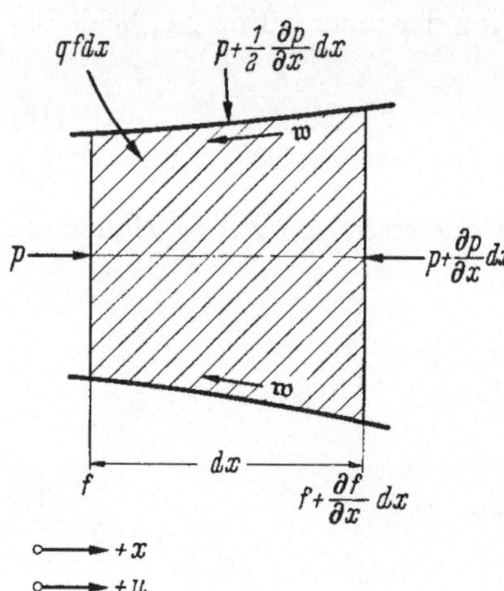

Abb. 7. Stromfadenabschnitt der allgemeinen instationären Fadenströmung

$$\frac{\partial(\varrho f)}{\partial t}\,dx = -\frac{\partial(\varrho f u)}{\partial x}\,dx. \tag{25}$$

Wendet man auf Gl. (25) die Regeln der partiellen Differentiation an und beachtet, daß eine zeitliche Querschnittsänderung ausgeschlossen bleibt ($\partial f/\partial t = 0$), so ergibt sich:

$$f\frac{\partial\varrho}{\partial t} = -f u\frac{\partial\varrho}{\partial x} - \varrho u\frac{\partial f}{\partial x} - \varrho f\frac{\partial u}{\partial x}.$$

$\partial f/\partial x$ kann durch den gewöhnlichen Differentialquotienten df/dx ersetzt werden [$f = f(x)$]. Dividiert man beide Seiten durch ϱf und berücksichtigt Gl. (7), so erhält man:

$$\frac{1}{\varrho}\frac{\partial\varrho}{\partial t} + \frac{u}{\varrho}\frac{\partial\varrho}{\partial x} = -\frac{u}{f}\frac{df}{dx} - \frac{\partial u}{\partial x},$$

$$\frac{1}{\varrho}\frac{d\varrho}{dt} = -\frac{d\ln f}{dx} - \frac{\partial u}{\partial x}.$$

$(1/\varrho)\,(d\varrho/dt)$ wird durch die rechte Seite der Gl. (19) ersetzt:

$$a\frac{\partial u}{\partial x} + \frac{2}{\varkappa-1}\frac{da}{dt} - \frac{1}{c_p - c_v}\,a\frac{ds}{dt} = -u a\frac{d\ln f}{dx}$$

oder ausführlich mit Gl. (7):

$$a\frac{\partial u}{\partial x} + \frac{2}{\varkappa-1}\left(\frac{\partial a}{\partial t} + u\frac{\partial a}{\partial x}\right) - \frac{1}{c_p - c_v}\,a\left(\frac{\partial s}{\partial t} + u\frac{\partial s}{\partial x}\right) = -u a\frac{d\ln f}{dx}. \tag{26}$$

Damit ist die Kontinuitätsgleichung der allgemeinen instationären Fadenströmung auf die Veränderlichen u, a und s übergeführt.

d) Bewegungsgleichung

Nach NEWTON gilt für die Kräfte, die an dem Stromfadenabschnitt in Abb. 7 angreifen, folgende Beziehung:

$$\underbrace{\varrho f\,dx\,\frac{du}{dt}}_{\substack{\text{Masse}\\ \times\text{ Beschl.}}} = \underbrace{Pf - \left(P + \frac{\partial P}{\partial x}dx\right)\left(f + \frac{\partial f}{\partial x}dx\right)}_{\text{Resultierende Druckkraft}} + \underbrace{\left(P + \frac{1}{2}\frac{\partial P}{\partial x}dx\right)\frac{\partial f}{\partial x}dx}_{\substack{\text{Horizontale Kraftkompo-}\\ \text{nente des Wanddrucks}}} - \underbrace{w\varrho f\,dx}_{\substack{\text{Reibungs-}\\ \text{kraft}}}. \tag{27}$$

Die Reibungskraft $w\varrho f\,dx = \sum \mathfrak{w}$, als einzige äußere Kraft, ist hier als Massenkraft eingeführt. w ist die Reibungskraft je Masseneinheit, vgl. Gl. (79).

Werden die unendlich kleinen Glieder zweiter Ordnung gegen solche erster Ordnung vernachlässigt, so erhält man:

$$\varrho f\frac{du}{dt} = -f\frac{\partial P}{\partial x} - w\varrho f.$$

Dies ist die Gleichgewichtsbeziehung für den Stromfadenabschnitt von der Masse $\varrho f\,dx$. Insbesondere gilt dann für ein Teilchen von der Größe der Masseneinheit:

$$\frac{du}{dt} + \frac{1}{\varrho}\frac{\partial P}{\partial x} = -w$$

oder mit Gl. (7):

$$\frac{\partial u}{\partial t} + u\frac{\partial u}{\partial x} + \frac{1}{\varrho}\frac{\partial P}{\partial x} = -w. \tag{28}$$

Ersetzt man das Glied $(1/\varrho)\,(\partial P/\partial x)$ durch den analogen Ausdruck der Gl. (21), so enthält auch die Bewegungsgleichung nur die Veränderlichen u, a und s:

$$\frac{\partial u}{\partial t} + u\frac{\partial u}{\partial x} + \frac{2}{\varkappa - 1}a\frac{\partial a}{\partial x} - \frac{1}{\varkappa - 1}\frac{a^2}{c_p}\frac{\partial s}{\partial x} = -w. \tag{29}$$

e) Energiegleichung

Zur Aufstellung der Grundgleichungen der Wellenausbreitung in der anisentropen Gasströmung ist die Aussage des ersten und zweiten Hauptsatzes in der Form der Gl. (15) nicht brauchbar. Es interessiert vor allem, die Größen kennenzulernen, von denen die Entropieänderung eines Teilchens der anisentropen Strömung abhängt. Für die isentrope Strömung ergibt sich aus Gl. (17) die besonders einfache Beziehung:

$$\frac{ds}{dt} = 0. \tag{30}$$

Die Entropie der Teilchen bleibt konstant. Bezogen auf die MACHschen Linien braucht die Strömung jedoch nicht isentrop zu verlaufen, da nach Gl. (30) zwar jedes Teilchen eine konstante Entropie besitzt, deren Absolutwert aber für jedes Teilchen verschieden sein darf.

Die Anwendung des Satzes von der Erhaltung der Energie auf den in Abb. 7 betrachteten Stromfadenabschnitt erlaubt es, die Größen zu ermitteln, die an der Entropievermehrung eines Teilchens beteiligt sind.

Die Herleitung der Energiegleichung erfolgt ähnlich wie bei der Kontinuitätsgleichung. Die zeitliche Zunahme der Energie des betrachteten Stromfadenabschnittes muß gleich der Differenz der durch seine Begrenzungsflächen ein- und austretenden *Energieströme* plus der von außen in der Zeiteinheit zugeführten Wärmemenge sein.

Der Energieinhalt des Stromfadenabschnittes in einem bestimmten Zeitpunkt ist durch Angabe der kinetischen Energie $\frac{u^2}{2}\varrho f\,dx$ und der inneren Energie $g e \varrho f\,dx$ festgelegt. Durch den Querschnitt f wird in der Zeiteinheit $\frac{u^2}{2} f \varrho u$ kinetische Energie und $g e f \varrho u$ innere Energie transportiert; dazu kommt die an dem Querschnitt geleistete Verdrängungsarbeit $f u P$. Durch den um dx benachbarten Querschnitt tritt in der Zeiteinheit ein um $\frac{\partial}{\partial x} f \varrho u\left(\frac{u^2}{2} + g e + \frac{P}{\varrho}\right) dx$ verminderter Energiestrom. Von außen wird dem Stromfadenabschnitt die Wärmemenge $q f\,dx$ in der Zeiteinheit zugeführt. Die an den ruhenden Wänden angreifende Reibungskraft $w \varrho f\,dx$ leistet keine Arbeit.

Berücksichtigt man, daß

$$g i = g e + \frac{P}{\varrho} \tag{31}$$

ist, so erhält man die Energiegleichung in der folgenden differentiellen Form:

$$\frac{\partial}{\partial t}\left(\frac{u^2}{2} + g e\right)\varrho f\,dx = -\frac{\partial}{\partial x}\left(\frac{u^2}{2} + g i\right)\varrho f u\,dx + q f\,dx. \tag{32}$$

In dieser Gleichung wird der Ausdruck $\partial g e/\partial t$ mit Gl. (31) durch

$$\frac{\partial g e}{\partial t} = \frac{\partial g i}{\partial t} - \frac{\partial}{\partial t}\frac{P}{\varrho}$$

ersetzt. Nach mehreren Rechenschritten erhält man mit Gl. (7) die Beziehung:

$$\left(\frac{u^2}{2} + g i\right)\left(\frac{\partial f \varrho}{\partial t} + \frac{\partial f \varrho u}{\partial x}\right) + f \varrho \frac{d}{dt}\left(\frac{u^2}{2} + g i\right) - \frac{\partial f P}{\partial t} = q f.$$

Das erste Glied der Gleichung wird 0, da der zweite Faktor mit der Kontinuitätsgleichung (25) identisch ist. Dividiert man noch durch $f \varrho$, so ergibt sich:

$$\frac{d}{dt}\left(\frac{u^2}{2} + g i\right) - \frac{1}{\varrho}\frac{\partial P}{\partial t} = \frac{q}{\varrho}. \tag{33}$$

Gl. (33) ist der Energiesatz, bezogen auf das strömende Teilchen von der Masse 1. Die gewünschte Aussage über die Größe der Entropieänderung erhält man nach kurzer Rechnung, wenn man die mit u multiplizierte Bewegungsgleichung (28) von der Gl. (33) abzieht:

$$\frac{di}{dt} - \frac{1}{g \varrho}\frac{dP}{dt} = \frac{u}{g} w + \frac{q}{g \varrho}. \tag{34}$$

Damit erscheint der aus Gl. (17) bekannte Ausdruck wieder, so daß für die linke Seite der Gl. (34) auch geschrieben werden kann:

$$T \frac{ds}{dt} = \frac{u}{g} w + \frac{q}{g \varrho}. \tag{35}$$

Mit Gl. (1) läßt sich Gl. (35) wie folgt umformen:

$$\frac{ds}{dt} = \frac{c_p(\varkappa - 1)}{a^2}\left(u w + \frac{q}{\varrho}\right).$$

Mit Gl. (7) erhält man:

$$\frac{\partial s}{\partial t} + u\frac{\partial s}{\partial x} = \frac{c_p(\varkappa - 1)}{a^2}\left(u w + \frac{q}{\varrho}\right). \tag{36}$$

Nach Gl. (36) ist somit nur die von den Reibungskräften erzeugte und dem Mediumteilchen zugeführte Wärme $u\,w$ und die von außen zugeführte Wärmemenge q an einer Entropieänderung des Teilchens beteiligt.

6. Transformation der Grundgleichungen auf die MACHschen Linien

Die im letzten Abschnitt gewonnenen Grundgleichungen (26), (29) und (36) stellen ein Gleichungssystem dar, welches die Wellenausbreitung in der anisentropen Strömung vollständig beschreibt:

$$a\frac{\partial u}{\partial x} + \frac{2}{\varkappa - 1}\left(\frac{\partial a}{\partial t} + u\frac{\partial a}{\partial x}\right) - \frac{1}{c_p - c_v}\,a\left(\frac{\partial s}{\partial t} + u\frac{\partial s}{\partial x}\right) = -u\,a\frac{d\ln f}{d x}, \tag{26}$$

$$\frac{\partial u}{\partial t} + u\frac{\partial u}{\partial x} + \frac{2}{\varkappa - 1}\,a\frac{\partial a}{\partial x} - \frac{1}{\varkappa - 1}\,\frac{a^2}{c_p}\,\frac{\partial s}{\partial x} = -w, \tag{29}$$

$$\frac{ds}{dt} = \frac{\partial s}{\partial t} + u\frac{\partial s}{\partial x} = \frac{c_p(\varkappa - 1)}{a^2}\left(u w + \frac{q}{\varrho}\right). \tag{36}$$

Es gibt insbesondere nach seiner Transformation auf die MACHschen Linien über ihre Verträglichkeitsbedingungen Auskunft, deren Auffindung eingangs als Aufgabe gestellt war.

Addiert man Gl. (29) zu Gl. (26) bzw. zieht man Gl. (29) von Gl. (26) ab, so erhält man:

$$\pm\left(\frac{\partial u}{\partial t} + (u \pm a)\frac{\partial u}{\partial x}\right) + \frac{2}{\varkappa - 1}\left(\frac{\partial a}{\partial t} + (u \pm a)\frac{\partial a}{\partial x}\right) - \\ - \frac{1}{c_p - c_v}\,a\left(\frac{\partial s}{\partial t} + u\frac{\partial s}{\partial x} \pm \frac{a}{\varkappa}\,\frac{\partial s}{\partial x}\right) = -u\,a\frac{d\ln f}{d x} \mp w.$$

Für die beiden ersten Glieder kann man nach EULER die entsprechenden Ausdrücke der Gl. (9) einführen. Erweitert man die Klammer des dritten Gliedes mit

$$\pm a\frac{\partial s}{\partial x} \mp a\frac{\partial s}{\partial x},$$

so kann die Zustandsvariable s ebenfalls durch Gl. (9) ausgedrückt werden:

$$\pm\left(\frac{\partial u}{\partial t}\right)_{\alpha,\beta} + \frac{2}{\varkappa - 1}\left(\frac{\partial a}{\partial t}\right)_{\alpha,\beta} - \frac{1}{c_p - c_v}\,a\left(\frac{\partial s}{\partial t}\right)_{\alpha,\beta} \pm \frac{a^2}{c_p}\,\frac{\partial s}{\partial x} = -a\,u\frac{d\ln f}{d x} \mp w.$$

Für $\pm\frac{a^2}{c_p}\frac{\partial s}{\partial x}$ gilt mit Gl. (9):

$$\pm\frac{a^2}{c_p}\,\frac{\partial s}{\partial x} = \frac{a}{c_p}\left(\frac{\partial s}{\partial t}\right)_{\alpha,\beta} - \frac{a}{c_p}\,\frac{ds}{dt}.$$

Beachtet man noch, daß ds/dt der Gl. (36) genügt, so gewinnt man nach kurzer Rechnung die Verträglichkeitsbedingungen der MACHschen Linien:

$$\left.\begin{aligned} &\pm\left(\frac{\partial u}{\partial t}\right)_{\alpha,\beta} + \frac{2}{\varkappa - 1}\left(\frac{\partial a}{\partial t}\right)_{\alpha,\beta} - \frac{1}{\varkappa - 1}\,\frac{a}{c_p}\left(\frac{\partial s}{\partial t}\right)_{\alpha,\beta} \\ &= -a\,u\frac{d\ln f}{d x} \mp w + (\varkappa - 1)\frac{1}{a}\left(u w + \frac{q}{\varrho}\right). \end{aligned}\right\} \tag{37}$$

Die Änderung des Schallzustandes einer Elementarwelle auf einer rechts- oder linkslaufenden MACHschen Linie wird durch Gl. (37) beschrieben, da sie nach Gl. (9) nur Zustandsänderungen in Richtung der MACHschen Linien erlaubt. Sie reichen aber zu seiner vollständigen Berechnung noch nicht aus, da in Gl. (37) drei unbekannte Ableitungen auftreten. Die Glieder der rechten Seite müssen als bekannt vorausgesetzt werden.

Eine dritte Beziehung wird jedoch mit

$$\frac{ds}{dt} = \frac{c_p(\varkappa - 1)}{a^2}\left(u w + \frac{q}{\varrho}\right) \tag{36}$$

gewonnen. Gl. (36) enthält als unbekannte Ableitung die Entropieänderung entlang der Teilchenbahn. Sie kann jedoch zur mittelbaren Bestimmung der Entropieänderung entlang der MACHschen Linien herangezogen werden, da die MACHschen Linien über die Teilchenbahnen hinweglaufen und die Teilchenbahnen ebenfalls die Bedingung einer Charakteristik erfüllen.

Besonders einfach wird Gl. (37), wenn die Glieder auf der rechten Seite der Gleichung gleich 0 gesetzt werden. Dann liegt eine isentrope instationäre Rohrströmung vor, deren Verträglichkeitsbedingungen lauten:

$$\pm\left(\frac{\partial u}{\partial t}\right)_{\alpha,\beta} + \frac{2}{\varkappa - 1}\left(\frac{\partial a}{\partial t}\right)_{\alpha,\beta} = 0\,. \tag{38}$$

Gl. (38) kann geschlossen integriert werden, vgl. Gl. (43), so daß damit ein für allemal alle möglichen Schallzustände auf den rechtslaufenden (oberes Vorzeichen) und linkslaufenden MACH-Linien (unteres Vorzeichen) festgelegt sind. Für Gl. (37) ist jedoch eine geschlossene Integration nicht durchführbar. Die Berechnung des Zustandsverlaufes kann in diesem Fall nur schrittweise erfolgen, was bei Annahme beliebig kleiner Rechenschritte beliebig genau durchgeführt werden kann. Die Anwendung der graphischen Berechnungsmethode, des Gitterpunktverfahrens, erfordert noch eine geeignete Umformung der Gl. (36) und (37). Es werden dimensionslose Größen eingeführt, die den Vorteil haben, daß Ergebnisse ähnlicher Vorgänge miteinander vergleichbar sind.

Das zweite und dritte Glied der Gl. (37) können durch die Gl. (22) ersetzt werden, wenn man der einfacheren Schreibweise wegen für $(\partial\Theta/\partial t)_{\alpha,\beta}$ den substantiellen Differentialquotienten $d\Theta/dt$ einführt. Mit Gl. (1) und (22) erhält man:

$$\pm\frac{du}{dt} + \frac{a}{\varkappa P}\frac{dP}{dt} = -a u\frac{d\ln f}{dx} \mp w\left(1 \mp (\varkappa - 1)\frac{u}{a}\right) + \frac{\varkappa - 1}{\varkappa}\frac{a q}{P}\,.$$

Die Verträglichkeitsbedingungen lauten dimensionslos, wenn man den Bezugsdruck P_1, die Bezugsschallgeschwindigkeit a_1 und die Bezugslänge L einführt, wie folgt:

$$\pm d\frac{u}{a_1} + \frac{1}{\varkappa}\frac{a}{a_1}\frac{d(P/P_1)}{P/P_1} = -\frac{a}{a_1}\frac{u}{a_1}\frac{d\ln f}{d(x/L)}d\left(\frac{t a_1}{L}\right) \mp$$
$$\mp w\frac{L}{a_1^2}\left(1 \mp \frac{(\varkappa - 1)u/a_1}{a/a_1}\right)d\left(\frac{t a_1}{L}\right) + \frac{\varkappa - 1}{\varkappa}\frac{a/a_1}{P/P_1}\frac{q L}{P_1 a_1}d\left(\frac{t a_1}{L}\right).$$

Mit Gl. (23) gilt:

$$\frac{1}{\varkappa}\frac{a}{a_1}\frac{d(P/P_1)}{P/P_1} = \frac{1}{\varkappa}\,e^{\frac{s-s_1}{2c_p}}\left(\frac{P}{P_1}\right)^{\frac{\varkappa-1}{2\varkappa}-1} d\left(\frac{P}{P_1}\right) = \frac{2}{\varkappa - 1}\,e^{\frac{s-s_1}{2c_p}}\,d\left[\left(\frac{P}{P_1}\right)^{\frac{\varkappa-1}{2\varkappa}}\right].$$

Setzt man außerdem:

$$\frac{t a_1}{L} = Z, \quad \frac{x}{L} = X, \quad \frac{w L}{a_1^2} = W, \quad \frac{q L}{P_1 a_1} = Q,$$

dann lautet die endgültige Form der Verträglichkeitsbedingungen für die MACHschen Linien:

$$\left.\begin{aligned} \pm d\frac{u}{a_1} + \frac{2}{\varkappa - 1} e^{\frac{s-s_1}{2c_p}} d\left[\left(\frac{P}{P_1}\right)^{\frac{\varkappa-1}{2\varkappa}}\right] = -\frac{a}{a_1}\frac{u}{a_1}\frac{d\ln f}{dX} dZ \mp \\ \mp W\left(1 \mp (\varkappa - 1)\frac{u/a_1}{a/a_1}\right) dZ + \frac{\varkappa - 1}{\varkappa}\frac{a}{a_1}\frac{Q}{P/P_1} dZ. \end{aligned}\right\} \qquad (39)$$

Auf der linken Seite der Gleichung stehen die Differentiale der Zustandsgrößen $(P/P_1)^{(\varkappa-1)/2\varkappa}$ und u/a_1. Sie stehen in Beziehung zu den Einflüssen auf der rechten Seite: Querschnittsänderung, Reibungseinfluß und Wärmeaustausch (hier als Wärmezufuhr berücksichtigt). Die Änderung der zweiten thermischen Zustandsgröße $e^{(s-s_1)/2c_p}$ wird durch Gl. (36) ausgedrückt werden (s. weiter unten). Die dritte thermische Zustandsgröße a/a_1 ist mit den genannten thermischen Zustandsgrößen durch Gl. (23) verknüpft.

Die Entropieänderung der Teilchen ist nur von den Wärmemengen $u\,w$ und q abhängig. Dann gilt für ds mit Gl. (1), (14), (15) und (18), wenn man beachtet, daß $dP = 0$ ist:

$$ds = \frac{c_p\, dT}{T} = 2\, c_p \frac{da}{a}.$$

Diesen Ausdruck für ds in Gl. (36) eingesetzt und die Bezugsgrößen beachtet, ergibt:

$$d\frac{a}{a_1} = \frac{\varkappa - 1}{2}\frac{a}{a_1}\left(\frac{u/a_1}{(a/a_1)^2} W + \frac{1}{\varkappa}\frac{Q}{P/P_1}\right) dZ,$$

$d\,(a/a_1)$ ist aber in diesem Fall gleich $d\,e^{(s-s_1)/2c_p}$. Damit lautet die Verträglichkeitsbedingung für die Teilchenbahn in dimensionsloser Form:

$$d e^{\frac{s-s_1}{2c_p}} = \frac{\varkappa - 1}{2}\frac{a}{a_1}\left(\frac{u/a_1}{(a/a_1)^2} W + \frac{1}{\varkappa}\frac{Q}{P/P_1}\right) dZ. \qquad (40)$$

Die Richtungsgleichungen lauten dimensionslos für die MACHschen Linien:

$$\frac{dX}{dZ} = \frac{u}{a_1} \pm \frac{a}{a_1}, \qquad (41)$$

und für die Teilchenbahn:

$$\frac{dX}{dZ} = \frac{u}{a_1}. \qquad (42)$$

Die Beziehungen (39), (40), (41) und (42) sind die Ausgangsgleichungen des Gitterpunktverfahrens zur Berechnung der allgemeinen instationären Fadenströmung.

B. Die Charakteristikenmethode

1. Die isentrope instationäre Rohrströmung

Die Verträglichkeitsbedingungen der isentropen instationären Rohrströmung (f = const, s = const) erhält man, wenn man die Glieder der rechten Seite von

Gl. (39) gleich 0 setzt, vgl. Gl. (38):

$$\pm d\frac{u}{a_1} + \frac{2}{\varkappa - 1} d\left[\left(\frac{P}{P_1}\right)^{\frac{\varkappa-1}{2\varkappa}}\right] = 0. \tag{43}$$

Das Ergebnis der Integration dieser Gleichung lautet für die rechtslaufenden MACH-Linien (α = const):

$$\frac{u}{a_1} + \frac{2}{\varkappa - 1}\left(\frac{P}{P_1}\right)^{\frac{\varkappa-1}{2\varkappa}} = k(\alpha) \tag{44}$$

und für die linkslaufenden MACH-Linien (β = const):

$$-\frac{u}{a_1} + \frac{2}{\varkappa - 1}\left(\frac{P}{P_1}\right)^{\frac{\varkappa-1}{2\varkappa}} = k(\beta). \tag{44}$$

Die Gl. (44) stellen in einem Zustandsdiagramm mit der Ordinate $(P/P_1)^{(\varkappa-1)/2\varkappa}$ und der Abszisse u/a_1 zwei sich schneidende Geradenscharen dar. Das Berechnungsverfahren wird besonders einfach, wenn die Neigung der Geraden 45° zu den Achsen beträgt (Abb. 8). Dazu ist der Maßstab m_p der $(P/P_1)^{(\varkappa-1)/2\varkappa}$-Achse [= Anzahl cm der Darstellung/Einheit v. $(P/P_1)^{(\varkappa-1)/2\varkappa}$] $\frac{2}{\varkappa-1}$ mal größer zu wählen als der Maßstab m_u der u/a_1-Achse:

$$m_p = \frac{2}{\varkappa - 1} m_u. \tag{45}$$

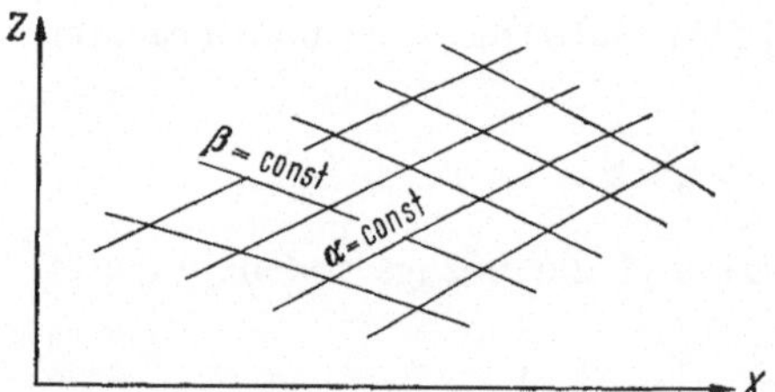

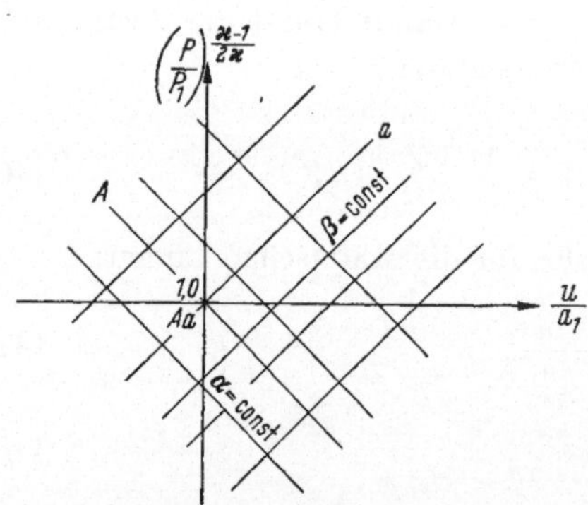

Abb. 8. Zuordnung von MACH-Linie und Zustandscharakteristik

Jeder MACH-Linie der Strömungsebene ist eine solche Gerade, die als *Zustandscharakteristik* bezeichnet werden soll, zugeordnet. Ihre Neigung ist jedoch der der MACH-Linie entgegengesetzt. Alle nach rechts ansteigenden Zustandscharakteristiken gehören zu linkslaufenden MACH-Linien und umgekehrt. Die Änderung des Schallzustandes einer MACH-Linie in der Strömungsebene, der hier allein durch die Veränderlichen u/a_1 und $(P/P_1)^{(\varkappa-1)/2\varkappa}$ festgelegt ist, ist streng an die Aussage von Gl. (44) gebunden, d.h. der Schallzustand kann sich nur entlang der im Zustandsdiagramm dafür festliegenden Geraden ändern.

Legt man die Abszissenachse u/a_1 durch den Ordinatenpunkt 1 und wählt man als Bezugsgrößen den Rohrdruck P_1 (Umgebungsdruck) des ruhenden, ungestörten Mediums und die zu P_1 gehörende Schallgeschwindigkeit a_1, so ist der Schnittpunkt beider Achsen offenbar der gemeinsame Bildpunkt aller rechts- und linkslaufenden MACH-Linien des ruhenden, ungestörten Mediums. Ihre Zustandscharakteristiken sind nach Gl. (44) durch zwei Geraden, die durch den

Koordinatenschnittpunkt hindurchgehen, festgelegt:

$$\left.\begin{aligned} \frac{u}{a_1} + \frac{2}{\varkappa - 1}\left(\frac{P}{P_1}\right)^{\frac{\varkappa-1}{2\varkappa}} &= \frac{2}{\varkappa - 1}, \\ -\frac{u}{a_1} + \frac{2}{\varkappa - 1}\left(\frac{P}{P_1}\right)^{\frac{\varkappa-1}{2\varkappa}} &= \frac{2}{\varkappa - 1}. \end{aligned}\right\} \qquad (46)$$

Die Zustandscharakteristiken Gl. (46) spielen bei der Berechnung instationärer Gasströmungen eine wichtige Rolle, da sich die instationären Vorgänge nur mit Berücksichtigung des Anlaufvorganges verfolgen lassen.

Für periodische Vorgänge bedeutet dies, daß zunächst einmal der Einschwingvorgang durchgerechnet werden muß. Erst wenn der Schwingungszustand stationär geworden ist, ist das richtige Ergebnis gefunden. Nur im Sonderfall der Resonanz kann die Lösung sofort angegeben werden [*21*].

Bevor das graphische Berechnungsverfahren an zwei Beispielen erläutert wird, soll die allgemeine Bezeichnung der MACH-Linien $\alpha = \text{const}$ und $\beta = \text{const}$ verlassen und durch eine für die praktische Anwendung geeignetere ersetzt werden. Alle rechtslaufenden MACH-Linien ($\alpha = \text{const}$) werden mit großen lateinischen (oder deutschen) Buchstaben und alle linkslaufenden ($\beta = \text{const}$) mit kleinen Buchstaben bezeichnet. Ihre Schnittpunkte werden durch die Buchstaben der jeweils sich kreuzenden MACH-Linien gekennzeichnet. Die zugehörigen Zustandscharakteristiken und ihre Schnittpunkte erhalten die gleiche Benennung. Die Zustandspunkte des Zustandsdiagramms und die zugehörigen Punkte der Strömungsebene tragen somit die gleichen Buchstaben.

Da die rechts- und linkslaufenden MACH-Linien des ungestörten Mediums der isentropen Rohrströmung ($f = \text{const}$) nur jeweils eine Zustandscharakteristik besitzen, erhält jede Schar einen gemeinsamen Buchstaben. Alle rechtslaufenden MACH-Linien des ungestörten Mediums bekommen den Buchstaben A, alle linkslaufenden den Buchstaben a. Ihr gemeinsamer Bildpunkt der Zustandsebene erhält somit die Bezeichnung $A a$ (Abb. 8).

Bei der anisentropen Rohrströmung und Diffusorströmung müssen allerdings auch MACH-Linien, welche zunächst zum ungestörten Medium gehören und später Störungen überlaufen, jeweils einen anderen Buchstaben erhalten, da ihre Zustandscharakteristiken jeweils verschieden sind und nicht mehr von vornherein festliegen.

Mit dieser Kennzeichnung, deren Vorteil erst bei der Betrachtung komplizierter Vorgänge deutlich wird, lassen sich die Charakteristiken der Strömungs- und Zustandsebene eindeutig einander zuordnen.

Beispiel 1. Für das in Abschnitt A 2 gebrachte Beispiel der isentropen Rohrströmung ($f = \text{const}$) sollen jetzt die Schallzustände der MACH-Linien – und damit die Lage ihrer Zustandscharakteristiken im Zustandsdiagramm –, die zu einer nach rechts über das ruhende Medium hinweglaufenden Druckwelle gehören, festgelegt und ihre Richtung in der Strömungsebene angegeben werden (Abb. 9).

Der Druckverlauf über X zur Zeit $Z = Z_0$ sei bekannt (Abb. 9a, Strömungsebene mit der Koordinate P/P_1). Die MACH-Linien der Druckwelle kreuzen in der Strömungsebene die linkslaufenden MACH-Linien a des ungestörten Mediums (Abb. 9b). Der Schnittpunkt einer zur rechtslaufenden MACH-Linie gehörenden Zustandscharakteristik mit der Zustandscharakteristik a, deren Lage als einzige im Zustandsdiagramm bekannt ist, legt also im Zustandsdiagramm den Schallzustand der betrachteten MACH-Linie vollständig fest

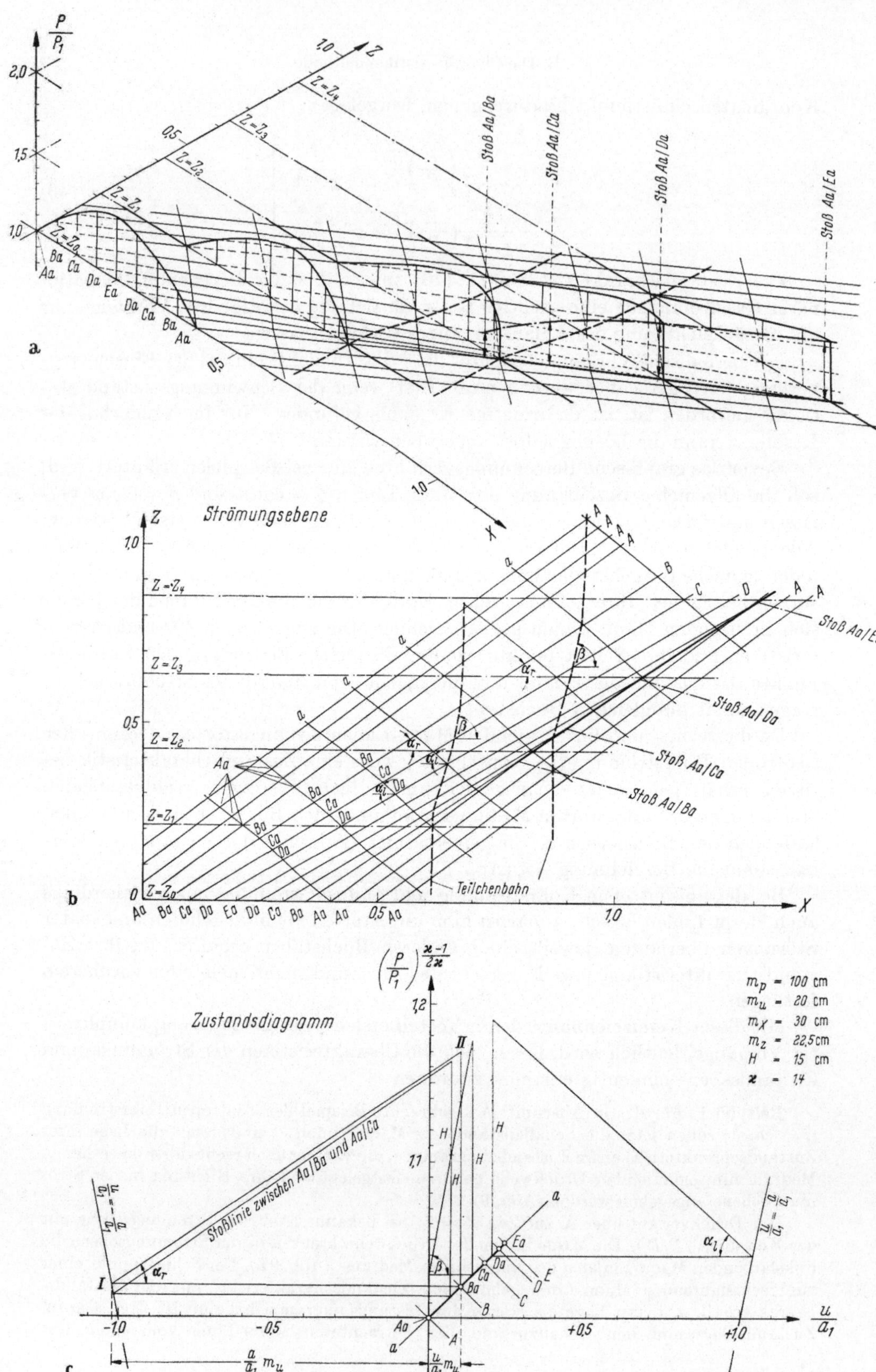

Abb. 9 a–c. Bestimmung der Wellenform in Abhängigkeit von der Laufzeit

(Abb. 9c). Das gleiche gilt für alle übrigen MACH-Linien der Welle. Da alle nach links laufenden MACH-Linien die gemeinsame Zustandscharakteristik a besitzen, müssen die Schallzustände auf den rechtslaufenden MACH-Linien der Strömungsebene *konstant* bleiben. Damit sind nach Gl. (41) die MACHschen Linien der Druckwelle in der Strömungsebene Geraden.

Die gestellte Aufgabe ist jetzt leicht zu lösen. Man wählt aus der sinusförmigen Halbwelle bevorzugte Druckwerte aus und ordnet diesen rechtslaufende MACH-Linien zu. Der Einfachheit halber wird man gleiche Drücke an der Front und dem Rücken der Welle auswählen. Zu den Druckwerten ermittelt man die zugehörigen Ordinatenwerte des Zustandsdiagramms. Dann legt man Parallelen zur Abszisse durch diese Punkte der Ordinate und bekommt als Schnittpunkte mit der Zustandscharakteristik a die gesuchten Zustandswerte Aa bis Ea und damit die Lage der Zustandscharakteristiken der rechtslaufenden MACH-Linien (Abb. 9c). Man erkennt, daß jeweils gleiche Zustände an der Front und dem Rücken der Welle gemeinsame Zustandscharakteristiken und MACH-Linien besitzen.

Die hier geometrisch anschaulich gefundenen Beziehungen zwischen der Strömungs- und der Zustandsebene gewinnt man auch mit der oberen Gl. (44) und der unteren Gl. (46) auf analytischem Wege.

Die Neigungen der MACH-Linien in der Strömungsebene, die der Gl. (41) $dX/dZ = u/a_1 \pm a/a_1$ genügen, lassen sich nach einer Methode von DE HALLER [9] direkt aus dem Zustandsdiagramm entnehmen.

Sie sei an Hand der Bestimmung der Richtung für die MACH-Linien B erläutert (Abb. 9b und 9c).

Man ergänzt zunächst das Zustandsdiagramm durch die beiden Hilfsgeraden:

$$\frac{u}{a_1} = \pm \frac{a}{a_1} = \pm \left(\frac{P}{P_1}\right)^{\frac{\varkappa-1}{2\varkappa}}. \tag{47}$$

Durch den bekannten Zustandspunkt Ba zieht man eine Parallele zur Abszisse und erhält als Schnittpunkt mit der Hilfsgeraden $u/a_1 = -a/a_1$ den Punkt I. Über Ba trägt man die Poldistanz H ab und verbindet den Punkt II der Poldistanz mit Punkt I. Es entsteht ein rechtwinkliges Dreieck, dessen Winkel α_r dem Neigungswinkel der MACH-Linien B in der Strömungsebene entspricht, wenn folgende Bedingung von der Poldistanz erfüllt ist, s. Gl. (48).

Zunächst gilt in der Strömungsebene mit den Maßstäben m_z und m_x der Ordinate und Abszisse für die Neigung der MACH-Linie B:

$$\tan \alpha_r = \frac{dZ}{dX} \frac{m_z}{m_x} = \frac{1}{u/a_1 + a/a_1} \frac{m_z}{m_x}.$$

In der Zustandsebene liest man an dem Dreieck Ba I II die Beziehung ab:

$$\tan \alpha_r = \frac{H}{u/a_1 + a/a_1} \frac{1}{m_u}.$$

Die Winkel in beiden Ebenen sind also gleich, wenn H folgende Länge in [cm] hat:

$$H = \frac{m_u m_z}{m_x} \quad [\text{cm}]. \tag{48}$$

Die Neigungen der linkslaufenden MACH-Linien a lassen sich in gleicher Weise bestimmen. Nur ist bei diesem Beispiel zu beachten, daß sich der Zustand einer linkslaufenden MACH-Linie beim Überwandern der nach rechts laufenden Störung entlang der Zustandscharakteristik a fortlaufend ändert. Es kann somit zwischen den einzelnen Zustandspunkten nur eine mittlere Neigung angenommen werden; dazu ist die Poldistanz H über der Mitte der Verbindungsstrecke von zwei aufeinanderfolgenden Zustandspunkten (z. B. Strecke $\overline{Ca\,Da}$) zu errichten:

$$\tan \alpha_l = \frac{H}{u/a_1 - a/a_1} \frac{1}{m_u}.$$

Bei der praktischen Anwendung wird man sich das Einzeichnen der linkslaufenden MACH-Linien a ersparen, da die rechtslaufenden Geraden sind. Die gleiche Mittelwertbildung wird bei Bestimmung der Neigung $\tan\beta$ der Teilchenbahn vorgenommen (z. B. für Strecke $\overline{Ba\,Ca}$):

$$\tan\beta = \frac{H}{u/a_1}\,\frac{1}{m_u}\,.$$

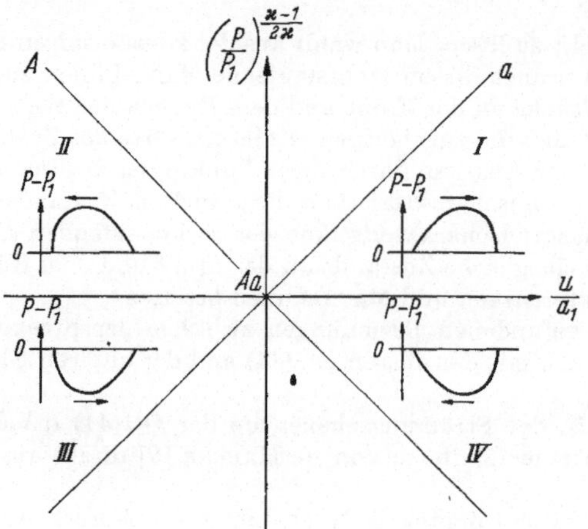

Abb. 10. Zustandsdiagramm mit den Charakteristiken A und a:
Quadrant I, Charakteristik a: rechtslaufende Druckwelle, Teilchengeschwindigkeit positiv
Quadrant II, Charakteristik A: linkslaufende Druckwelle, Teilchengeschwindigkeit negativ
Quadrant III, Charakteristik a: rechtslaufende Saugwelle, Teilchengeschwindigkeit negativ
Quadrant IV, Charakteristik A: linkslaufende Saugwelle, Teilchengeschwindigkeit positiv

Damit kann der Weg der Welle bis zu dem Augenblick in der Strömungsebene verfolgt werden, wo rechtslaufende MACH-Linien einander einholen und eine senkrechte Wellenfront (Verdichtungsstoß) bilden (Abb. 9a und 9b). Die Regeln, nach denen die Stoßfront in der Strömungsebene wandert, werden im nächsten Abschnitt behandelt.

Ergänzend zu dem betrachteten Beispiel sind in Abb. 10 in die einzelnen Quadranten des Zustandsdiagramms die Wellentypen eingetragen, deren Schallzustände dort auf den Charakteristiken a oder A liegen. Die Wellen laufen in einem Rohr (f = const) über ruhendes isentropes Medium hinweg.

Die gleiche Betrachtung ist auch für ein Medium gültig, das mit konstanter Teilchengeschwindigkeit u_1 strömt. Der Zustandspunkt Aa muß dann nur entsprechend dem Betrag u_1/a_1 auf der Abszisse verschoben werden.

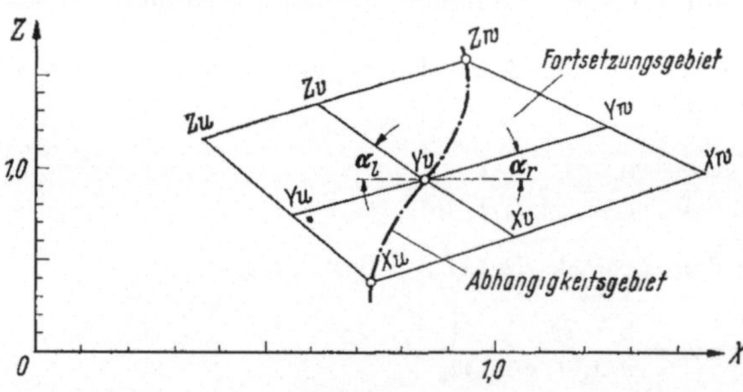

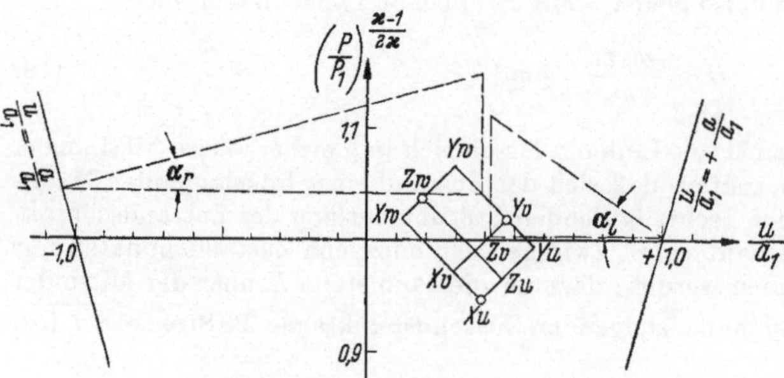

Abb. 11. Kreuzung von MACH-Linien in der Strömungsebene

Beispiel 2. Der allgemeine Fall der isentropen Rohrströmung ist dadurch gekennzeichnet, daß sich zwei beliebig geformte Wellen in der Strömungsebene kreuzen. Zu seiner Berechnung sei angenommen, daß die Schallzustände auf einer Kurve der Strömungsebene, die jeweils nur einen Punkt mit einer rechts- oder linkslaufenden MACH-Linie gemeinsam hat, vorgegeben seien (Abb. 11).

Die drei bevorzugten Zustandspunkte Xu, Yv, Zw sind damit in der Zustandsebene festgelegt. Da durch jeden Punkt der Kurve eine rechts- und eine linkslaufende MACH-Linie hindurchgeht, kreuzen sich in den zugehörigen Punkten der Zustandsebene nach dem Vorangegangenen ebenfalls zwei Charakteristiken. Der Gang der Berechnung läßt sich an Hand der Abb. 11 jetzt leicht verfolgen.

Die Berechnung der Strömungsebene, ausgehend von den bekannten Werten eines Kurvenzuges, ist nur in einem begrenzten Gebiet möglich. Dieses Gebiet wird *Fortsetzungsgebiet* genannt, da alle Zustandspunkte dieses Gebietes nacheinander, ausgehend von den Zustandswerten auf der Kurve, dem *Abhängigkeitsgebiet*, in einem Punktgitter (Gitterpunktverfahren) berechnet werden können. Die Fläche, die durch die beiden MACH-Linien eines Punktes eingeschlossen wird, wird *Einflußgebiet* genannt [*3*].

Im Gegensatz zum Gitterpunktverfahren werden bei dem Felderverfahren [*1*] die Zustände in den kleinen Feldern der Strömungsebene, die sich zwischen den MACH-Linien ergeben, als konstant angenommen; die Zustände ändern sich dann sprunghaft auf den MACH-Linien.

2. Verdichtungsstoß

Der Verdichtungsstoß ist durch einen endlichen Drucksprung während eines beliebig kleinen Zeitabschnittes gekennzeichnet. Die Gleichungen des Verdichtungsstoßes werden im folgenden durch eine stationäre Betrachtungsweise ermittelt [*3*]. Der Stoß möge in einem Rohr konstanten Querschnitts über gasförmiges Medium hinweglaufen. Die Zustände unmittelbar vor und nach dem Stoß werden als konstant angenommen.

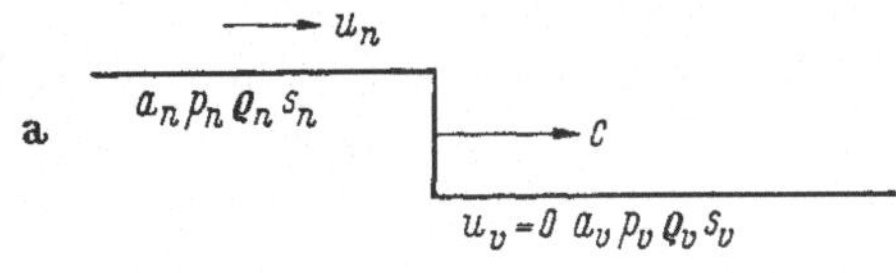

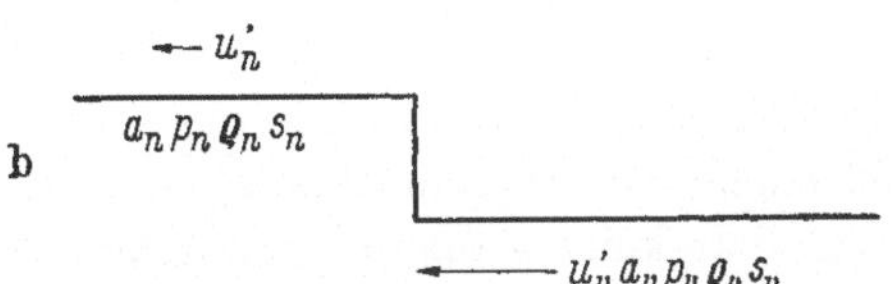

Abb. 12a u. b. Fortpflanzung eines Stoßes in einem gasförmigen Medium
a) wirklicher Zustandsverlauf
b) Überlagerung des Geschwindigkeitsfeldes $-c$

In Abb. 12a läuft eine Stoßfront mit der Geschwindigkeit c über das vor ihr ruhende Medium hinweg. Hinter der Stoßfront strömen die Teilchen mit der Geschwindigkeit u_n der Stoßfront nach. Überlagert man dem System ein Geschwindigkeitsfeld $-c$, so steht für den Beobachter die Stoßfront im Raume still (Abb. 12b). Die Teilchen vor der Stoßfront strömen jetzt mit der Geschwindigkeit $u_v' = -c$ nach links, ebenso die Teilchen hinter der Stoßfront mit der Geschwindigkeit $u_n' = u_n - c$. Auf dieses Bezugssystem lassen sich die Grundgleichungen der stationären Fadenströmung anwenden:

Kontinuitätsgleichung
$$u_v' \varrho_v = u_n' \varrho_n \tag{49}$$

Impulsgleichung
$$u_v'^2 \varrho_v + P_v = u_n'^2 \varrho_n + P_n \tag{50}$$

Energiegleichung
$$\frac{u_v'^2}{2} + g\,\dot{i}_v = \frac{u_n'^2}{2} + g\,\dot{i}_n\,. \tag{51}$$

Beachtet man, daß
$$g\,\dot{i}_v - g\,\dot{i}_n = \frac{a_v^2}{\varkappa - 1} - \frac{a_n^2}{\varkappa - 1} \tag{52}$$

ist, und berücksichtigt man Gl. (1), so gewinnt man mit dem obigen Gleichungssystem eine quadratische Gleichung für u_n', in der außer der Bezugsgröße a_v keine thermischen Zustandsgrößen vorkommen. Die hier gültige Lösung lautet:

$$\frac{u_n'}{a_v} = \frac{u_v'}{a_v} - \frac{2}{\varkappa + 1}\,\frac{u_v'}{a_v}\left[1 - \left(\frac{a_v}{u_v'}\right)^2\right]. \tag{53}$$

Die Teilchengeschwindigkeit u_n/a_v nach dem Stoß ergibt sich hieraus mit den Beziehungen für u'_n und u'_v allein in Abhängigkeit von der auf a_v bezogenen Stoßgeschwindigkeit:

$$\frac{u_n}{a_v} = \frac{2}{\varkappa + 1} \frac{c}{a_v} \left[1 - \frac{1}{(c/a_v)^2}\right]. \tag{54}$$

Für das Druckverhältnis P_n/P_v und das Schallgeschwindigkeitsverhältnis a_n/a_v erhält man auf dem gleichen Wege:

$$\frac{P_n}{P_v} = 1 + \frac{2\varkappa}{\varkappa + 1} \left[\left(\frac{c}{a_v}\right)^2 - 1\right], \tag{55}$$

$$\frac{a_n}{a_v} = \frac{a_v}{c} \sqrt{\left[1 + \frac{2\varkappa}{\varkappa + 1}\left(\frac{c^2}{a_v^2} - 1\right)\right]\left[1 + \frac{\varkappa - 1}{\varkappa + 1}\left(\frac{c^2}{a_v^2} - 1\right)\right]}. \tag{56}$$

Mit Gl. (23) ist eine Aussage über die Entropievermehrung im Stoß möglich:

$$e^{\frac{s_n - s_v}{2 c_p}} = \frac{a_n}{a_v} \left(\frac{P_v}{P_n}\right)^{\frac{\varkappa - 1}{2\varkappa}}. \tag{57}$$

Mit Gl. (54) und (55) erhält man unter Vorgabe der Stoßgeschwindigkeit c/a_v im $(P_n/P_v)^{(\varkappa-1)/2\varkappa}$, u_n/a_v-Diagramm, entsprechend den möglichen Laufrichtungen des Stoßes, zwei Bedingungslinien, auf denen alle Zustände des Mediums nach dem Stoß liegen müssen. Die Bedingungslinien werden *Stoßpolaren* genannt. In Abb. 13 sind die Stoßpolaren für $\varkappa = 1{,}32$ (Abgas eines Verbrennungsmotors) eingezeichnet. Zum Vergleich sind die Zustandscharakteristiken A und a aufgenommen, für die isentrope Zustandsänderung gilt. Die Entropievermehrung im Stoß beträgt bei einem Druckverhältnis $P_n/P_v = 2{,}8$ nur 1,5%, so daß bis zu diesem Wert, wenn man keine größere Genauigkeit fordert, die Stoßpolaren durch die Zustandscharakteristiken ersetzt werden können. Der Gültigkeitsbereich der Verträglichkeitsbedingungen (43) ist demnach in der Strömungsebene durch schwache Stöße nicht begrenzt.

Neben dem Entropiekennwert $e^{(s_n - s_v)/2 c_p}$ ist im Stoßpolarendiagramm auch die Stoßgeschwindigkeit c/a_v eingetragen. Sie kann bei Druckverhältnissen $P_n/P_v \leq 1{,}4$ nach PFRIEM [*22*] in guter Näherung durch die Beziehung:

$$\frac{c}{a_v} = \frac{1}{2}\left(\frac{u_n}{a_v} + \frac{a_v}{a_v} + \frac{a_n}{a_v}\right) \tag{58}$$

ersetzt werden. Im allgemeinen Fall ($u_v \neq 0$) ist c/a_v nicht mehr die absolute Laufgeschwindigkeit des Stoßes, sondern nur die Stoßgeschwindigkeit relativ zum Medium vor dem Stoß. Die absolute Stoßgeschwindigkeit erhält man dann aus:

$$\left(\frac{c}{a_v}\right)_a = \frac{c}{a_v} + \frac{u_v}{a_v} \tag{59}$$

oder angenähert aus:

$$\left(\frac{c}{a_v}\right)_a = \frac{1}{2}\left(\frac{u_v}{a_v} + \frac{a_v}{a_v}\right) + \frac{1}{2}\left(\frac{u_n}{a_v} + \frac{a_n}{a_v}\right). \tag{60}$$

Die beiden Glieder der rechten Seite der Gl. (60) bedeuten die arithmetischen Mittelwerte aus den absoluten Fortpflanzungsgeschwindigkeiten der Schallwellen vor und nach dem Stoß, welche in einer Richtung mit ihm laufen. Bei Gültigkeit von Gl. (60) wird das graphische Verfahren zur Bestimmung der Stoßfrontrichtung in der Strömungsebene in der gleichen Weise wie bei der Ermittlung der MACH-Linien-Richtung im Beispiel des letzten Abschnittes benutzt.

Gesucht sei die Neigung der Stoßlinie zwischen den Zustandspunkten Aa/Ba und Aa/Ca in der Strömungsebene der Abb. 9. Man trägt die Poldistanz H über

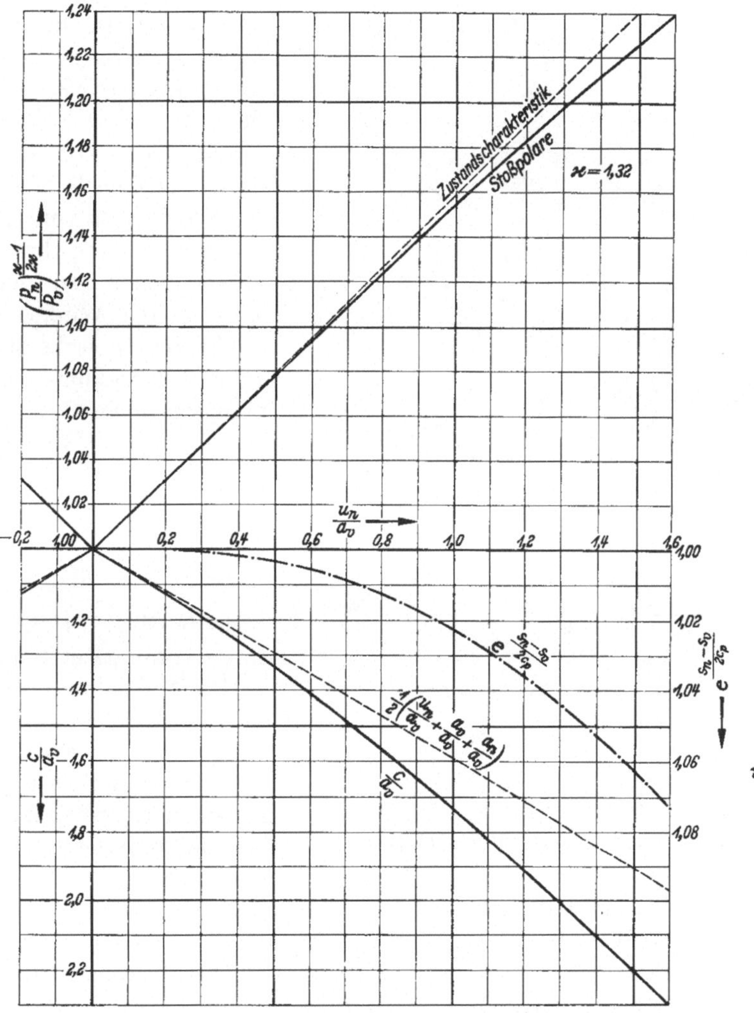

Abb. 13. Stoßpolarendiagramm

der Mitte derjenigen Stoßpolaren auf, die gerade die mittlere Stoßintensität zwischen Aa/Ba und Aa/Ca angibt. Der Fußpunkt dieser Stoßpolaren ist Aa, der Endpunkt liegt auf der Mitte des Charakteristikenabschnittes $\overline{Ba\,Ca}$. In dem gezeichneten Dreieck erhält man die mittlere Neigung der Stoßlinie zwischen den beiden betrachteten MACH-Linien B und C (s. Abb. 9c).

Bei großen Stoßgeschwindigkeiten bleibt die Bestimmung des Neigungswinkels der Stoßlinie in dem Zustandsdiagramm weiterhin einfach, wenn man das Stoßpolarendiagramm zu Hilfe nimmt.

Im Zustandsdiagramm der Abb. 14 ist die Stoßpolare eines rechtslaufenden Stoßes für ein Druckverhältnis $P_n/P_v > 2{,}8$ eingetragen. Der Stoß laufe über gasförmiges Medium mit der Teilchengeschwindigkeit $u_v = 0$ hinweg. Man trägt über dem Fußpunkt des Stoßes $u/a_1 = 0$ die Poldistanz H mit der Länge nach Gl. (48) auf, entnimmt aus dem Stoßpolarendiagramm die zu dem vorhandenen Druckverhältnis gehörende Ordinate $c/a_v - 1$ und trägt die Strecke $(c/a_v - 1)\, m_u'$ [cm] am Punkt $u/a_1 = -1$ des Zustandsdiagramms nach links an. Eine Transformation von $c/a_v - 1$ auf die u/a_1-Teilung braucht nicht vorgenommen zu werden, da $a_v = a_1$. Der Winkel α_r des gezeichneten Dreiecks gibt die Neigung der Stoßlinie in der Strömungsebene an:

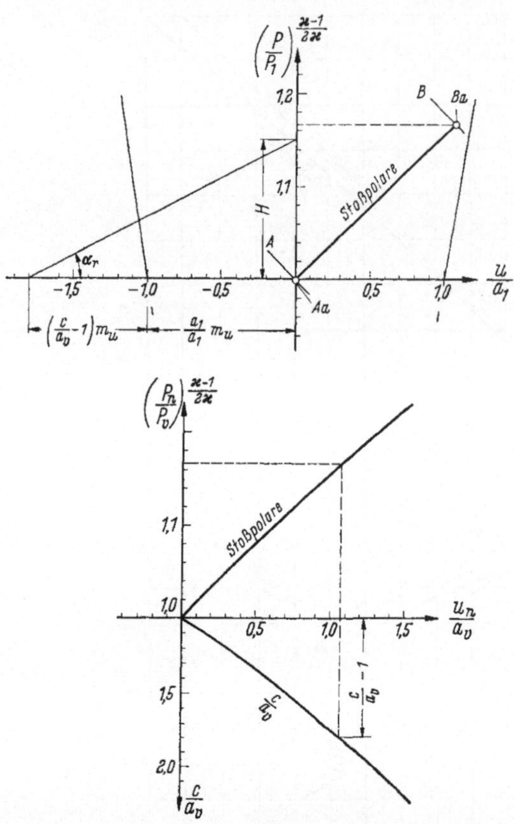

Abb. 14. Ermittlung der Neigung der Stoßlinie für $P_n/P_v > 2{,}8$

$$\left.\begin{aligned} \tan\alpha_r &= \frac{H}{c/a_1 - 1 + a_1/a_1} \times \\ &\times \frac{1}{m_u} = \frac{H}{c/a_1}\,\frac{1}{m_u}, \end{aligned}\right\} \quad (61)$$

wenn H Gl. (48) erfüllt, was eingangs vorausgesetzt war.

Die Berechnung des allgemeinen Falles sei an einem Beispiel gezeigt. In der Strömungsebene mögen sich zwei Druckwellen begegnen und überwandern, wobei sich die Front der rechtslaufenden Welle bereits nach kurzer Zeit zu einem Stoß aufgesteilt habe (Abb. 15 oben). Das Druckverhältnis P_n/P_v des Stoßes soll den Wert 2,8 nicht überschreiten, so daß die Stoßpolare durch die Zustandscharakteristik ersetzt werden kann. (Bei Druckverhältnissen der Stoßfront $> 2{,}8$ muß zusätzlich beachtet werden, daß im Ansatzpunkt des Stoßes eine Verdünnungswelle entsteht und stromaufwärts läuft [*3*]). Zu den Mach-Linien der Wellen gehören die Zustandswerte, wie sie auf den Charakteristiken A und a des Zustandsdiagramms der Abb. 15 angegeben sind. Der besseren Übersicht wegen seien nur die Mach-Linien der beiden Wellenfronten in der Strömungsebene verfolgt.

Die Stoßkonstruktion beginnt in dem Punkt der Strömungsebene, wo die Mach-Linie B die Mach-Linie A einholt. An dem gleichen Punkt trifft auch die linkslaufende Mach-Linie a ein, die den Fußpunkt der linkslaufenden Welle darstellt. Die beiden Zustandspunkte Aa und Ba im Zustandsdiagramm, die den Zustand vor und nach dem Stoß bestimmen, liegen auf der Stoßpolaren $\overline{Aa\,Ba}$.

Sie fallen in der Strömungsebene zusammen: Die MACH-Linie a durchläuft nacheinander in einem beliebig kleinen Zeitraum zwei Schallzustände.

Die Stoßrichtung kann in dem Punkt Aa/Ba der Strömungsebene wegen $P_n/P_v < 1{,}4$ sofort angegeben werden. Es ist aber zu beachten, daß die Front des Stoßes beim Weiterwandern in der Strömungsebene wächst. Außerdem läuft er

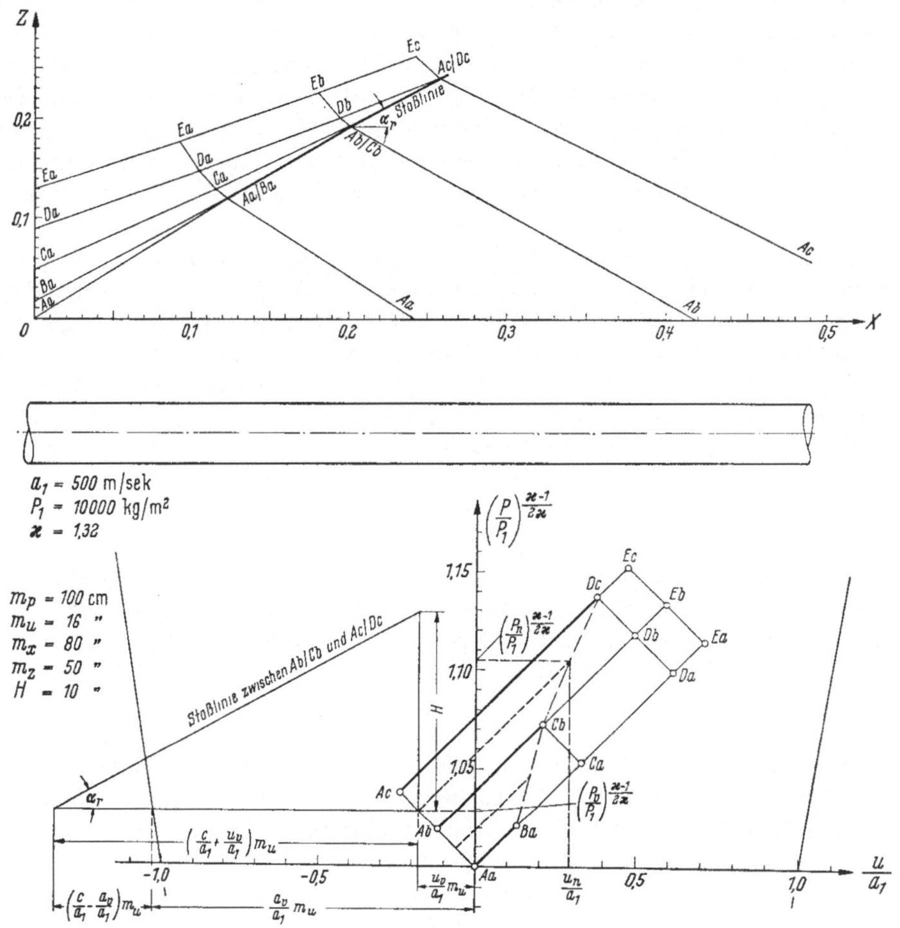

Abb. 15. Stoßwelle überläuft eine stetige Druckwelle

auf die entgegenkommende Welle hinauf, so daß sich seine Geschwindigkeit fortlaufend ändert. In der Rechnung werden Geschwindigkeitsänderungen zwischen zwei Punkten der Strömungsebene durch die jeweils zugehörige mittlere Stoßgeschwindigkeit ersetzt.

Im ersten Rechnungsschritt extrapoliert man die Stoßlinie mit einer geschätzten mittleren Neigung über Aa/Ba hinaus bis zum Schnitt mit der MACH-Linie b. Anschaulich bedeutet dies, daß der Fußpunkt des Stoßes zu dem Punkt Ab der linkslaufenden Welle hinaufgelaufen ist. Die Front des Stoßes bzw. der Zustand nach dem Stoß wird durch die in diesem Punkt der Strömungsebene ankommende rechtslaufende MACH-Linie C bestimmt. Cb ist der Zustand nach dem Stoß, der im Zustandsdiagramm durch den Schnittpunkt der Charakteristik C mit der Charakteristik b festgelegt ist.

Im allgemeinen werden die Stoßlinie und eine linkslaufende MACH-Linie sich nicht mit einer von vornherein vorgegebenen rechtslaufenden MACH-Linie in einem Punkt schneiden, wie hier die MACH-Linie C mit der Stoßlinie und der MACH-Linie b. In diesem Fall muß dann durch lineare Interpolation zwischen den gegebenen rechtslaufenden MACH-Linien eine sogenannte rechtslaufende Hilfs-MACH-Linie mit ihrer Zustandscharakteristik derart eingefügt werden, daß sie in den bereits festliegenden Schnittpunkt der Stoßlinie und der linkslaufenden MACH-Linie einmündet, und daß auf diese Weise der Zustandspunkt nach dem Stoß festgelegt wird. Dieser Lösungswert gilt analog, wenn die Stoßlinie von einer rechtslaufenden MACH-Linie eingeholt wird, ohne daß gleichzeitig an dieser Stelle eine linkslaufende MACH-Linie vorhanden ist.

Zwischen den Stoßpolaren $\overline{Aa\,Ba}$ und $\overline{Ab\,Cb}$ im Zustandsdiagramm findet man nun die Stoßpolare eines mittleren Stoßes (----). Die Neigung seiner Bahn in der Strömungsebene kann mit Hilfe der Methode von DE HALLER ($P_n/P_v \leq 1{,}4$) sofort bestimmt und die zunächst angenommene mittlere Neigung zwischen Aa/Ba und Ab/Cb damit überprüft werden. Sie wurde bei diesem Rechenschritt richtig angenommen. Hätte sich ein anderer Schnittpunkt mit der MACH-Linie b ergeben, so hätte man durch Eintragen einer rechtslaufenden Hilfs-MACH-Linie und ihrer Zustandscharakteristik auch die Fronthöhe des Stoßes neu festlegen müssen. Der daraus resultierende, verbesserte Stoß würde nun wiederum eine verbesserte Neigung der Stoßlinie vermitteln usw.

Im allgemeinen hat man nach dem zweiten Rechenschritt die richtige Stoßpolare und Bahnneigung gefunden. Man nimmt am besten die Lage des Zustandspunktes nach dem Stoß im Zustandsdiagramm im voraus an – er muß auf der Charakteristik b liegen – und ermittelt daraus eine erste mittlere Neigung des Stoßes.

Die mittlere Neigung der Stoßlinie zwischen den Punkten Ab/Cb und Ac/Dc der Strömungsebene muß mit Hilfe des Stoßpolarendiagramms bestimmt werden, da das Druckverhältnis $P_n/P_v > 1{,}4$ geworden ist. Die Konstruktion der Bahnneigung der Stoßlinie wird wie folgt durchgeführt (Abb. 15 unten):

Aus dem Zustandsdiagramm entnimmt man die bekannten Werte $(P_n/P_1)^{(\varkappa-1)/2\varkappa} = 1{,}1044$ und $(P_v/P_1)^{(\varkappa-1)/2\varkappa} = 1{,}0286$ des mittleren Stoßes zwischen Ab/Cb und Ac/Dc und erhält damit für den Ordinatenwert $(P_n/P_v)^{(\varkappa-1)/2\varkappa}$ des Stoßpolarendiagramms (Abb. 13):

$$\left(\frac{P_n}{P_1}\right)^{\frac{\varkappa-1}{2\varkappa}}\left(\frac{P_1}{P_v}\right)^{\frac{\varkappa-1}{2\varkappa}} = \left(\frac{P_n}{P_v}\right)^{\frac{\varkappa-1}{2\varkappa}} = 1{,}0737\,.$$

Zu diesem Wert gehört die Stoßgeschwindigkeit:

$$\frac{c}{a_v} = 1{,}306\,.$$

Die Ordinate $c/a_v - a_v/a_v = 0{,}306$ ist nicht sofort in das Zustandsdiagramm übertragbar, da sie zunächst auf die u/a_1-Teilung bezogen werden muß:

$$\left(\frac{c}{a_v} - \frac{a_v}{a_v}\right)\frac{a_v}{a_1} = \frac{c}{a_1} - \frac{a_v}{a_1} = 0{,}3147\,.$$

$a_v/a_1 = 1{,}0286$ kann sofort im Zustandsdiagramm auf der Abszisse abgelesen werden. Dann trägt man die Strecke:

$$\left(\frac{c}{a_1} - \frac{a_v}{a_1}\right) m_u = 5{,}04\,\text{cm}$$

in Höhe des Fußpunktes der Stoßpolaren des mittleren Stoßes zwischen $\overline{Ab\,Cb}$ und $\overline{Ac\,Dc}$ an die Hilfsgerade $u/a_1 = -a/a_1$ an und erhält mit der Poldistanz $H = 10$ cm, aufgetragen über dem Fußpunkt des mittleren Stoßes, die mittlere Neigung der Stoßlinie:

$$\tan\alpha_r = \frac{H}{c/a_1 + u_v/a_1}\,\frac{1}{m_u} = 0{,}5367\,.$$

Durch die graphische Konstruktion läßt sich somit im Zustandsdiagramm auch im allgemeinen Fall, ohne daß besondere Regeln beachtet werden müssen, mit Hilfe des Stoßpolarendiagramms die *absolute* Laufgeschwindigkeit des Stoßes $c/a_1 + u_v/a_1$ in der Strömungsebene ermitteln.

3. Die anisentrope instationäre Rohrströmung ohne Berücksichtigung der Reibung und des Wärmeaustausches

a) Berechnung der Strömungsebene für ein Medium im Rohr

Im folgenden sei ein instationärer Strömungsvorgang betrachtet, der in einem Rohr auf einem nach rechts und links unbegrenzt sich ausdehnenden Medium ablaufen möge. Die Mediumteilchen sollen infolge vorangegangener Drossel-, Stoß- oder Reibungsvorgänge eine unterschiedliche Entropie besitzen, die in der Form $e^{(s-s_1)/2c_p}$ als Funktion der Rohrlänge X zur Zeit $Z = Z_0$ notiert sei (Abb. 16).

Zur Vereinfachung der Rechnung wird die Entropiekurve durch drei Stufen angenähert. In dem Bereich der jeweiligen Stufen wird mit konstanter Entropie gerechnet. Die einmal zugeteilten Entropiewerte der Mediumteilchen bleiben während der Betrachtung konstant ($ds/dt = 0$).

Außerdem sollen die drei Gasschichten den gemeinsamen $\varkappa$-Wert 1,32 besitzen.

Die Verträglichkeitsbedingungen der rechts- und linkslaufenden MACH-Linien lauten mit Gl. (39) und (40) ohne Berücksichtigung der Reibung und des Wärmeaustausches:

$$\left.\begin{aligned} \pm d\frac{u}{a_1} + \frac{2}{\varkappa-1}\,e^{\frac{s-s_1}{2c_p}}\,d\left[\left(\frac{P}{P_1}\right)^{\frac{\varkappa-1}{2\varkappa}}\right] &= 0\,, \\ d\,e^{\frac{s-s_1}{2c_p}} &= 0\,. \end{aligned}\right\} \tag{62}$$

Als Bezugsgrößen werden der Druck P_1, die Schallgeschwindigkeit a_1 und die Entropie s_1 der Gasschicht 1 eingeführt. a_2 und a_3 sind die Schallgeschwindigkeiten der Gasschichten 2 und 3 bei dem Druck P_1 ($= P_2 = P_3$). Für jede Gasschicht ist eine geschlossene Integration der oberen Gl. (62) möglich, da der Faktor $e^{(s-s_1)/2c_p}$ jeweils konstant bleibt. Insbesondere gewinnt man als Verträglichkeitsbedingungen der MACH-Linien, die über die Gasschicht 1 hinweglaufen, wieder Gl. (44):

$$\pm\frac{u}{a_1} + \frac{2}{\varkappa-1}\left(\frac{P}{P_1}\right)^{\frac{\varkappa-1}{2\varkappa}} = k(\alpha,\beta)\,. \tag{44}$$

Legt man die Maßstäbe des gemeinsamen Zustandsdiagramms aller Gasschichten wieder in der Weise fest, daß gilt:

$$m_p = \frac{2}{\varkappa - 1} m_u , \tag{45}$$

so erhält man für die Neigungen der einzelnen Charakteristikenscharen:

$$\text{Gasschicht 1:} \qquad \tan\alpha_1 = \mp \frac{\varkappa - 1}{2} \frac{m_p}{m_u} = 1{,}000 , \tag{63}$$

$$\left.\begin{aligned} &\text{Gasschicht 2:} \qquad \tan\alpha_2 = \mp \frac{\varkappa - 1}{2} \frac{1}{e^{(s_2 - s_1)/2c_p}} \frac{m_p}{m_u} = \mp \frac{1}{e^{(s_2 - s_1)/2c_p}} = \mp \frac{a_1}{a_2} , \\ &\text{Gasschicht 3:} \qquad \tan\alpha_3 = \mp \frac{\varkappa - 1}{2} \frac{1}{e^{(s_3 - s_1)/2c_p}} \frac{m_p}{m_u} = \mp \frac{1}{e^{(s_3 - s_1)/2c_p}} = \mp \frac{a_1}{a_3} . \end{aligned}\right\} \tag{64}$$

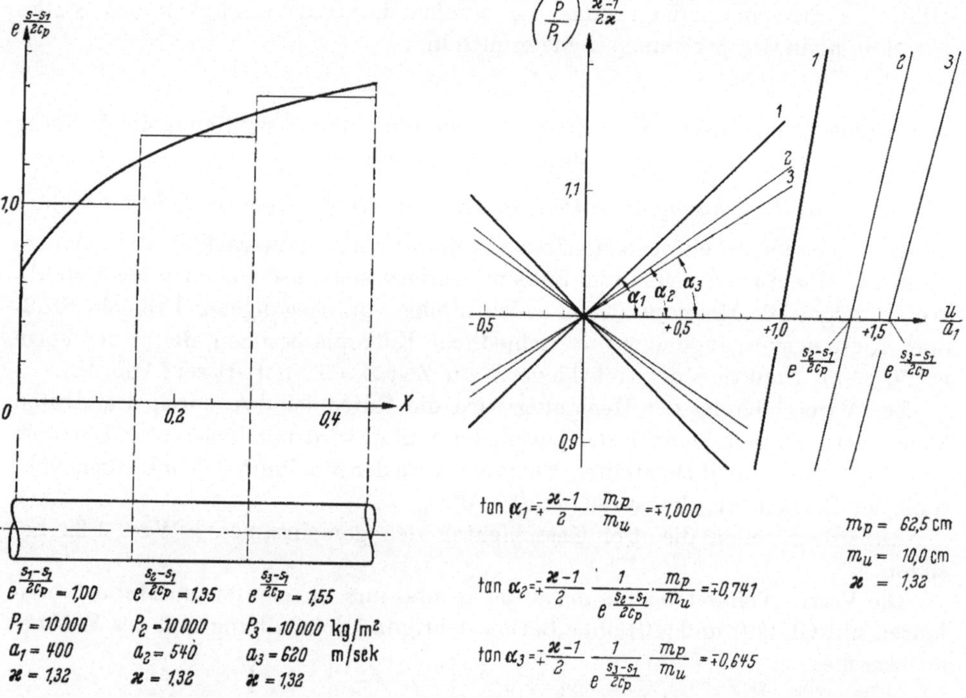

Abb. 16. Angenommene Entropieschichtung eines Gases in einem Rohr

Abb. 17. Neigungen der Zustandscharakteristiken bei unterschiedlicher Entropieverteilung

Mit den in Abb. 16 gewählten Stufen für die Entropiekurve ergibt sich:

$$\tan\alpha_1 = \mp 1{,}000 ,$$
$$\tan\alpha_2 = \mp 0{,}741 ,$$
$$\tan\alpha_3 = \mp 0{,}645 .$$

Die Zustandscharakteristiken der Gasschicht 1 verlaufen somit unter 45° zu den Achsen geneigt, während sie für die Schichten 2 und 3 wegen $s_1 < s_2 < s_3$ flacher verlaufen (Abb. 17).

Bei der Konstruktion der Neigungen der MACH-Linien im Zustandsdiagramm müssen neben den Hilfsgeraden $u/a_1 = \pm\, a/a_1$ der Gasschicht 1 auch die Hilfsgeraden der Gasschichten 2 und 3 berücksichtigt werden.

Die Gleichungen der Hilfsgeraden lauten:

$$\left.\begin{aligned}
&\text{Gasschicht 1:} && \frac{u}{a_1} = \pm\frac{a}{a_1} = \pm\left(\frac{P}{P_1}\right)^{\frac{\varkappa-1}{2\varkappa}},\\
&\text{Gasschicht 2:} && \frac{u}{a_1} = \pm\frac{a}{a_1} = \pm\left(\frac{P}{P_1}\right)^{\frac{\varkappa-1}{2\varkappa}} \mathrm{e}^{\frac{s_2-s_1}{2c_p}},\\
&\text{Gasschicht 3:} && \frac{u}{a_1} = \pm\frac{a}{a_1} = \pm\left(\frac{P}{P_1}\right)^{\frac{\varkappa-1}{2\varkappa}} \mathrm{e}^{\frac{s_3-s_1}{2c_p}}.
\end{aligned}\right\} \tag{65}$$

Im gemeinsamen Zustandsdiagramm schneiden die Hilfsgeraden also die Abszisse in den Punkten:

$$\text{Gasschicht 1:} \quad \frac{u}{a_1} = \pm 1{,}00,$$

$$\text{Gasschicht 2:} \quad \frac{u}{a_1} = \pm\,\mathrm{e}^{\frac{s_2-s_1}{2c_p}} = \pm\frac{a_2}{a_1} = \pm 1{,}35,$$

$$\text{Gasschicht 3:} \quad \frac{u}{a_1} = \pm\,\mathrm{e}^{\frac{s_3-s_1}{2c_p}} = \pm\frac{a_3}{a_1} = \pm 1{,}55.$$

Alle Hilfsgeraden schneiden sich im Nullpunkt der Ordinate. Die Länge der Poldistanz H bleibt für alle Gasschichten unverändert, da der Maßstab m_u für alle Gasschichten der gleiche ist.

In Abb. 18 ist die Strömungsebene für den Fall berechnet, daß die Front einer rechtslaufenden Druckwelle – beschrieben durch die MACH-Linien A, B und C – über drei Gasschichten mit der Entropieverteilung nach Abb. 16 hinwegläuft.

An den Übergangsstellen von einer zur anderen Gasschicht müssen aus Stetigkeitsgründen die Schichten *gleiche Geschwindigkeit* und *gleichen Druck* haben.

An der Übergangsstelle Bb in der Strömungsebene wird dies durch die nach links laufende MACH-Linie b erreicht, die den Zustand Ba der rechtslaufenden MACH-Linie B in den gemeinsamen Schallzustand Bb überführt. Zu seiner Ermittlung konstruiert man den gemeinsamen Schnittpunkt der Zustandscharakteristik B mit der Neigung der Gasschicht 1 und der Zustandscharakteristik b mit der Neigung der Gasschicht 2 im Zustandsdiagramm. Die Neigungen der MACH-Linien findet man wieder mit Hilfe der DE HALLERschen Methode (s. Abb. 18). Damit ist der Gang der Berechnung bereits gezeigt. Die weiteren Rechenschritte können in Abb. 18 verfolgt werden.

Die Zustandscharakteristiken der linkslaufenden MACH-Linien beginnen im Koordinatenschnittpunkt, dem Bildpunkt des ruhenden, ungestörten Mediums. Im Gegensatz zur isentropen Rohrströmung sind die Zustandscharakteristiken jetzt keine Geraden mehr.

Trifft eine links- oder rechtslaufende MACH-Linie an einer Übergangsstelle keine rechts- oder linkslaufende MACH-Linie an (Zustandspunkte $1c$ und $B2$), so sind durch Interpolation Hilfs-MACH-Linien einzufügen. Die Hilfs-MACH-Linien werden am besten mit Ziffern benannt, um die einheitliche Bezeichnung des Charakteristikennetzes zu erhalten.

Man erkennt, daß an den eingezeichneten Grenzlinien (Teilchenbahnen) Teilreflexionen der rechtslaufenden Druckwelle stattfinden, und zwar laufen beim Auftreffen auf heißere Schichten Saugwellen zurück (z.B. Druck im Punkt *Ca* der

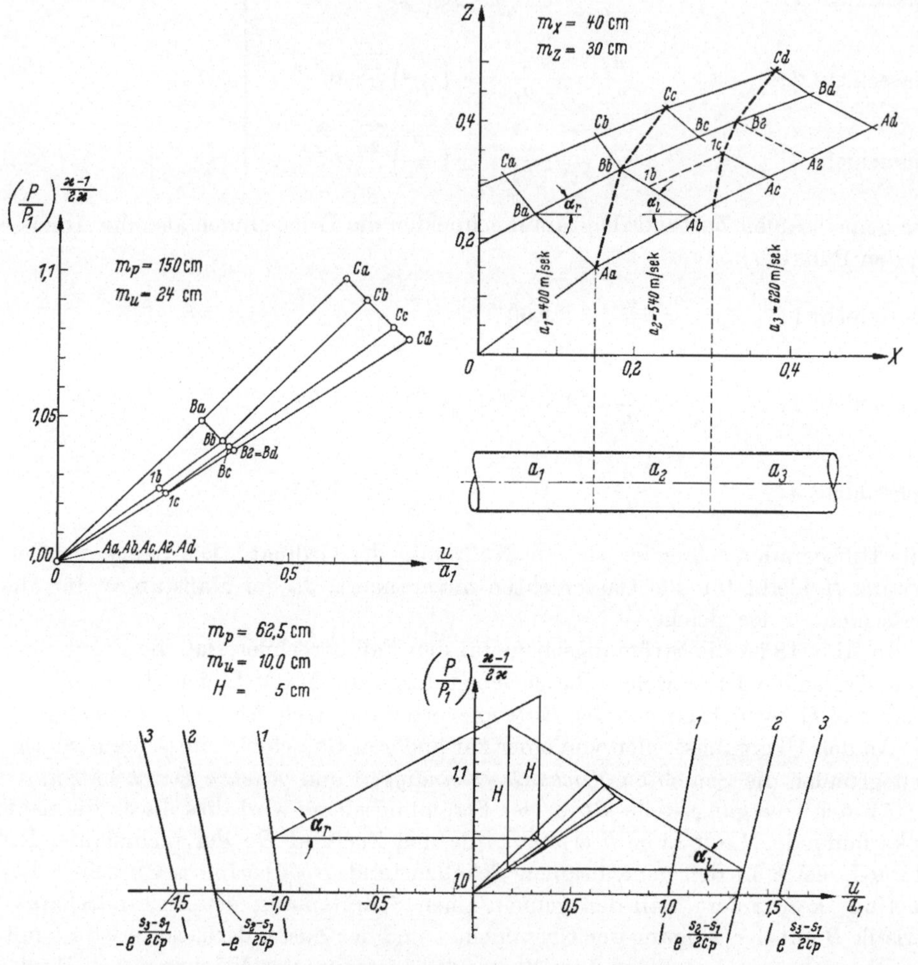

Abb. 18. Anisentrope instationäre Rohrströmung

MACH-Linie *C* wird durch linkslaufende Saugwelle bei Erreichen der ersten Trennungslinie auf den Druck im Punkt *Cc* abgebaut). Entsprechend liefen Druckwellen zurück, wenn die Druckwelle nachfolgend kühlere Gasschichten überlaufen würde.

Nach den Untersuchungen von JENNY [8] beeinflußt die Entropieschichtung eines Gases, hervorgerufen durch Drosselung oder Wandreibung, das Bild der instationären Strömung nur wenig, so daß sie vernachlässigt werden kann. Durch Festlegung einer mittleren Entropie s_m und Schallgeschwindigkeit a_m, gültig für alle Gasschichten, wird der instationäre Vorgang genügend genau beschrieben.

Die Berechnung dieser Mittelwerte für die Abgasschichten in einem Auspuffrohr des untersuchten JLO-Versuchsmotors wird in Kap. IV D so durchgeführt, daß zunächst über die Entropieverteilung derjenigen Abgasschicht Aufschluß gegeben wird, die während des berechneten Gaswechsels ausströmt. Die örtlichen Mittelwerte a_m und s_m daraus werden dann als gültig für die restliche noch im Rohr befindliche Abgasmenge – ein Gasteilchen braucht die Zeit mehrerer Gaswechsel, bis es durch das Rohr ins Freie gelangt – angesehen. Allerdings wird hierbei auch der Einfluß der Entropieschichtung, hervorgerufen durch Mischung des kalten Frischgases mit den heißen Abgasen, auf das Schwingungsbild im Auspuffrohr vernachlässigt.

b) Berechnung der Strömungsebene für zwei verschiedene Medien im Rohr

Von größerem Einfluß auf das Schwingungsbild sind extrem große Temperatursprünge an der Trennungsschicht [*11*]. Diese treten z.B. im Überströmkanal eines kurbelkastengespülten Zweitaktmotors auf, wenn zu Beginn der Spülperiode heiße Abgase in den Überströmkanal zurückströmen und hier auf das vor dem Zylinder lagernde Frischgas prallen. In diesem Fall befinden sich zwei verschiedene Gase nebeneinander im Rohr, die durch ihre unterschiedlichen Entropie- und $\varkappa$-Werte gekennzeichnet sein sollen. Die Berechnung der Strömungsebene kann bei Zulassung unterschiedlicher $\varkappa$-Werte auf die gleiche Weise wie in Abb. 18 durchgeführt werden, wenn man ein für alle Medien gültiges $(P/P_1)^{(\bar{\varkappa}-1)/2\bar{\varkappa}}$, u/a_1-Diagramm als Zustandsdiagramm einführt.

Das gemeinsame Zustandsdiagramm sei für ein Medium mit $\bar{\varkappa} = 1{,}4$ (Frischgas) und ein zweites mit $\varkappa = 1{,}32$ (Abgas) aufgestellt. Die Ausgangswerte der Rechnung in Abb. 19 entsprechen denen, wie sie auch später in den Beispielen der Kap. IV C und IV D benutzt werden.

Die Verträglichkeitsbedingungen der MACH-Linien, die über das Medium mit $\bar{\varkappa} = 1{,}4$ hinweglaufen, lauten mit Gl. (43):

$$\pm d\frac{u}{a_1} + \frac{2}{\bar{\varkappa}-1} d\left[\left(\frac{P}{P_1}\right)^{\frac{\bar{\varkappa}-1}{2\bar{\varkappa}}}\right] = 0 .$$

Für die des Mediums mit $\varkappa = 1{,}32$ gilt mit Gl. (62):

$$\pm d\frac{u}{a_1} + \frac{2}{\varkappa-1} e^{\frac{s_2-s_1}{2c_p}} d\left[\left(\frac{P}{P_1}\right)^{\frac{\varkappa-1}{2\varkappa}}\right] = 0 .$$

Auf der Ordinate des Zustandsdiagramms in Abb. 19a sei der Maßstab m_p für $(P/P_1)^{(\bar{\varkappa}-1)/2\bar{\varkappa}}$ und $(P/P_1)^{(\varkappa-1)/2\varkappa}$ zunächst gleich und $\frac{2}{\bar{\varkappa}-1}$ mal größer als für die u/a_1-Achse angenommen $\left[m_p = \frac{2}{\bar{\varkappa}-1} m_u,\ \text{Gl. (45)}\right]$. Dann betragen die Neigungen der Zustandscharakteristiken des Mediums mit $\bar{\varkappa} = 1{,}4$ mit Gl. (63) wieder:

$$\tan\alpha_1 = \mp \frac{\bar{\varkappa}-1}{2} \frac{m_p}{m_u} = \mp 1 .$$

Die Neigungen der Charakteristiken des Mediums mit $\varkappa = 1{,}32$ erhält man aus Gl. (64):

$$\tan\alpha_2 = \mp \frac{\varkappa-1}{2} \frac{1}{e^{(s_2-s_1)/2c_p}} \frac{m_p}{m_u} = \mp 0{,}413 .$$

Mit der Beziehung für die Maßstäbe ergibt sich für $\tan\alpha_2$ der allgemeine Ausdruck, vgl. Gl. (64):

$$\tan\alpha_2 = \mp \frac{\varkappa - 1}{\bar{\varkappa} - 1} \frac{1}{e^{(s_2 - s_1)/2\,c_p}} = \mp \frac{\varkappa - 1}{\bar{\varkappa} - 1} \frac{a_1}{a_2}. \tag{66}$$

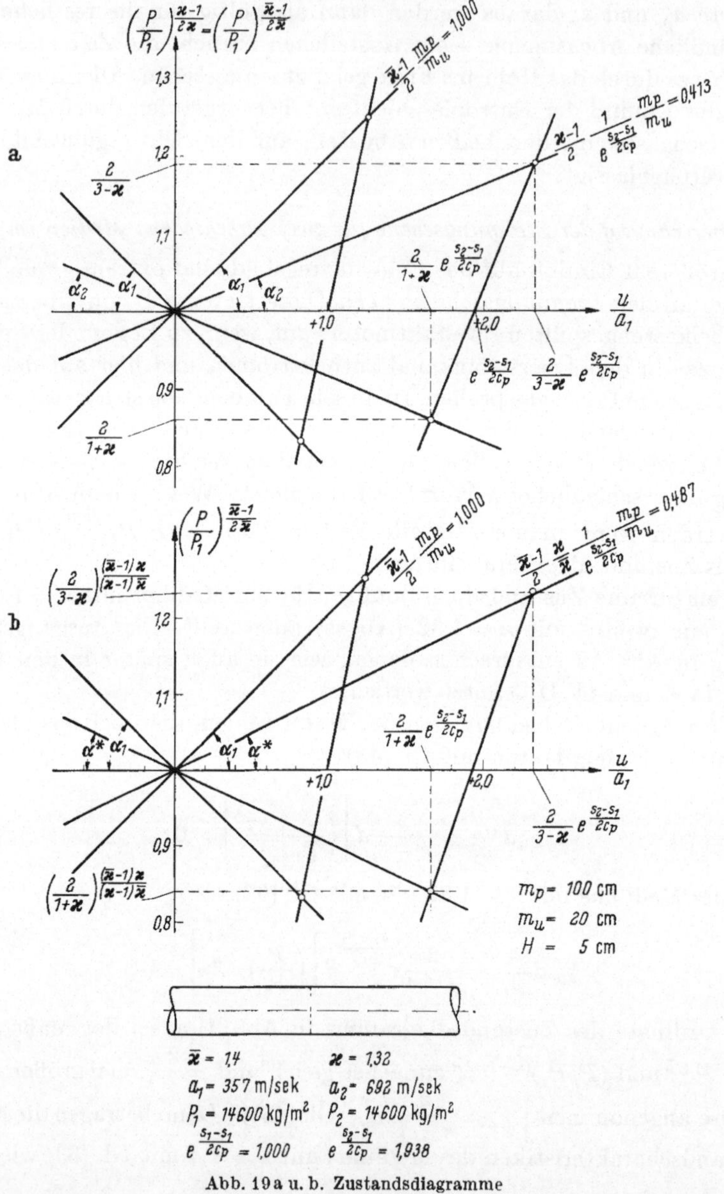

Abb. 19a u. b. Zustandsdiagramme

a) $\left[\left(\frac{P}{P_1}\right)^{\frac{\varkappa-1}{2\varkappa}} = \left(\frac{P}{P_1}\right)^{\frac{\bar{\varkappa}-1}{2\bar{\varkappa}}}\right]$, u/a_1-Diagramm

b) gemeinsames Zustandsdiagramm für zwei verschiedene gasförmige Medien

$\left(\frac{P}{P_1}\right)^{\frac{\bar{\varkappa}-1}{2\bar{\varkappa}}}$, u/a_1-Diagramm

Die Hilfsgeraden der beiden Gasschichten sind durch die Gl. (47) und (65) festgelegt:

$$\frac{u}{a_1} = \pm \left(\frac{P}{P_1}\right)^{\frac{\bar{\varkappa}-1}{2\bar{\varkappa}}}, \qquad \frac{u}{a_1} = \pm \left(\frac{P}{P_1}\right)^{\frac{\varkappa-1}{2\varkappa}} e^{\frac{s_2-s_1}{2c_p}}.$$

Das Zustandsdiagramm in Abb. 19a ist für den Rechnungsgang jedoch noch ungeeignet. Die Erfüllung der Bedingung, daß an der Trennungslinie der Gasschichten gleicher Druck und gleiche Geschwindigkeit vorhanden sind, stößt in diesem Diagramm auf Schwierigkeiten, da gleichem Druck in beiden Medien verschiedene Ordinatenwerte des Zustandsdiagramms zugeordnet sind.

Überträgt man jedoch die Charakteristiken des Mediums mit $\varkappa = 1{,}32$ in der Weise in ein $(P/P_1)^{(\bar{\varkappa}-1)/2\bar{\varkappa}}$, u/a_1-Diagramm, daß jedem Druckverhältnis P/P_1 aus den Ordinaten $(P/P_1)^{(\varkappa-1)/2\varkappa}$ der Charakteristiken des Mediums mit $\varkappa = 1{,}32$ neue Ordinaten $(P/P_1)^{(\bar{\varkappa}-1)/2\bar{\varkappa}}$ zugeteilt werden, so hat man für beide Gasschichten ein gemeinsames $(P/P_1)^{(\bar{\varkappa}-1)/2\bar{\varkappa}}$, u/a_1-Diagramm gewonnen, das jetzt die Berechnung der Strömungsebene in der gleichen Weise wie in Abb. 18 erlaubt: Zu jedem Schnittpunkt zweier Charakteristiken verschiedener Medien gehört auf der Ordinate das gleiche Druckverhältnis P/P_1.

Die Übertragung in das $(P/P_1)^{(\bar{\varkappa}-1)/2\bar{\varkappa}}$, u/a_1-Diagramm sei für die Charakteristiken angegeben, welche den rechts- und linkslaufenden Mach-Linien des ruhenden, ungestörten Mediums mit $\varkappa = 1{,}32$ zugeordnet sind. Ihre Gleichung lautet in dem $(P/P_1)^{(\varkappa-1)/2\varkappa}$, u/a_1-Diagramm, vgl. Gl. (46):

$$\left.\begin{aligned} &\pm \frac{u}{a_1} + \frac{2}{\varkappa - 1} e^{\frac{s_2-s_1}{2c_p}} \left(\frac{P}{P_1}\right)^{\frac{\varkappa-1}{2\varkappa}} = \frac{2}{\varkappa-1} e^{\frac{s_2-s_1}{2c_p}} \\ \text{bzw.}\quad &\pm \frac{\varkappa-1}{2} \frac{1}{e^{(s_2-s_1)/2c_p}} \frac{u}{a_1} + \left(\frac{P}{P_1}\right)^{\frac{\varkappa-1}{2\varkappa}} = 1. \end{aligned}\right\} \tag{67}$$

In Abb. 20 ist der genaue Verlauf der übertragenen Charakteristiken, welcher punktweise ermittelt wurde, in einem größeren Gebiet des $(P/P_1)^{(\bar{\varkappa}-1)/2\bar{\varkappa}}$, u/a_1-

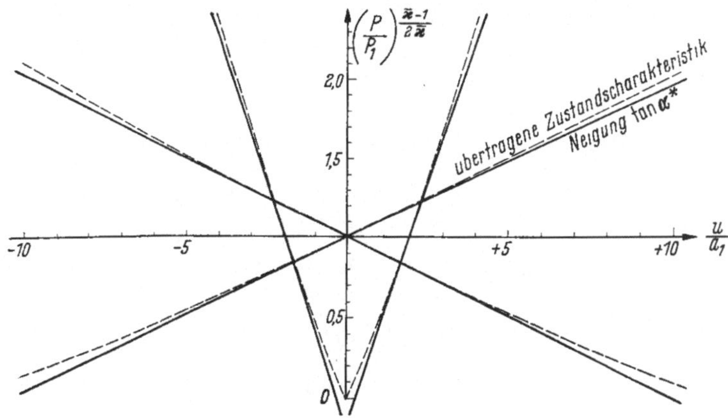

Abb. 20. Genauer und angenäherter Verlauf der übertragenen Zustandscharakteristiken des Mediums mit $\varkappa = 1{,}32$ in das $\left(\frac{P}{P_1}\right)^{\frac{\bar{\varkappa}-1}{2\bar{\varkappa}}}$, u/a_1-Diagramm

Diagramms eingezeichnet: Sie sind keine Geraden mehr. Man erkennt jedoch, daß die Charakteristikenabschnitte, welche in dem Bereich liegen, der vornehmlich für die Rechnung benutzt wird, durch Geraden ersetzt werden können.

Die Gleichung dieser Geraden lautet:

$$\tan\alpha^* \frac{m_u}{m_p} \frac{u}{a_1} = \left(\frac{P}{P_1}\right)^{\frac{\bar{\varkappa}-1}{2\bar{\varkappa}}} - 1. \tag{68}$$

Daraus ergibt sich für $\tan\alpha^*$:

$$\tan\alpha^* = \frac{(P/P_1)^{(\bar{\varkappa}-1)/2\bar{\varkappa}} - 1}{u/a_1} \frac{m_p}{m_u}. \tag{69}$$

$\tan\alpha^*$ wird für $P/P_1 = 1$ und $u/a_1 = 0$ bestimmt. Dies ist aber nicht ohne weiteres möglich, da sich mit diesen Koordinaten aus Gl. (69) der unbestimmte Ausdruck 0/0 ergibt. Mit Hilfe der Regel von BERNOULLI-L'HOSPITAL [*23*]

$$\lim_{u/a_1 \to 0} \tan\alpha^* = \lim_{u/a_1 \to 0} \frac{\varphi'(u/a_1)}{\psi'(u/a_1)}$$

kann jedoch der Grenzwert $\lim\limits_{u/a_1 \to 0} \tan\alpha^*$ ermittelt werden. Dazu muß zunächst $(P/P_1)^{(\bar{\varkappa}-1)/2\bar{\varkappa}}$ durch u/a_1 ausgedrückt werden. Dies gelingt mit Hilfe der Gl. (67):

$$\left(\frac{P}{P_1}\right)^{\frac{\bar{\varkappa}-1}{2\bar{\varkappa}}} = \left[\left(\frac{P}{P_1}\right)^{\frac{\varkappa-1}{2\varkappa}}\right]^{\frac{(\bar{\varkappa}-1)\varkappa}{(\varkappa-1)\bar{\varkappa}}} = \left(1 \mp \frac{\varkappa-1}{2} \frac{1}{e^{(s_2-s_1)/2c_p}} \frac{u}{a_1}\right)^{\frac{(\bar{\varkappa}-1)\varkappa}{(\varkappa-1)\bar{\varkappa}}}.$$

Dieser Ausdruck, in Gl. (69) eingesetzt, ergibt:

$$\tan\alpha^* = \frac{\varphi(u/a_1)}{\psi(u/a_1)} = \frac{\left(1 \mp \frac{\varkappa-1}{2} \frac{1}{e^{(s_2-s_1)/2c_p}} \frac{u}{a_1}\right)^{\frac{(\bar{\varkappa}-1)\varkappa}{(\varkappa-1)\bar{\varkappa}}} - 1}{u/a_1} \frac{m_p}{m_u}.$$

Nun kann die Regel von BERNOULLI-L'HOSPITAL angewendet werden:

$$\lim_{u/a_1 \to 0} \tan\alpha^* = \lim_{u/a_1 \to 0} \frac{\varphi'(u/a_1)}{\psi'(u/a_1)}$$

$$= \frac{(\bar{\varkappa}-1)\varkappa}{(\varkappa-1)\bar{\varkappa}} \left(1 \mp \frac{\varkappa-1}{2} \frac{1}{e^{(s_2-s_1)/2c_p}} \frac{u}{a_1}\right)^{\frac{(\bar{\varkappa}-1)\varkappa}{(\varkappa-1)\bar{\varkappa}} - 1} \left(\mp \frac{\varkappa-1}{2} \frac{1}{e^{(s_2-s_1)/2c_p}}\right) \frac{m_p}{m_u}.$$

Für $\tan\alpha^*$ an der Stelle $P/P_1 = 1$, $u/a_1 = 0$ erhält man daraus:

$$\left.\begin{aligned} \tan\alpha^* &= \mp \frac{\bar{\varkappa}-1}{2} \frac{\varkappa}{\bar{\varkappa}} \frac{1}{e^{(s_2-s_1)/2c_p}} \frac{m_p}{m_u}, \\ \tan\alpha^* &= \mp \frac{\bar{\varkappa}-1}{2} \frac{\varkappa}{\bar{\varkappa}} \frac{a_1}{a_2} \frac{m_p}{m_u}. \end{aligned}\right\} \tag{70}$$

Mit den Zahlenwerten aus Abb. 19 ergibt sich:

$$\tan\alpha^* = \mp 0{,}487.$$

Die Zustandscharakteristiken des Mediums mit $\varkappa = 1{,}32$ können somit mit Gl. (70) schnell und ohne große Rechenoperationen in das $(P/P_1)^{(\bar{\varkappa}-1)/2\bar{\varkappa}}$, u/a_1-Diagramm eingezeichnet werden (Abb. 19b).

Aber auch die Hilfsgeraden

$$\frac{u}{a_1} = \pm \left(\frac{P}{P_1}\right)^{\frac{\varkappa-1}{2\varkappa}} e^{\frac{s_2-s_1}{2c_p}} \tag{65}$$

müssen in das $(P/P_1)^{(\varkappa-1)/2\varkappa}, u/a_1$-Diagramm übernommen werden. Am besten überträgt man ihre Schnittpunkte mit den Charakteristiken des ruhenden Mediums in das $(P/P_1)^{(\varkappa-1)/2\varkappa}, u/a_1$-Diagramm und verbindet dort die jeweils zusammengehörigen Punkte durch eine Gerade (Abb. 19).

Die Ordinaten und Abszissen der Schnittpunkte im $(P/P_1)^{(\varkappa-1)/2\varkappa}, u/a_1$-Diagramm findet man auf analytischem Wege mittels der Gl. (65) und (67). Das Ergebnis lautet für die einzelnen Schnittpunkte:

$$\left.\begin{array}{llll}
\text{Quadrant I:} & \left(\frac{P}{P_1}\right)^{\frac{\varkappa-1}{2\varkappa}} = \frac{2}{3-\varkappa} & \text{Quadrant III:} & \left(\frac{P}{P_1}\right)^{\frac{\varkappa-1}{2\varkappa}} = \frac{2}{1+\varkappa} \\
& \frac{u}{a_1} = \frac{2}{3-\varkappa} e^{\frac{s_2-s_1}{2c_p}} & & \frac{u}{a_1} = -\frac{2}{1+\varkappa} e^{\frac{s_2-s_1}{2c_p}} \\
\text{Quadrant II:} & \left(\frac{P}{P_1}\right)^{\frac{\varkappa-1}{2\varkappa}} = \frac{2}{3-\varkappa} & \text{Quadrant IV:} & \left(\frac{P}{P_1}\right)^{\frac{\varkappa-1}{2\varkappa}} = \frac{2}{1+\varkappa} \\
& \frac{u}{a_1} = -\frac{2}{3-\varkappa} e^{\frac{s_2-s_1}{2c_p}} & & \frac{u}{a_1} = \frac{2}{1+\varkappa} e^{\frac{s_2-s_1}{2c_p}}
\end{array}\right\} \tag{71}$$

Die Koordinaten der Schnittpunkte sind allgemein gültig, ihre Übertragung in das $(P/P_1)^{(\varkappa-1)/2\varkappa}, u/a_1$-Diagramm kann ohne weiteres durchgeführt werden (Abb. 19b).

4. Die isentrope instationäre Diffusorströmung

Die Verträglichkeitsbedingungen der isentropen instationären Diffusorströmung lauten mit Gl. (39):

$$\pm d\frac{u}{a_1} + \frac{2}{\varkappa-1} d\left[\left(\frac{P}{P_1}\right)^{\frac{\varkappa-1}{2\varkappa}}\right] = -\frac{a}{a_1}\frac{u}{a_1}\frac{d\ln f}{dX} dZ. \tag{72}$$

Gl. (72) kann nicht geschlossen integriert werden, so daß der Verlauf der Zustandscharakteristiken nicht von vornherein festliegt. Mit dem Übergang zu Differenzengleichungen ist jedoch eine schrittweise Berechnung der Strömungsebene möglich, die bei entsprechender Wahl der Schrittgröße beliebig genau durchgeführt werden kann.

Die Differenzengleichung für die rechtslaufende Mach-Linie lautet:

$$\left.\begin{array}{l}
\frac{u}{a_1} - \left(\frac{u}{a_1}\right)_r + \frac{2}{\varkappa-1}\left[\left(\frac{P}{P_1}\right)^{\frac{\varkappa-1}{2\varkappa}} - \left(\frac{P}{P_1}\right)_r^{\frac{\varkappa-1}{2\varkappa}}\right] = -\frac{a}{a_1}\frac{u}{a_1}\frac{d\ln f}{dX}(Z-Z_r). \\
\text{Für die linkslaufende Mach-Linie gilt:} \\
-\frac{u}{a_1} + \left(\frac{u}{a_1}\right)_l + \frac{2}{\varkappa-1}\left[\left(\frac{P}{P_1}\right)^{\frac{\varkappa-1}{2\varkappa}} - \left(\frac{P}{P_1}\right)_l^{\frac{\varkappa-1}{2\varkappa}}\right] = -\frac{a}{a_1}\frac{u}{a_1}\frac{d\ln f}{dX}(Z-Z_l).
\end{array}\right\} \tag{73}$$

In der Strömungsebene der Abb. 21, die bis zu den Gitterpunkten Tu, Su, Sv berechnet sei, seien Lage und Zustand des Punktes Tv gesucht. Er ist in der Strömungs- und Zustandsebene der Schnittpunkt der Charakteristiken T und v. Folgender Lösungsweg hat sich am vorteilhaftesten erwiesen, insbesondere dann, wenn man einige Übung in der Rechenmethode besitzt:

Man nimmt zunächst die Lage des Punktes Tv entsprechend dem Verlauf der Zustandscharakteristiken in der Zustandsebene an und verbindet ihn mit den Punkten Sv und Tu. Über den Mitten der Strecken $\overline{Sv\,Tv}$ und $\overline{Tu\,Tv}$ trägt man die Poldistanz H ab und bestimmt mit ihrer Hilfe in bekannter Weise die Neigungen der MACH-Linien zwischen Sv und Tv und zwischen Tu und Tv und damit die voraussichtliche Lage des Punktes Tv in der Strömungsebene.

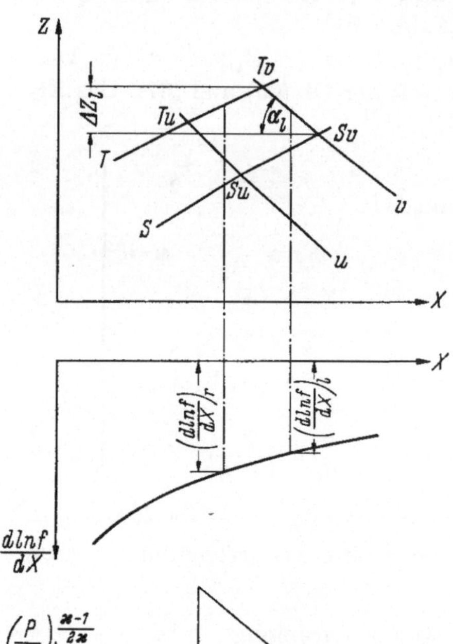

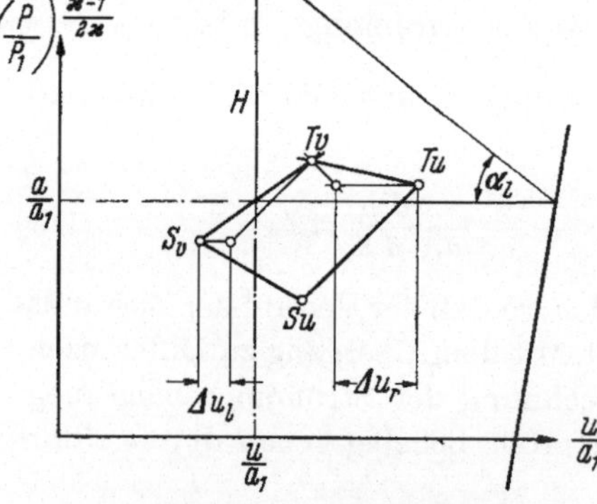

Abb. 21. Bestimmung des Zustandspunktes Tv einer isentropen instationären Diffusorströmung

Die Überprüfung der Lage des Punktes Tv geschieht in der Weise, daß man zunächst in den Gl. (73)

$$\left(\frac{P}{P_1}\right)^{\frac{\varkappa-1}{2\varkappa}} = \left(\frac{P}{P_1}\right)_r^{\frac{\varkappa-1}{2\varkappa}}$$

und

$$\left(\frac{P}{P_1}\right)^{\frac{\varkappa-1}{2\varkappa}} = \left(\frac{P}{P_1}\right)_l^{\frac{\varkappa-1}{2\varkappa}}$$

bzw. auf die Berechnung des Zustandspunktes Tv bezogen

$$\left(\frac{P}{P_1}\right)^{\frac{\varkappa-1}{2\varkappa}} = \left(\frac{P}{P_1}\right)_{Tu}^{\frac{\varkappa-1}{2\varkappa}}$$

und

$$\left(\frac{P}{P_1}\right)^{\frac{\varkappa-1}{2\varkappa}} = \left(\frac{P}{P_1}\right)_{Sv}^{\frac{\varkappa-1}{2\varkappa}}$$

setzt.

Dann erhält man für die Verschiebungsbeträge Δu_r und Δu_l parallel zur Abszisse (s. Zustandsdiagramm Abb. 21):

$$\Delta u_r = -\frac{a}{a_1}\,\frac{u}{a_1}\,\frac{d\ln f}{dX}\,\Delta Z_r\,,$$

$$\Delta u_l = +\frac{a}{a_1}\,\frac{u}{a_1}\,\frac{d\ln f}{dX}\,\Delta Z_l\,.$$

Die Faktoren der rechten Seiten der Gleichungen sind bekannt. Die beiden ersten können im Zustandsdiagramm über den Mitten der Strecken $\overline{Tu\,Tv}$ und $\overline{Sv\,Tv}$ auf der Ordinate $[a/a_1 = (P/P_1)^{(\varkappa-1)/2\varkappa}]$ bzw. Abszisse abgelesen werden. Die Funktion $d(\ln f)/dX$ ist unter der Abszisse X der Strömungsebene aufgetragen. ΔZ_l und ΔZ_r können aus der Strömungsebene entnommen werden.

Δu_r und Δu_l werden parallel zur Abszisse u/a_1 in den Punkten Sv und Tu entsprechend ihren Vorzeichen abgetragen. Damit hat man die Punkte gefunden, durch die die Geraden (73) hindurchgehen. Ihre Neigungen betragen wieder 45°

zu den Achsen, wenn man den Maßstab $m_p \frac{2}{\varkappa - 1}$-mal größer wählt als den Maßstab m_u. Der Schnittpunkt beider Geraden ist der errechnete Punkt Tv, der bei einiger Übung nur unwesentlich neben den im voraus angenommenen fallen wird. Im zweiten Rechenschritt berücksichtigt man jetzt die Werte des ersten Rechenschrittes. Eine Verbesserung der Neigungen der MACH-Linien ist sehr oft schon nicht mehr notwendig, da eine Verschiebung von Tv in der Zustandsebene nur relativ geringe Neigungsänderungen nach sich zieht. Das Verfahren konvergiert sehr rasch und führt immer auf den richtigen Wert.

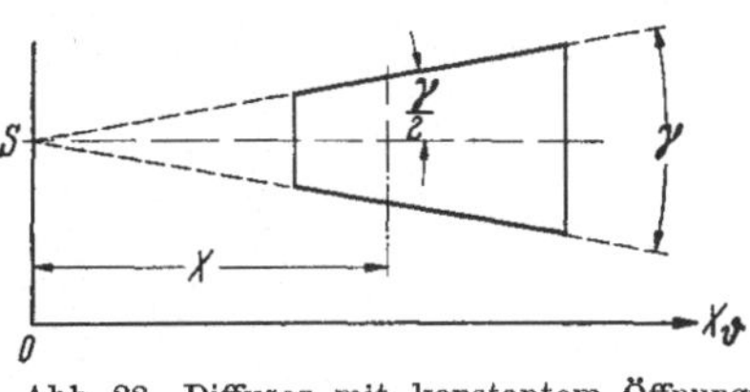

Abb. 22. Diffusor mit konstantem Öffnungswinkel

Bei dem in dieser Arbeit betrachteten Problemkreis interessiert nur der Diffusor mit konstantem Öffnungswinkel γ. Legt man den Ursprung des Koordinatensystems in den Scheitel des Diffusors, dann gilt nach Abb. 22 für $d(\ln f)/dX$:

$$\frac{d \ln f}{dX} = \frac{1}{f} \frac{df}{dX} = \frac{d\,[X_\vartheta^2 \tan^2(\gamma/2)\,\pi]}{[X_\vartheta^2 \tan^2(\gamma/2)\,\pi]\,dX} = \frac{2}{X_\vartheta}, \tag{74}$$

eine einfache Beziehung, die nicht gesondert in der Strömungsebene über der X_ϑ-Achse notiert zu werden braucht, da man die Rechnung leicht im Kopf erledigen kann.

Der Einfluß, den ein solcher Diffusor auf rechts- und linkslaufende Druckwellen und rechts- und linkslaufende Saugwellen nimmt, kann an Hand der Schallzustandsänderung je einer MACH-Linie dieser Wellen leicht verfolgt werden (Abb. 23). Die Schallzustände der einzelnen MACH-Linien mögen vor Eintritt in den Diffusor in den jeweils vorgeschalteten Rohren durch die Zustandspunkte Va, Au, Ua und Av gegeben sein. Die MACH-Linien A und a, welche bei den einzelnen Wellen die Bahnen der Fußpunkte beschreiben, seien ebenfalls in die Strömungsebene aufgenommen.

Die Zustandsänderung der MACH-Linie V einer rechtslaufenden Druckwelle im Diffusor sei im folgenden näher beschrieben (Quadrant I, Strömungsebene I):

Der Zustand Va der MACH-Linie V wird unmittelbar vor dem Diffusoreintritt durch die dort aus dem Diffusor ankommende linkslaufende MACH-Linie b auf den Zustand Vb abgebaut. Die MACH-Linie b, die unterhalb der Mach-Linie A noch über ungestörtes Medium laufen würde (Zustand Ab), gehört, sobald sie die rechtslaufende Störung im Diffusor kreuzt, zu einer linkslaufenden Saugwelle. Dies sieht man sofort ein, wenn man sich das Charakteristikenstück $\overline{Va\,Vb}$ im Zustandsdiagramm parallel zur a-Charakteristik bis in den Koordinatenschnittpunkt verschoben denkt, also den Schnittpunkt der MACH-Linie b mit der MACH-Linie A, der Charakteristik der rechtslaufenden MACH-Linien des ungestörten Mediums, sucht (Zustandspunkt Ab', vgl. Abb. 23, Quadrant IV). Zur Saugwelle gehören auch die nachfolgenden linkslaufenden MACH-Linien c, d, e, f, deren Einfluß auf die Schwingungsweite der Saugwelle erst erkennbar wird, wenn sie die nachfolgenden, hier unberücksichtigt gebliebenen rechtslaufenden MACH-Linien der Druckwelle überlaufen und den Eintrittsquerschnitt des Diffusors erreicht haben.

Die linkslaufenden MACH-Linien bauen den Schallzustand der MACH-Linie V bis auf den Schallzustand Vf am Austritt des Diffusors ab. Dieser bleibt dann in dem angeschlossenen Rohrstück ($f = \text{const}$) auf der MACH-Linie V unverändert.

Die MACH-Linie f, eingetragen in der Strömungsebene des an den Diffusor angeschlossenen Rohres ($f = \text{const}$), kann bei der Berechnung weggelassen werden,

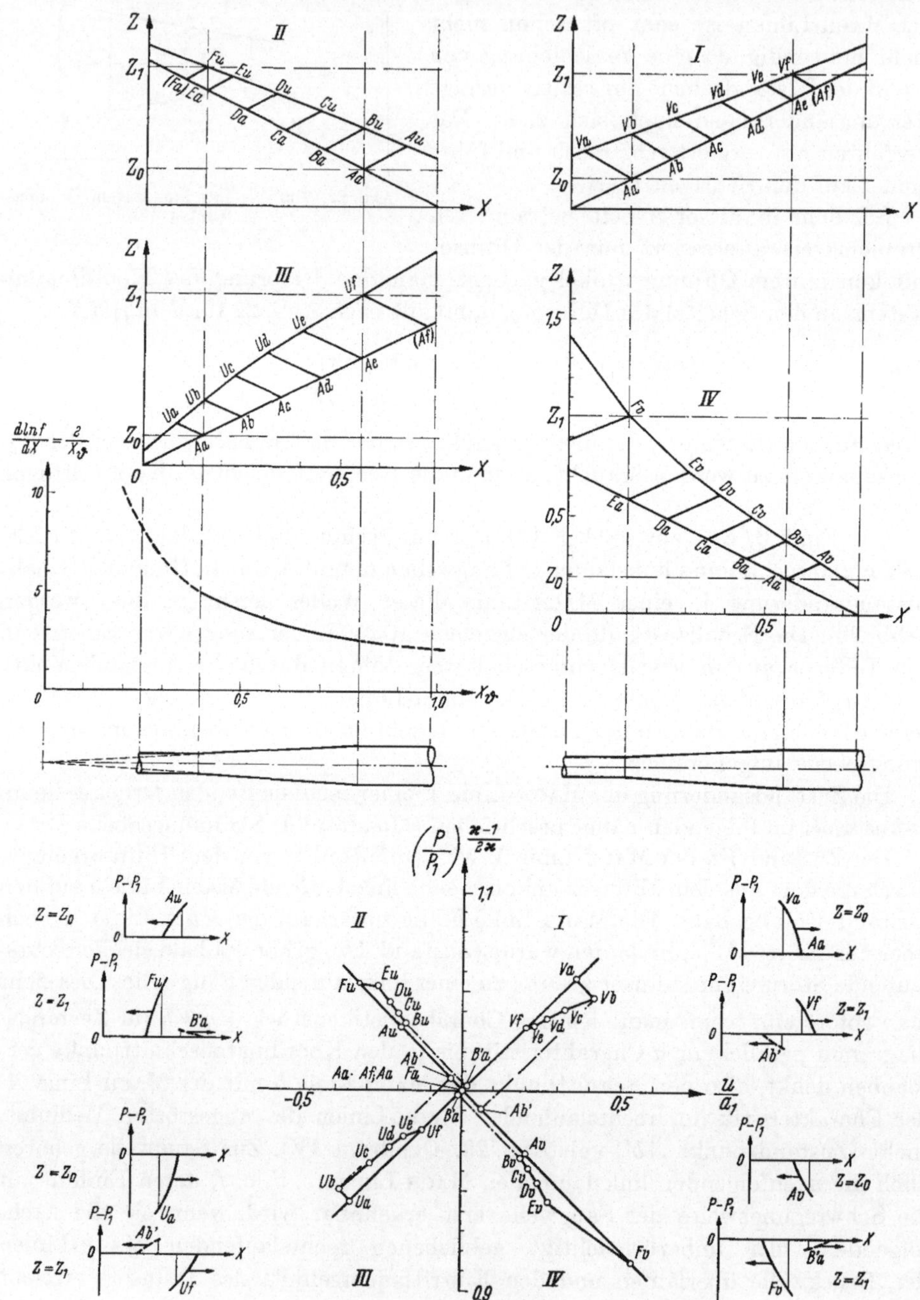

Abb. 23. Einfluß des Diffusors auf Druck- und Saugwellen

da sie zur Konstruktion des Zustandspunktes Vf nicht benötigt wird. Das zugehörige Charakteristikenstück $\overline{Af\ Vf}$ überdeckt im Zustandsdiagramm die Charakteristik a der linkslaufenden MACH-Linien im Rohr vor dem Diffusor.

Alle Charakteristiken der linkslaufenden MACH-Linien im Diffusor beginnen im Koordinatenschnittpunkt des Zustandsdiagramms. Sie wurden in das Zustandsdiagramm der Abb. 23 nicht eingezeichnet, um die Abbildung nicht unübersichtlich zu machen.

Für die Zustandsänderung der MACH-Linien der übrigen Wellen im Diffusor gilt eine entsprechende Erläuterung (s. Abb. 23).

Zusammenfassend kann folgendes gesagt werden:

a) Eine durch den Diffusor nach rechts laufende Druckwelle wird abgeschwächt, und eine Saugwelle, deren Schwingungsweite von der Größe der Druckwelle und der Länge und dem Öffnungswinkel des Diffusors abhängig ist, wird reflektiert (Quadrant I, Abb. 23).

Der Öffnungswinkel hat insofern einen Einfluß, als mit größer werdendem Öffnungswinkel γ der Scheitelpunkt des Diffusors näher an den Diffusor heranrückt und somit auch größere Werte für $2/X_\vartheta$ in die Rechnung eingehen. Der Öffnungswinkel des Diffusors kann jedoch nicht beliebig vergrößert werden, da die Gefahr der Strömungsablösung besteht. Diese Gefahr wird im Bereich zeitlich beschleunigter Strömung verkleinert, während sie im Bereich zeitlich verzögerter Strömung in größerem Maße vorhanden ist [*24*].

Nach Untersuchungen von NAUMANN [*25*] liegt bei stationärer Diffusorströmung zusammendrückbarer Medien der optimale Diffusorwirkungsgrad bei einem Öffnungswinkel von $\gamma = 6°$. Der Diffusor der Auspuffanlage des Anwendungsbeispiels in Kap. IV D erhielt einen etwas kleineren Winkel ($\gamma = 4{,}6°$), um mit Sicherheit Ablösung zu vermeiden.

b) Aus dem Quadranten II des Zustandsdiagrammes entnimmt man, daß eine nach links laufende, in die große Öffnung des Diffusors eintretende Druckwelle verstärkt und eine Druckwelle reflektiert wird.

c) Eine nach rechts laufende Saugwelle wird abgeschwächt, wobei eine Druckwelle reflektiert wird (Quadrant III).

d) Für eine nach links laufende Saugwelle gilt das Umgekehrte: Die linkslaufende Saugwelle wird verstärkt, und eine zweite Saugwelle wandert nach rechts (Quadrant IV).

e) Ohne den Nachweis zu führen, gilt für alle Wellentypen gemeinsam, daß eine vor dem Diffusor geschlossene Welle nach dem Durchgang durch den Diffusor nicht mehr abgeschlossen ist, sondern daß eine nachlaufende, wenn auch sehr schwache Welle bestehen bleibt, die sich an die im Diffusor reflektierte Welle anschließt [*26, 27*].

Läuft eine Störung über eine stationäre Diffusorströmung hinweg, so hat man zu beachten, daß die Zustandscharakteristiken der MACH-Linien, welche die MACH-Linien der Störung kreuzen, nicht mehr von einem Punkt des Zustandsdiagramms sondern von einer Bedingungslinie, der Energieellipse, ausgehen.

Die stationäre isentrope Diffusorströmung erfüllt in jedem Querschnitt den Energiesatz in der Form:

$$\frac{u^2}{2} + \frac{a^2}{\varkappa - 1} = \frac{a_0^2}{\varkappa - 1}\,. \tag{75}$$

Dividiert man Gl. (75) durch die Bezugsschallgeschwindigkeit a_1 im Quadrat und berücksichtigt Gl. (24), dann erhält man:

$$\left(\frac{u}{a_1}\right)^2 + \frac{2}{\varkappa - 1}\left(\frac{P}{P_1}\right)^{\frac{\varkappa-1}{\varkappa}} = \frac{2}{\varkappa - 1}\left(\frac{P_0}{P_1}\right)^{\frac{\varkappa-1}{\varkappa}}. \tag{76}$$

Gl. (76) stellt im $(P/P_1)^{(\varkappa-1)/2\varkappa}$, u/a_1-Diagramm eine Ellipse dar (Abb. 24). Ihr Schnittpunkt I mit der Abszisse u/a_1 ist der Bildpunkt aller im linken Rohr mit dem Durchmesser d_1 laufenden MACH-Linien des ungestörten Mediums. Der Punkt II gilt entsprechend für die MACH-Linien im Rohr mit dem Durchmesser d_2. Läuft nun eine Druckwelle nach rechts durch den Diffusor, so müssen die Zustandscharakteristiken der im Diffusor linkslaufenden MACH-Linien von Punkten auf dem Ellipsenbogen $\widehat{\mathrm{I\,II}}$ ausgehen.

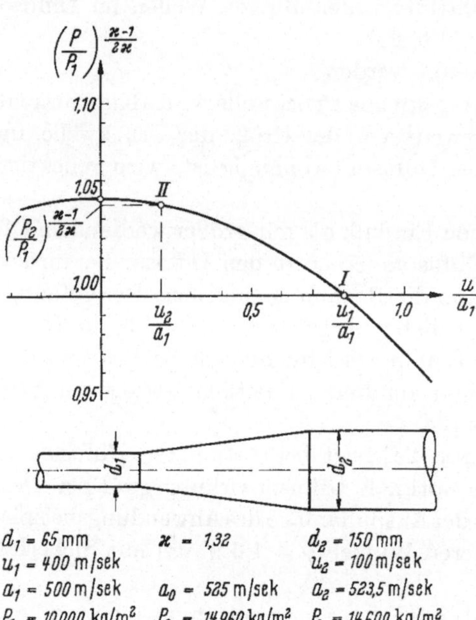

Abb. 24. Energieellipse für eine stationäre Diffusorströmung

Bei der Konstruktion einer Stoßlinie in der Strömungsebene eines Diffusors ändert sich nichts an den bisherigen Regeln. Die Zustandspunkte vor und nach einem Stoß, welche in der Strömungsebene zusammenfallen, werden in der Zustandsebene so bestimmt, als ob die MACH-Linie des Fußpunktes eines Stoßes und die MACH-Linie des Kopfes eines Stoßes zeitlich aufeinander folgen würden.

5. Die instationäre Rohrströmung mit Reibung

Die Verträglichkeitsbedingungen der instationären Rohrströmung mit Reibung ergeben sich aus den Gl. (39) und (40) wie folgt:

$$\pm d\frac{u}{a_1} + \frac{2}{\varkappa - 1} e^{\frac{s-s_1}{2c_p}} d\left[\left(\frac{P}{P_1}\right)^{\frac{\varkappa-1}{2\varkappa}}\right] = \mp W\left[1 \mp (\varkappa - 1)\frac{u/a_1}{a/a_1}\right] dZ, \tag{77}$$

$$d\,e^{\frac{s-s_1}{2c_p}} = \frac{\varkappa - 1}{2}\,\frac{u/a_1}{a/a_1}\,W\,dZ. \tag{78}$$

Man erhält eine quantitative Aussage über den Reibungseinfluß in Rohren, wenn man für die Reibungskraft $w\,\varrho\,f\,dx$ den bei stationärer Strömung üblichen Ansatz macht [*24, 28*]:

$$w\varrho f\,dx = dP_R f = \frac{\lambda}{d}\,\varrho\,\frac{u^2}{2}\,\frac{u}{|u|}\,f\,dx. \tag{79}$$

Die Reibungskraft ist proportional dem *Staudruck* $\varrho\,u^2/2$ angesetzt. λ ist eine Widerstandsziffer, die von der Rohrrauhigkeit und der REYNOLDSschen Zahl Re abhängig ist. d bedeutet den Innendurchmesser eines Rohres. Der Faktor $\frac{u}{|u|}$ soll nur berücksichtigen, daß die Reibungskraft mit dem Vorzeichen der Teilchengeschwindigkeit u ihre Richtung wechselt.

Mit Gl. (79) erhält man jetzt für W:

$$W = \frac{w L}{a_1^2} = \frac{\lambda L}{2 d} \frac{u}{|u|} \left(\frac{u}{a_1}\right)^2. \tag{80}$$

In Gl. (80) kann die Widerstandszahl λ der stationären Strömung berücksichtigt werden, solange nicht die Mediumteilchen unmittelbar an der Wand während der Verzögerungsperiode eines instationären Vorganges ihre Bewegungsrichtung umkehren und damit Ablösung eintritt [*24*]. JENNY [*8*] hat mit gutem Erfolg den einfachen Ansatz (80) in den Verträglichkeitsbedingungen (77) und (78) berücksichtigt und eine befriedigende Übereinstimmung seiner Rechnung mit dem Versuchsergebnis erzielt.

Mit Gl. (80) und der Abkürzung $\lambda' = \lambda L/2d$ lauten die Verträglichkeitsbedingungen der instationären Rohrströmung mit Wandreibung als Differenzengleichungen geschrieben:

$$\left.\begin{aligned}
&\frac{u}{a_1} - \left(\frac{u}{a_1}\right)_r + \frac{2}{\varkappa - 1} e^{\frac{s - s_1}{2 c_p}} \left[\left(\frac{P}{P_1}\right)^{\frac{\varkappa - 1}{2\varkappa}} - \left(\frac{P}{P_1}\right)_r^{\frac{\varkappa - 1}{2\varkappa}}\right] \\
&\qquad = -\lambda' \frac{u}{|u|} \left(\frac{u}{a_1}\right)^2 \left[1 - (\varkappa - 1) \frac{u/a_1}{a/a_1}\right] \Delta Z_r, \\
&-\frac{u}{a_1} + \left(\frac{u}{a_1}\right)_l + \frac{2}{\varkappa - 1} e^{\frac{s - s_1}{2 c_p}} \left[\left(\frac{P}{P_1}\right)^{\frac{\varkappa - 1}{2\varkappa}} - \left(\frac{P}{P_1}\right)_l^{\frac{\varkappa - 1}{2\varkappa}}\right] \\
&\qquad = \lambda' \frac{u}{|u|} \left(\frac{u}{a_1}\right)^2 \left[1 + (\varkappa - 1) \frac{u/a_1}{a/a_1}\right] \Delta Z_l,
\end{aligned}\right\} \tag{81}$$

$$\Delta e^{\frac{s - s_1}{2 c_p}} = \lambda' \frac{\varkappa - 1}{2} \frac{|(u/a_1)^3|}{a/a_1} \Delta Z. \tag{82}$$

Die Auswirkung der Wandreibung auf Druck- und Saugwellen kann an Hand des Zustandsdiagramms in Abb. 25 verfolgt werden. Es sei wiederum nur die Änderung des Schallzustandes auf jeweils einer MACH-Linie der Wellen verfolgt, die über ruhendes Medium hinweglaufen und nur auf einer begrenzten Rohrlänge der Wandreibung unterliegen sollen. Für die Widerstandsziffer wurde der Mittelwert $\lambda = 0{,}024$ berücksichtigt. Für λ' ergibt sich mit $L = 1$ m und $d = 0{,}04$ m:

$$\lambda' = \frac{\lambda L}{2 d} = 0{,}3 .$$

Aus Gl. (81) folgt, daß die Größe der Verschiebungswege Δu_r und Δu_l in der Zustandsebene für

$$\left(\frac{P}{P_1}\right)^{\frac{\varkappa - 1}{2\varkappa}} = \left(\frac{P}{P_1}\right)_r^{\frac{\varkappa - 1}{2\varkappa}} \quad \text{bzw.} \quad \left(\frac{P}{P_1}\right)^{\frac{\varkappa - 1}{2\varkappa}} = \left(\frac{P}{P_1}\right)_l^{\frac{\varkappa - 1}{2\varkappa}}$$

und damit die Änderung der Zustandsgrößen auf der MACH-Linie innerhalb eines Zeitintervalls ΔZ von den Gliedern

$$\lambda' \frac{u}{|u|} \left(\frac{u}{a_1}\right)^2 \Delta Z \quad \text{und} \quad \lambda' (\varkappa - 1) \frac{u}{|u|} \frac{(u/a_1)^3}{a/a_1} \Delta Z$$

abhängt.

Die Schallzustandsänderung ist in erster Linie von der Größe des ersten Gliedes abhängig, das den Einfluß der Reibungskraft berücksichtigt. Das zweite Glied, von wesentlich kleinerem Betrage als das erste (s. Abb. 25, Bestimmung des Zustandspunktes Cc), wird von der dem Medium zugeführten Reibungswärme bestimmt. Dieses Glied erscheint, mit dem Faktor 1/2 multipliziert, auch in Gl. (82)

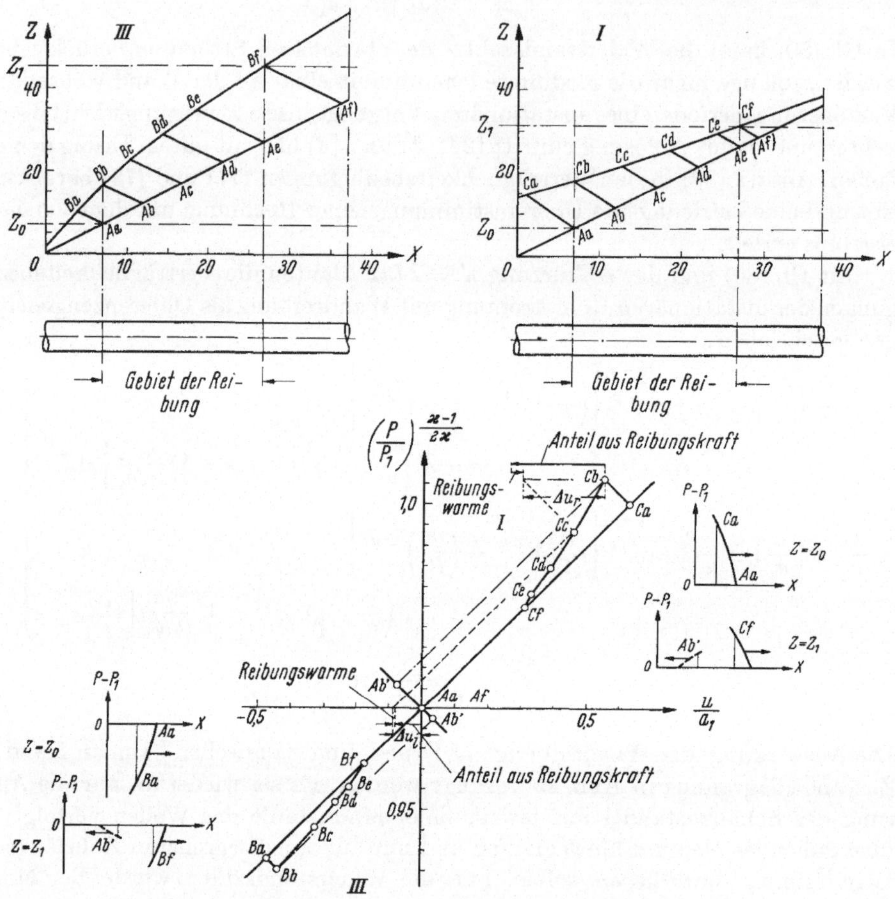

Abb. 25. Einfluß der Rohrreibung auf Druck- und Saugwellen
$\lambda = 0{,}024$, $L = 1$ m, $d = 0{,}04$ m

und legt dort die Größe der Änderung der Zustandsvariablen $e^{(s-s_1)/2c_p}$, bezogen auf die Teilchenbahn, fest. Sie ist bei Reibungsvorgängen in Auspuffrohren vernachlässigbar klein [8], so daß mit konstanter Entropie in dem Gebiet der Reibung gerechnet werden darf ($\Delta\, e^{(s-s_1)/2c_p} = 0$). Aus Abb. 25, in deren Strömungsebene Teilchenbahnen wegen $\Delta\, e^{(s-s_1)/2c_p} = 0$ nicht eingezeichnet wurden, kann folgendes über die grundsätzliche Wirkung der Wandreibung entnommen werden:

Wandern Druck- und Saugwellen nach links oder rechts durch ein Rohr, so finden im Gebiet der Reibung fortlaufende Teilreflexionen statt, die als geschlossene Druck- und Saugwellen zurücklaufen. Die reflektierten Wellen bremsen die Gasströmung ab. Anschaulich kann man sich die Reflexionen an hintereinandergeschalteten *Drosseln* entstanden denken, die den Rohrreibungswiderstand ausmachen. Die Wellen werden gedämpft. Die aus dem Gebiet der Reibung austretenden Wellen haben einen gewissen Betrag an Geschwindigkeitsenergie, welche der Reibungsdämpfung unterliegt, verloren. Die Wirkung der Wandreibung ist unabhängig von der Fortpflanzungsrichtung der einzelnen Welle.

Nach JENNY [*8*] wird das charakteristische Bild einer instationären Gasströmung in einem gezogenen Stahlrohr konstanten Querschnitts durch die Rohrreibung nur unwesentlich verändert. Bei langen Schwingungszeiten und großen Teilchengeschwindigkeiten machte sich in der Hauptsache eine Amplitudendämpfung bemerkbar. Eine spürbare Phasenverschiebung des gerechneten Schwingungsverlaufs gegenüber dem gemessenen trat wegen der geringen Entropiezunahme ($\Delta\, e^{(s-s_1)/2c_p} \approx 0$) nicht ein.

In den in Kap. IV durchgerechneten Beispielen wurde der Einfluß der Rohrreibung auf die instationäre Gasströmung nicht berücksichtigt, um den Rechenaufwand in für die praktische Anwendung vertretbaren Grenzen zu halten.

6. Die instationäre Rohrströmung mit Wärmeaustausch

Die Verträglichkeitsbedingungen der instationären Rohrströmung, die einer Wärmezufuhr oder -abfuhr unterliegt, lauten mit Gl. (39) und (40):

$$\pm d\frac{u}{a_1} + \frac{2}{\varkappa-1} e^{\frac{s-s_1}{2c_p}} d\left[\left(\frac{P}{P_1}\right)^{\frac{\varkappa-1}{2\varkappa}}\right] = +\frac{\varkappa-1}{\varkappa}\frac{a}{a_1}\frac{\pm Q}{P/P_1} dZ, \tag{83}$$

$$d\, e^{\frac{s-s_1}{2c_p}} = \frac{\varkappa-1}{2\varkappa}\frac{a}{a_1}\frac{\pm Q}{P/P_1} dZ. \tag{84}$$

Das positive Vorzeichen vor Q bedeutet Wärmezufuhr, das negative Wärmeabfuhr.

Als Differenzengleichungen geschrieben, lauten die Verträglichkeitsbedingungen:

$$\left.\begin{aligned} \frac{u}{a_1} - \left(\frac{u}{a_1}\right)_r + \frac{2}{\varkappa-1} e^{\frac{s-s_1}{2c_p}}\left[\left(\frac{P}{P_1}\right)^{\frac{\varkappa-1}{2\varkappa}} - \left(\frac{P}{P_1}\right)_r^{\frac{\varkappa-1}{2\varkappa}}\right] &= +\frac{\varkappa-1}{\varkappa}\frac{a}{a_1}\frac{\pm Q}{P/P_1}\Delta Z_r, \\ -\frac{u}{a_1} + \left(\frac{u}{a_1}\right)_l + \frac{2}{\varkappa-1} e^{\frac{s-s_1}{2c_p}}\left[\left(\frac{P}{P_1}\right)^{\frac{\varkappa-1}{2\varkappa}} - \left(\frac{P}{P_1}\right)_l^{\frac{\varkappa-1}{2\varkappa}}\right] &= +\frac{\varkappa-1}{\varkappa}\frac{a}{a_1}\frac{\pm Q}{P/P_1}\Delta Z_l, \end{aligned}\right\} \tag{85}$$

$$\Delta\, e^{\frac{s-s_1}{2c_p}} = \frac{\varkappa-1}{2\varkappa}\frac{a}{a_1}\frac{\pm Q}{P/P_1}\Delta Z. \tag{86}$$

Die Berechnung der Strömungsebene sei zunächst allgemein für den Fall der Wärmezufuhr gezeigt. Sie ist etwas zeitraubender als in den vorangegangenen Fällen, da die Teilchenbahn als dritte Charakteristik in der Strömungs- und Zustandsebene berücksichtigt werden muß.

In der Strömungsebene (Abb. 26) seien die Lage und der Zustand des Punktes Tv gesucht. Tu, Sv und Su seien bereits berechnet. Ebenso sei die Entropie $e^{(s-s_1)/2c_p}$, die in einem besonderen $e^{(s-s_1)/2c_p}$, X-Diagramm für die einzelnen MACH-Linien und Teilchenbahnen notiert wird, in den errechneten Punkten bekannt. Weiter wird vorausgesetzt, daß die Wärmemengen Q, die auf den einzelnen MACH-Linien- und Teilchenbahnabschnitten zugeführt werden, gegeben seien.

Im ersten Rechenschritt nimmt man die Lage des Punktes Tv in der Zustandsebene dem Verlauf der Charakteristiken entsprechend an und verbindet ihn mit Tu und Sv, bestimmt mit den bekannten Entropiewerten $e^{(s_{Tu}-s_1)/2c_p}$ und $e^{(s_{Sv}-s_1)/2c_p}$ die Lage der Hilfsgeraden im Zustandsdiagramm und ermittelt mit ihnen und der Poldistanz H die Neigungen der MACH-Linien in den Punkten Tu und Sv der Strömungsebene. Die MACH-Linien T und v werden mit diesen Neigungen bis zu ihrem Schnittpunkt, dem vorläufig gültigen Punkt Tv, extrapoliert.

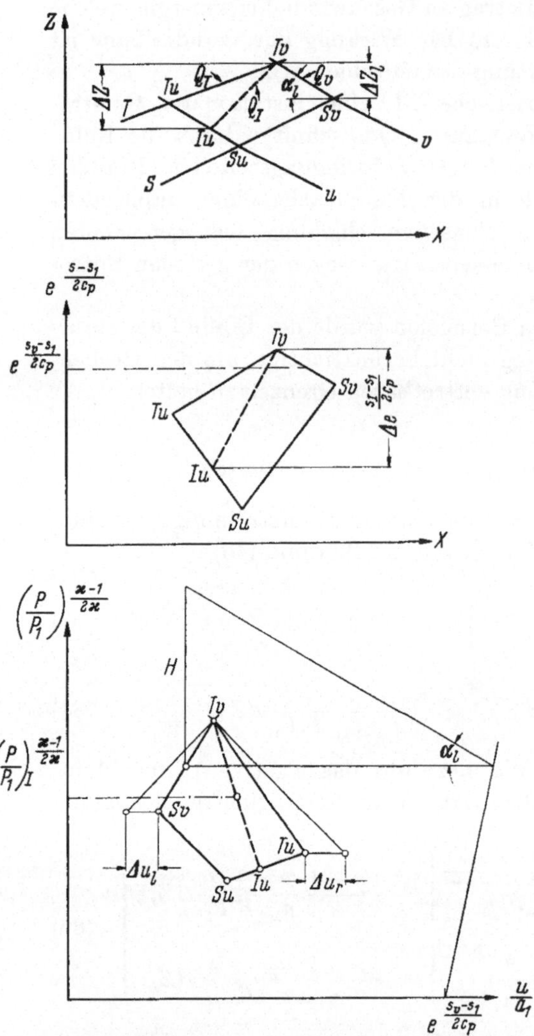

Abb. 26. Bestimmung des Zustandspunktes Tv einer instationären Rohrströmung mit Wärmezufuhr

Die Neigung der Teilchenbahn I im Punkt Tv kann ebenfalls sofort aus dem Zustandsdiagramm entnommen und in die Strömungsebene übertragen werden. Sie wird bis zum Gitterpunkt Iu auf u gezogen. Damit liegt durch Interpolation auch ihre Bildkurve $\overline{Iu\,Tv}$ in der Zustandsebene fest, die man jetzt wiederum zur Bestimmung einer verbesserten mittleren Neigung zwischen den Punkten Iu und Tv der Strömungsebene benutzen kann.

Der Entropiewert $e^{(s_{Iu}-s_1)/2c_p}$ läßt sich durch Interpolation im Entropiediagramm leicht finden. Zu ihm ist die Entropiezunahme $\Delta\, e^{(s_I-s_1)/2c_p}$ zwischen den Gitterpunkten Iu und Tv der Teilchenbahn I zu addieren, um die Entropie $e^{(s_{Tv}-s_1)/2c_p}$ im Punkt Tv zu erhalten. Der Entropiezuwachs $\Delta\, e^{(s_I-s_1)/2c_p}$ ergibt sich aus Gl. (86) mit den bekannten Werten Q_I und ΔZ aus der Strömungsebene und P/P_1 und $a/a_1 = (P/P_1)_I^{\frac{\varkappa-1}{2\varkappa}}\, e^{\frac{s_I-s_1}{2c_p}}$, genommen in der Mitte der Zustandscharakteristik der Teilchenbahn I zwischen den Punkten Iu und Tv, aus der Zustandsebene bzw. dem Entropiediagramm. Mit dem Entropiewert $e^{(s_{Tv}-s_1)/2c_p}$ des Punktes Tv liegen sofort auch die Entropiewerte $e^{(s_T-s_1)/2c_p}$ und $e^{(s_v-s_1)/2c_p}$ in der Mitte der berechneten MACH-Linien-Abschnitte fest, mit denen die Neigungen der MACH-Linien und damit die Lage des Gitterpunktes Tv nochmals überprüft werden können. Mit Tv sind auch die Wärmemengen Q_T und Q_v gegeben.

Nach diesen vorbereitenden Schritten erfolgt die Nachrechnung des Punktes Tv in der Zustandsebene. Man errechnet zunächst aus den Differenzengleichungen (85) in bekannter Weise die Größen Δu_r und Δu_l und trägt sie gemäß ihren Vorzeichen an Tu und Sv in der Zustandsebene an. Dann zieht man durch die Endpunkte der angetragenen Strecken Geraden mit den Neigungen

$$-\frac{\varkappa-1}{2}\,\frac{1}{e^{(s_T-s_1)/2c_p}}\,\frac{m_p}{m_u} \quad \text{und} \quad +\frac{\varkappa-1}{2}\,\frac{1}{e^{(s_v-s_1)/2c_p}}\,\frac{m_p}{m_u}\,.$$

Ihr Schnittpunkt ist der errechnete Punkt Tv der Zustandsebene. Fällt er nicht mit dem angenommenen Punkt zusammen, so muß die Rechnung, aufbauend auf der verbesserten Lage des Punktes Tv, nochmals wiederholt werden.

In den Abb. 27 und 28 sind die Strömungsebenen für den Fall berechnet, daß eine Druck- und Saugwelle über Gebiete laufen, welche der Wärmezufuhr (Abb. 27) und der Wärmeabfuhr (Abb. 28) unterliegen. Der Wärmeaustausch finde nur auf einer begrenzten Rohrlänge statt. Um seinen Einfluß auf das Bild der Druck- und Saugwellen festzustellen, genügt es wieder, nur die Mach-Linien der Fußpunkte und je eine Mach-Linie aus den Fronten der Wellen in der Strömungsebene zu verfolgen. In den Abb. 27 und 28 tragen die Mach-Linien der Fußpunkte den Buchstaben C, die anderen die Buchstaben E (Druckwelle) und D (Saugwelle). Die Berechnung ist nur für rechtslaufende Wellen durchgeführt, für linkslaufende gilt sie analog.

Die Wärmemenge Q, die zu- oder abgeführt wird, sei bekannt. In den Beispielen der Abb. 27 und 28 wurde $\dot{Q} = \pm 1{,}3$ (das sind $q = \pm 6{,}5 \cdot 10^6 \left[\frac{\text{mkg}}{\text{m}^3\text{s}}\right]$ bzw. $q = \pm 1{,}52 \cdot 10^4 \left[\frac{\text{kcal}}{\text{m}^3\text{s}}\right]$) angenommen. Der Beginn des Wärmeaustausches sei willkürlich festgelegt und möge im Zeitpunkt $Z = Z_0$ beginnen, sobald die Fußpunkte der Wellen in das Gebiet des Wärmeaustausches eingetreten sind.

Der Wärmeaustausch entlang der Geraden $Z_0 = \text{const}$ löst bereits vor Eintreffen der Störwellen eine instationäre Gasbewegung aus, wie man aus dem Verlauf der rechtslaufenden Mach-Linien A, B, C, der linkslaufenden a, b, c, d, e, f und ihren Zustandscharakteristiken erkennt. Zunächst bleibt das Medium unterhalb der Mach-Linie C in Ruhe (Zustandspunkte Bc, Cb und Cc), und der Druck erhöht sich bei Wärmezufuhr bzw. senkt sich bei Wärmeabfuhr. Diese Druckänderung pflanzt sich nach links und rechts mit Schallgeschwindigkeit fort. Erst nachdem die linkslaufende Mach-Linie d in das Gebiet des Wärmeaustausches eingedrungen ist und den Druckausgleich mit dem Gebiet, welches nicht erwärmt oder abgekühlt wird, herbeizuführen sucht, gerät das Medium in Bewegung: Es dehnt sich aus bei Wärmezufuhr und zieht sich zusammen bei Wärmeabfuhr.

Die genaue Berechnung der Schallzustände der Druck- und Saugwelle auf den Ordinaten der Zeit-Weg-Ebene, welche das Gebiet des Wärmeaustausches abgrenzen, ist etwas umständlich, da die Entropie der Mach-Linien-Abschnitte, welche sich auf den Ordinaten kreuzen, nicht einheitlich zu- und abnimmt (s. Entropiediagramme in den Abb. 27 und 28).

In Abb. 27 ist die Berechnung des Zustandspunktes Eb in den beiden vergrößert herausgezeichneten Teilen der Strömungs- und Zustandsebene I schematisch gezeigt. Die Berechnung wird mit Hilfe der Hilfs-Mach-Linien 1 und 2 durchgeführt. Die Entropie nimmt auf der Teilchenbahn, welche durch Ca geht und im Punkt $1b$ und $E2$ die MACH-Linien b und E kreuzt, linear zu. Alle Teilchenbahnen, die links von der genannten Teilchenbahn in das Gebiet der Wärmezufuhr eintreten, haben auf den MACH-Linien b und E kleinere Entropiewerte als jene in den Punkten $1b$ und $E2$. Schließlich hat Eb selbst die Entropie 1. Von Cb bis $1b$ und $C2$ bis $E2$ nimmt die Entropie linear zu und fällt von $1b$ bzw. $E2$

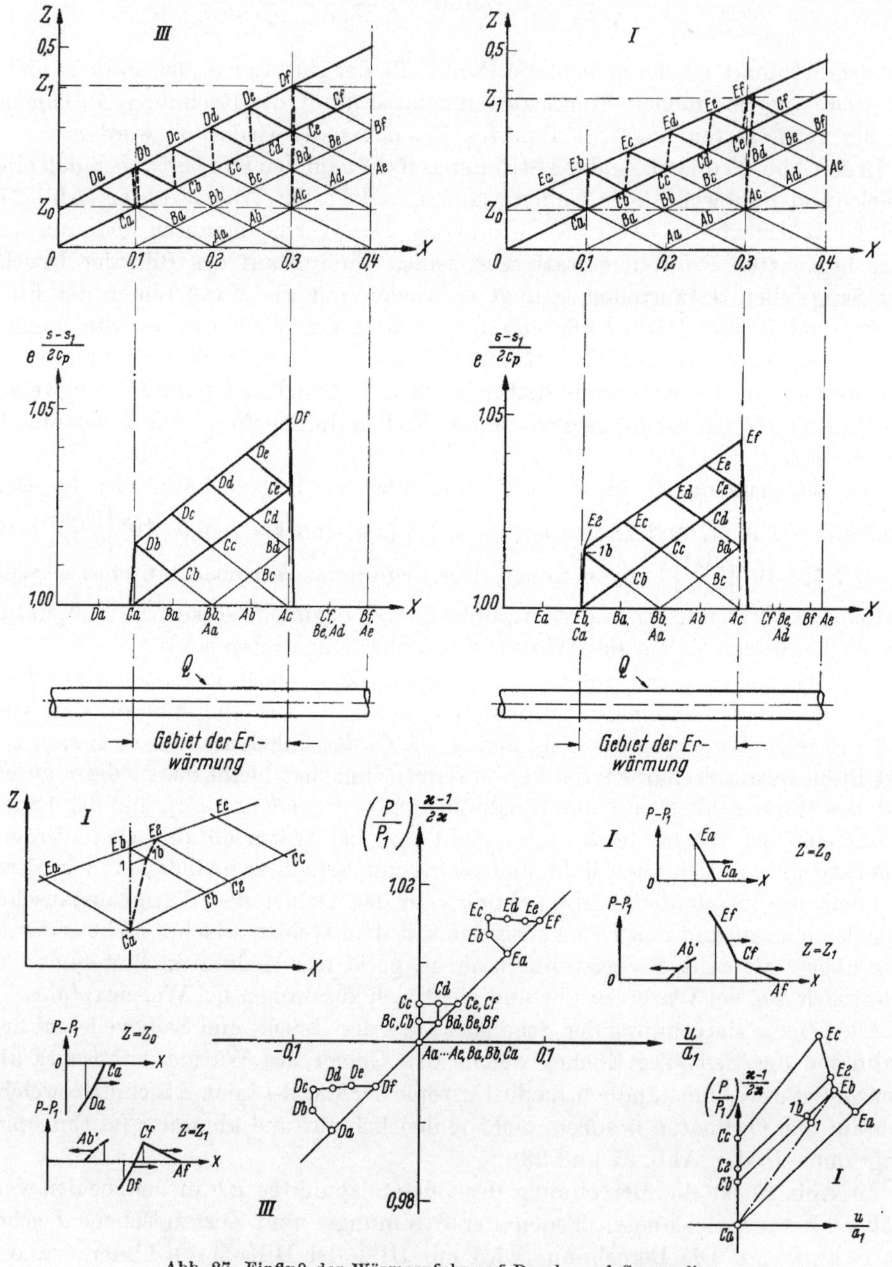

Abb. 27. Einfluß der Wärmezufuhr auf Druck- und Saugwellen
$Q = +1{,}3$, $L = 1$ m, $a_1 = 500$ m/sek, $P_1 = 10000$ kg/m²

nach Eb linear ab. Der Zustandspunkt 1 liegt bei $X = 0{,}1$ in der Strömungsebene zwischen Ca und Eb und wird im Zustandsdiagramm durch lineare Interpolation auf der Verbindungslinie $\overline{Ca\,Eb}$, welche keine Zustandscharakteristik ist, gefunden.

Es ist einleuchtend, daß, je weniger der Zustandspunkt $1b$ von dem Zustandspunkt Eb entfernt liegt, d.h. je weniger die Teilchenbahn durch Ca in das Gebiet

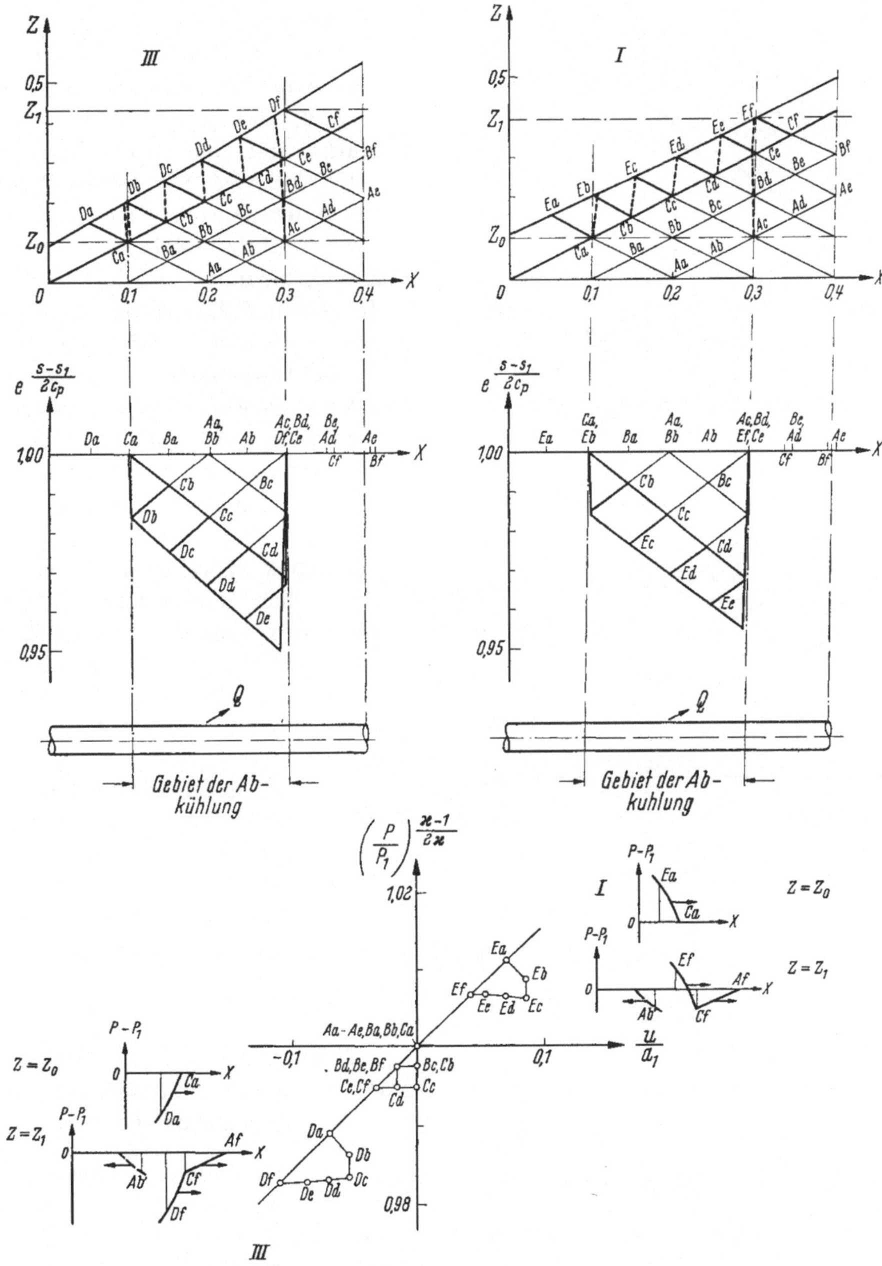

Abb. 28. Einfluß der Wärmeabfuhr auf Druck- und Saugwellen
$Q = -1{,}3$, $L = 1$ m, $a_1 = 500$ m/sek, $P_1 = 10000$ kg/m²

der Wärmezufuhr eingedrungen ist, man um so mehr berechtigt ist, den unstetigen Entropieverlauf auf den MACH-Linien zu vernachlässigen, was den Rechnungsgang wesentlich vereinfacht.

Für die übrigen Punkte auf den Ordinaten verläuft die Berechnung analog. Die Hilfs-MACH-Linien wurden weggelassen, um das Bild nicht zu überlasten.

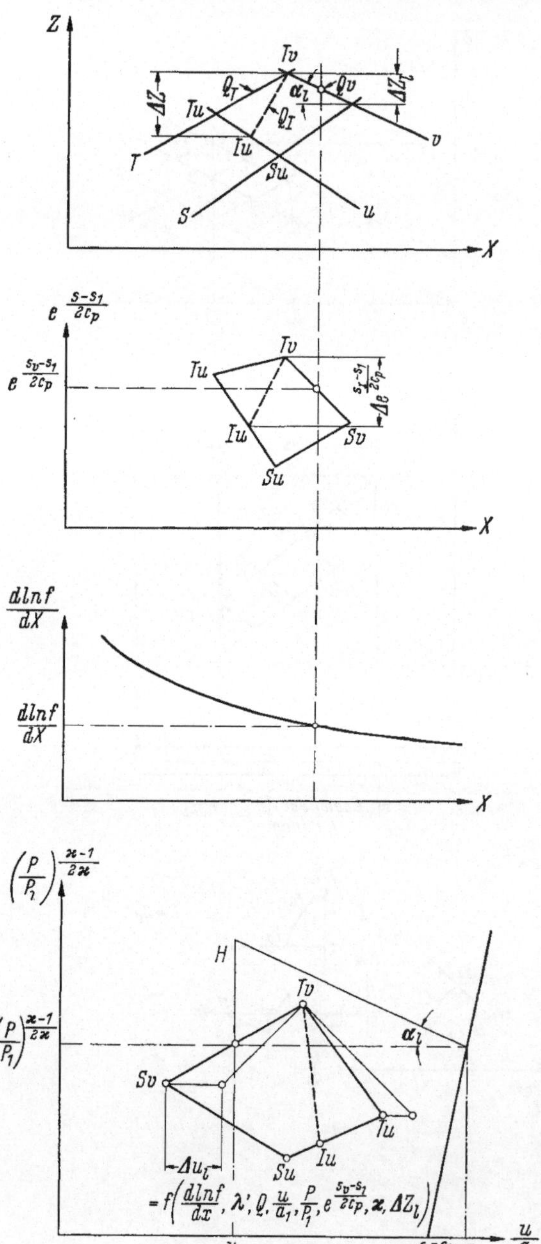

Abb. 29. Bestimmung des Zustandspunktes Tv einer allgemeinen instationären Fadenströmung

Als Ergebnis der Rechnung erhält man im Fall der Wärmezufuhr aus dem Zustandsdiagramm der Abb. 27, daß eine Druckwelle verstärkt und eine Saugwelle abgeschwächt wird. Vor beiden Wellen laufen Druckwellen, die durch die Wärmezufuhr, welche im Zeitpunkt $Z = Z_0$ beginnt, ausgelöst werden. In beiden Fällen treten als Reflexionswellen Druckwellen auf.

Bei Wärmeabfuhr gilt das Umgekehrte, wie man in dem Zustandsdiagramm der Abb. 28 erkennt: Eine Druckwelle wird gedämpft und eine Saugwelle verstärkt. Vor beiden Wellen laufen Saugwellen. Die Reflexionswellen sind ebenfalls Saugwellen. Daraus folgt, daß der Auslaßstoß in dem Auspuffrohr eines Fahrzeugmotors durch die abkühlende Wirkung des Fahrtwindes eine (Schall-)Dämpfung erfährt.

Bei den durchgerechneten Beispielen in den Kap. IV B und IV C wurde der Wärmeübergang vom Abgas an das Auspuffrohr des Versuchsmotors und weiter an die ruhende Luft des Prüfraumes nicht berücksichtigt.

7. Die allgemeine instationäre Fadenströmung mit Reibung und Wärmeaustausch

Die Verträglichkeitsbedingungen der allgemeinen instationären Fadenströmung sind durch Gl. (39) und (40) festgelegt. Sie lauten als Differenzengleichungen mit Berücksichtigung von Gl. (80):

$$\left.\begin{aligned}
&\frac{u}{a_1}-\left(\frac{u}{a_1}\right)_r+\frac{2}{\varkappa-1}\,\mathrm{e}^{\frac{s-s_1}{2c_p}}\left[\left(\frac{P}{P_1}\right)^{\frac{\varkappa-1}{2\varkappa}}-\left(\frac{P}{P_1}\right)_r^{\frac{\varkappa-1}{2\varkappa}}\right]\\
&=-\frac{a}{a_1}\frac{u}{a_1}\frac{d\ln f}{dX}\Delta Z_r-\lambda'\frac{u}{|u|}\left(\frac{u}{a_1}\right)^2\left[1-(\varkappa-1)\frac{u/a_1}{a/a_1}\right]\Delta Z_r+\frac{\varkappa-1}{\varkappa}\frac{a}{a_1}\frac{\pm Q}{P/P_1}\Delta Z_r,\\
&-\frac{u}{a_1}+\left(\frac{u}{a_1}\right)_l+\frac{2}{\varkappa-1}\,\mathrm{e}^{\frac{s-s_1}{2c_p}}\left[\left(\frac{P}{P_1}\right)^{\frac{\varkappa-1}{2\varkappa}}-\left(\frac{P}{P_1}\right)_l^{\frac{\varkappa-1}{2\varkappa}}\right]\\
&=-\frac{a}{a_1}\frac{u}{a_1}\frac{d\ln f}{dX}\Delta Z_l+\lambda'\frac{u}{|u|}\left(\frac{u}{a_1}\right)^2\left[1+(\varkappa-1)\frac{u/a_1}{a/a_1}\right]\Delta Z_l+\frac{\varkappa-1}{\varkappa}\frac{a}{a_1}\frac{\pm Q}{P/P_1}\Delta Z_l.
\end{aligned}\right\}\quad(87)$$

$$\Delta\,\mathrm{e}^{\frac{s-s_1}{2c_p}}=\lambda'\frac{\varkappa-1}{2}\frac{|(u/a_1)^3|}{a/a_1}\Delta Z+\frac{\varkappa-1}{2\varkappa}\frac{a}{a_1}\frac{\pm Q}{P/P_1}\Delta Z. \quad (88)$$

In Abb. 29 ist die Berechnung des Gitterpunktes Tv gezeigt. Sie ist grundsätzlich die gleiche, wie sie im letzten Abschnitt für die Rohrströmung mit Wärmeaustausch durchgeführt wurde. Es ist lediglich zu beachten, daß Δu_r und Δu_l jetzt von den Größen

$$\frac{d\ln f}{dX},\quad \lambda',\quad Q,\quad \frac{u}{a_1},\quad \frac{P}{P_1},\quad \mathrm{e}^{\frac{s-s_1}{2c_p}},\quad \varkappa,\quad \Delta Z$$

abhängig sind, die alle gegeben sein müssen.

C. Randbedingungen

Bisher wurde nur der Fall behandelt, daß eine Störung in einem unendlich langen Rohr über gasförmiges Medium läuft. Der praktische Fall ist jedoch dadurch gekennzeichnet, daß das Rohr nach beiden Seiten hin begrenzt ist. An seinen Rändern und auch im Innern muß eine instationäre Strömung bestimmte vorgeschriebene Bedingungen erfüllen, die ihren zeitlichen und örtlichen Zustandsverlauf mitbestimmen. In diesem Abschnitt sollen Rand- und Übergangsbedingungen festgelegt werden, wie sie in den Rohrleitungen an Verbrennungskraftmaschinen dem Zustandsverlauf der Gasströmung vorgeschrieben sind. Es sollen dabei die Verträglichkeitsbedingungen (44) und (62) der instationären Rohrströmung gelten.

1. Randbedingung „Offenes Rohrende"

a) Druckwelle

Erreicht eine über ruhendes Medium hinweglaufende Druckwelle das offene Ende eines Rohres, so ist ihr dort der Umgebungsdruck P_1 vorgeschrieben. Nach H. Levine und J. Schwinger [*29*] gilt im Unterschallgebiet diese Bedingung exakt in dem Endquerschnitt eines um

$$\Delta l = 0{,}6133\,\frac{D}{2} \quad (89)$$

verlängerten Rohres, so daß bei der Rechnung ein Rohr mit offenem Ende um diesen Betrag verlängert werden muß (Abb. 30). Gl. (89) gilt für Öffnungen, die in den unbegrenzten Außenraum münden. Bei Schallgeschwindigkeit am Rohrende trifft diese Bedingung nicht mehr zu; in diesem Fall ergibt sich der Schallzustand im Endquerschnitt aus der laufenden Rechnung.

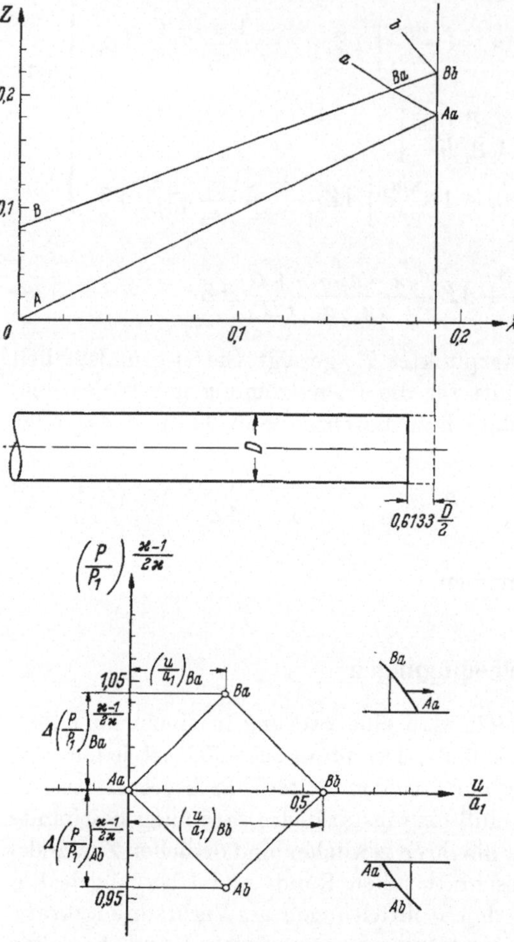

Abb. 30. Reflexion einer Druckwelle am offenen Rohrende

Ein vorgegebener Druck einer rechtslaufenden Welle sei an die MACH-Linie B der Strömungsebene gebunden. Ihr Schallzustand $[(P/P_1)_{Ba}^{(\varkappa-1)/2\varkappa}, (u/a_1)_{Ba}]$ im Rohr ist im Zustandsdiagramm durch Ba festgelegt (Abb. 30). Der Punkt Bb muß im Zustandsdiagramm auf der Abszisse u/a_1 liegen. Seine Lage ist durch den Schnittpunkt der Zustandscharakteristik B mit der u/a_1-Achse eindeutig bestimmt. Die Abszisse des Zustandsdiagramms ist somit die *Bedingungslinie* für das offene Rohrende.

Nach Gl. (44) gilt auf der rechtslaufenden MACH-Linie B:

$$\left(\frac{u}{a_1}\right)_{Ba} + \frac{2}{\varkappa-1}\left(\frac{P}{P_1}\right)_{Ba}^{\frac{\varkappa-1}{2\varkappa}} = \left(\frac{u}{a_1}\right)_{Bb} + \frac{2}{\varkappa-1}\left(\frac{P}{P_1}\right)_{Bb}^{\frac{\varkappa-1}{2\varkappa}}.$$

Da $(P/P_1)_{Bb}^{(\varkappa-1)/2\varkappa} = 1$ ist, ist die Teilchengeschwindigkeit $(u/a_1)_{Bb}$ bekannt:

$$\left(\frac{u}{a_1}\right)_{Bb} = \left(\frac{u}{a_1}\right)_{Ba} + \frac{2}{\varkappa-1}\left[\left(\frac{P}{P_1}\right)_{Ba}^{\frac{\varkappa-1}{2\varkappa}} - 1\right]. \tag{90}$$

Wie sich aus der unteren Gl. (46) ergibt, ist aber auch:

$$\left(\frac{u}{a_1}\right)_{Ba} = \frac{2}{\varkappa-1}\left[\left(\frac{P}{P_1}\right)_{Ba}^{\frac{\varkappa-1}{2\varkappa}} - 1\right]. \tag{91}$$

Damit erhält man aus Gl. (90) und (91):

$$\left(\frac{u}{a_1}\right)_{Bb} = 2\left(\frac{u}{a_1}\right)_{Ba}. \tag{92}$$

Der Strömungszustand, der in Bb zur MACH-Linie B gehört, ist somit doppelt so groß wie in Ba. Der resultierende Zustand Bb entsteht durch Kreuzen der linkslaufenden MACH-Linie b mit der rechtslaufenden MACH-Linie B. Die MACH-Linie b gehört, wie nachstehend begründet, zu einer nach links laufenden Saugwelle, die am offenen Rohrende in jedem Augenblick den resultierenden Druck $P/P_1 = 1$ herbeiführt.

Erreicht die reflektierte Welle und mit ihr die MACH-Linie b schließlich das ungestörte Medium, so ist der Zustand auf der MACH-Linie b durch den Zustandspunkt Ab gegeben (Zustandsdiagramm in Abb. 30). Für den Schallzustand Ab gilt mit der oberen Gl. (46):

$$\left(\frac{u}{a_1}\right)_{Ab} = -\frac{2}{\varkappa - 1}\left[\left(\frac{P}{P_1}\right)_{Ab}^{\frac{\varkappa-1}{2\varkappa}} - 1\right]. \tag{93}$$

$(u/a_1)_{Ab}$ ergibt sich auch aus der Gleichung der MACH-Linie b:

$$\left(\frac{u}{a_1}\right)_{Ab} = \left(\frac{u}{a_1}\right)_{Bb} + \frac{2}{\varkappa - 1}\left[\left(\frac{P}{P_1}\right)_{Ab}^{\frac{\varkappa-1}{2\varkappa}} - 1\right]. \tag{94}$$

Addiert man die Gl. (93) und (94), so erhält man:

$$\left(\frac{u}{a_1}\right)_{Bb} = 2\left(\frac{u}{a_1}\right)_{Ab}. \tag{95}$$

Mit Gl. (92) ergibt sich also:

$$\left(\frac{u}{a_1}\right)_{Ab} = \left(\frac{u}{a_1}\right)_{Ba} > 0.$$

Damit ist aber in Gl. (93):

$$\left(\frac{P}{P_1}\right)_{Ab}^{\frac{\varkappa-1}{2\varkappa}} - 1 < 0,$$

und man erhält durch Gleichsetzen von Gl. (91) und (93) als Bestätigung, daß eine Saugwelle zurücklaufen muß:

$$\left.\begin{aligned} \left(\frac{P}{P_1}\right)_{Ab}^{\frac{\varkappa-1}{2\varkappa}} - 1 &= -\left[\left(\frac{P}{P_1}\right)_{Ba}^{\frac{\varkappa-1}{2\varkappa}} - 1\right], \\ \Delta\left(\frac{P}{P_1}\right)_{Ab}^{\frac{\varkappa-1}{2\varkappa}} &= -\Delta\left(\frac{P}{P_1}\right)_{Ba}^{\frac{\varkappa-1}{2\varkappa}} \\ \text{bzw.}\quad \Delta\left(\frac{a}{a_1}\right)_{Ab} &= -\Delta\left(\frac{a}{a_1}\right)_{Ba}. \end{aligned}\right\} \tag{96}$$

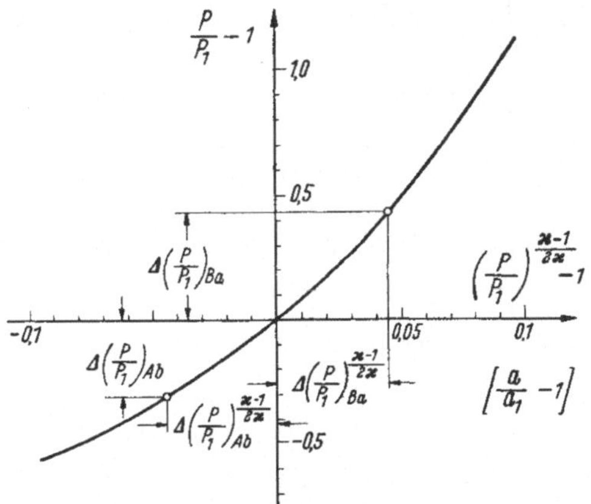

Abb. 31. Zusammenhang zwischen Druck- und Schallgeschwindigkeitsverhältnis

Die zugehörigen Schallgeschwindigkeitsdifferenzen der vorlaufenden und der zurückgeworfenen Welle sind dem Betrage nach gleich, nicht aber die zugehörigen Druckdifferenzen $\Delta(P/P_1)$; denn nach Abb. 31 ist der Betrag $\Delta(P/P_1)_{Ab}$ der Saugwelle kleiner als der Betrag $\Delta(P/P_1)_{Ba}$ der Druckwelle. Aus dem Diagramm wird weiterhin deutlich, daß bei sehr kleinen Druckschwankungen (akustische Wellen) die Reflexionsbedingung am offenen Rohrende auch durch

$$\Delta\left(\frac{P}{P_1}\right)_{Ab} \approx -\Delta\left(\frac{P}{P_1}\right)_{Ba} \tag{97}$$

gegeben ist.

Der in der Strömungsebene der Abb. 32 nach rechts laufende Verdichtungsstoß Aa/Ba gleicht sich am offenen Rohrende sprunghaft dem Außendruck an. Ein zurücklaufender negativer Verdichtungsstoß ist aus thermodynamischen Gründen unmöglich, da er mit einer Entropieverminderung verbunden wäre. Er löst sich in einen Verdünnungsfächer auf. Die Richtungen seiner MACH-Linien a bis d können in bekannter Weise aus dem Zustandsdiagramm entnommen werden. Die Zustandspunkte Aa bis Bd fallen im Augenblick der Reflexion in einem Punkte der Strömungsebene zusammen.

b) Saugwelle

Erreicht eine Saugwelle das offene Rohrende, so ist die Bedingungslinie im Zustandsdiagramm nicht von vornherein gegeben, insbesondere ist es nicht mehr die u/a_1-Achse. Die Ankunft der Saugwelle löst einen komplizierten Einströmvorgang aus, der jedoch durch eine quasistationäre Betrachtungsweise einfach be-

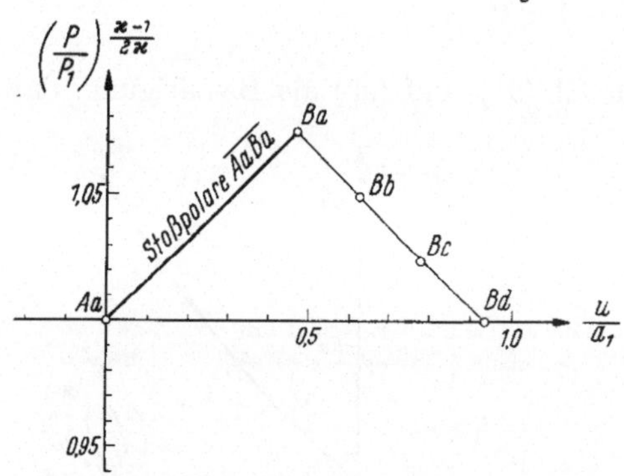

Abb. 32. Reflexion eines Verdichtungsstoßes am offenen Rohrende

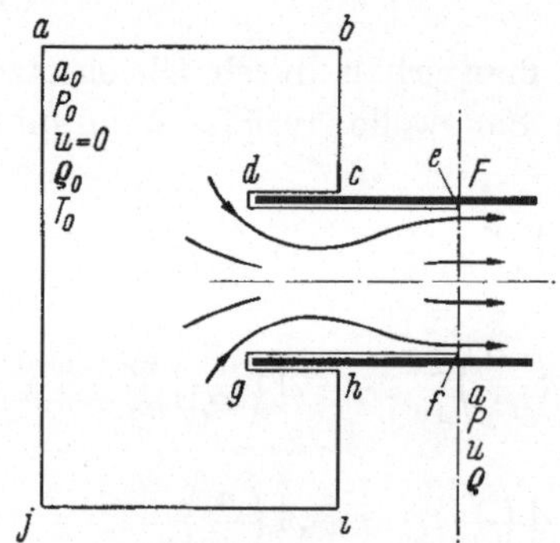

Abb. 33. Einströmvorgang in ein offenes Rohrende (BORDA-Mündung)

rechnet werden kann [21]. Die Teilchengeschwindigkeit u ist dann im Bereich des Einströmgebietes nur von der Ortskoordinate x abhängig. Dabei wird vorausgesetzt, daß der jeweils herrschende stationäre Strömungszustand durch die in dem Einströmgebiet laufenden Schallwellen augenblicklich hergestellt wird.

Das offene Rohrende kann, wenn man die endliche Wanddicke des Rohres vernachlässigt, als BORDA-Mündung aufgefaßt werden (Abb. 33). Der eintretende Strahl erfährt zunächst bei gleichzeitigem Druckabfall eine Kontraktion. In der Rohrzone nach dem engsten Strahlquerschnitt vermischt er sich dann mit dem ihn umgebenden *Totwasser* bei uneinheitlichem Zustandsverlauf über den Querschnitten. Der Druckanstieg in dieser Mischzone geht nicht ohne Verluste vor sich (CARNOTscher Stoßverlust). Erst nach Erreichen der Rohrwand ist die Strömung wieder geordnet, und die Schallzustände in den einzelnen Querschnittsebenen sind jeweils konstant.

Mit Hilfe des Impulssatzes und der Energiegleichung ist es möglich, die Zustandswerte am Ende der Mischzone zu berechnen, ohne auf den Verlauf der Zustände innerhalb des Drosselgebietes eingehen zu müssen.

Ordnet man die Kontrollfläche sehr weit außerhalb der Rohrmündung an, so kann der Impulsstrom, der durch die außenliegenden Flächen hindurchtritt, vernachlässigt werden. Ebenso sei die Rohrreibung vernachlässigt.

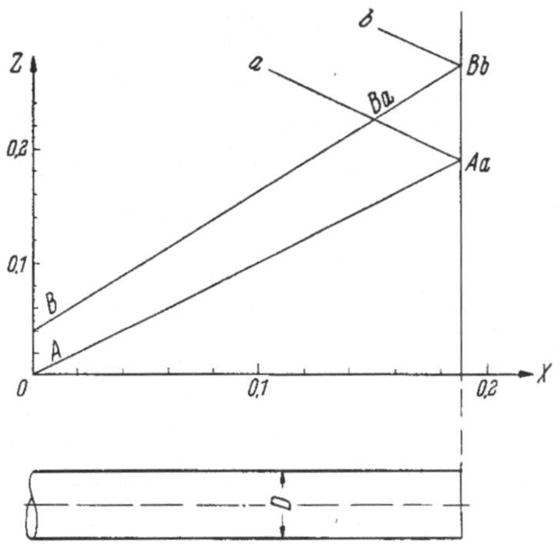

Den Impulssatz auf die Kontrollfläche a bis j (Abb. 33) angewendet, ergibt:

$$P_0 F = u^2 \varrho F + PF. \qquad (98)$$

Mit dem Energiesatz der stationären Strömung

$$\frac{a_0^2}{\varkappa - 1} = \frac{a^2}{\varkappa - 1} + \frac{u^2}{2} \qquad (75)$$

und der Gl. (1)

$$a^2 = \varkappa \frac{P}{\varrho}$$

erhält man aus Gl. (98):

$$\frac{P_0}{P} = \frac{\varkappa}{\left(\frac{a_0}{u}\right)^2 - \frac{\varkappa - 1}{2}} + 1. \qquad (99)$$

Dies ist die Gleichung der gesuchten Bedingungslinie (Borda-Kurve), die nun in das $(P/P_1)^{(\varkappa-1)/2\varkappa}$, (u/a_1)-Diagramm eingetragen werden kann. Voraussetzung ist allerdings, daß $P_1 = P_0$ und $a_1 = a_0$ ist. Bei der praktischen Anwendung ist in den meisten Fällen $P_1 = P_0$, jedoch $a_1 \neq a_0$, dann lautet Gl. (99):

$$\frac{P_1}{P} = \frac{\varkappa}{\left(\frac{a_0}{a_1}\right)^2 \left(\frac{a_1}{u}\right)^2 - \frac{\varkappa - 1}{2}} + 1. \qquad (99\,\mathrm{a})$$

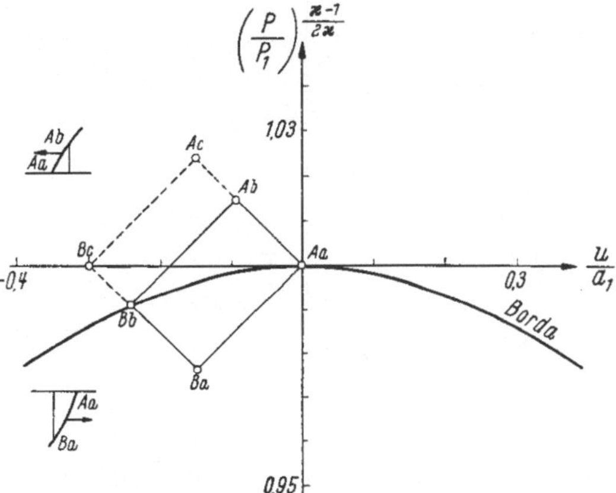

Abb. 34. Reflexion einer Saugwelle am offenen Rohrende

In Abb. 34 gehört die Mach-Linie B zu einer nach rechts laufenden Saugwelle. Am offenen Rohrende muß der Schallzustand Bb auf der Borda-Kurve liegen. Es ist der resultierende Zustand, der durch Kreuzen von B mit der linkslaufenden Mach-Linie b herbeigeführt wird. Bezogen auf das ruhende Medium hat die Mach-Linie b den Schallzustand Ab. Sie gehört zu einer nach links laufenden Druckwelle. Man erkennt sofort, daß ihre Druckdifferenzen $\Delta(P/P_1) = (P/P_1) - 1$ kleiner sein müssen als diejenigen, die man durch die linearisierte Randbedingung der Akustik am Rohrende, $P/P_1 = 1$, erhalten würde. Die Schallzustände Bc

bzw. Ac, welche der akustischen Randbedingung genügen, sind zum Vergleich in das Zustandsdiagramm der Abb. 34 eingetragen.

2. Randbedingung „Geschlossenes Rohrende"

Trifft eine Druck- oder Saugwelle auf eine feste Wand auf, so ist an ihr die Bedingung vorgeschrieben, daß die Teilchengeschwindigkeit u in jedem Zeitpunkt verschwinden muß. Im Zustandsdiagramm ist somit die $(P/P_1)^{(\varkappa-1)/2\varkappa}$-Achse die *Bedingungslinie* für das geschlossene Rohrende.

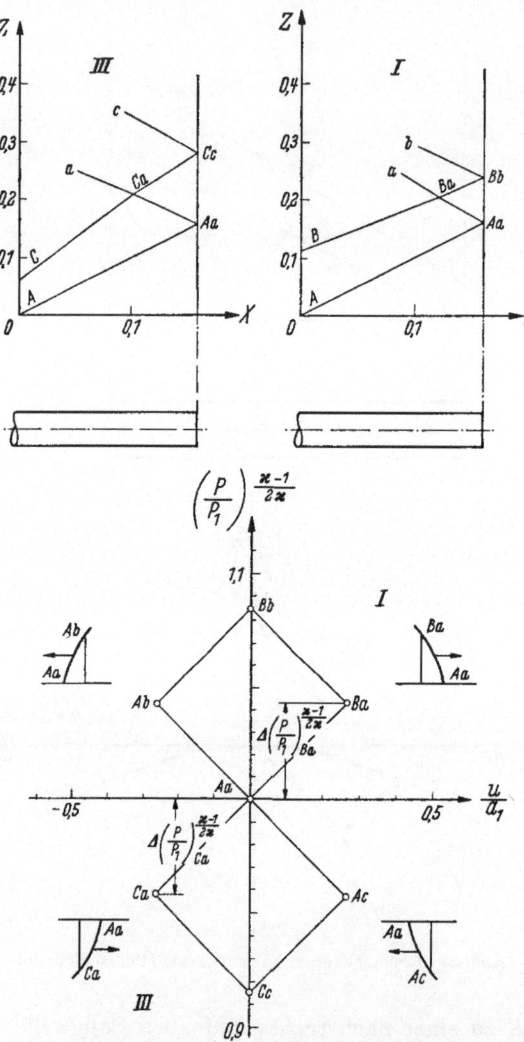

Abb. 35. Randbedingung *geschlossenes Rohrende*

Ohne den analytischen Nachweis zu führen, kann aus dem Zustandsdiagramm der Abb. 35 entnommen werden, daß sich die Schallgeschwindigkeitsdifferenz $[(a/a_1)_{Ba} - 1] = \Delta\,(P/P_1)_{Ba}^{(\varkappa-1)/2\varkappa}$ der MACH-Linie B, die zu einer rechtslaufenden Druckwelle gehören möge, an der Wand verdoppelt (Schallzustand Bb), während die zugehörige Druckdifferenz $\Delta\,(P/P_1)_{Bb} = [(P/P_1)_{Bb} - 1]$ mehr als das Zweifache von $\Delta\,(P/P_1)_{Ba} = [(P/P_1)_{Ba} - 1]$ ausmacht.

Für den Schallzustand Cc der MACH-Linie C an der Wand, welche einer rechtslaufenden Saugwelle zugeordnet sei, gilt das gleiche; $\Delta\,(P/P_1)_{Cc} = [(P/P_1)_{Cc} - 1]$ ist jedoch etwas kleiner als der zweifache Betrag von $\Delta\,(P/P_1)_{Ca} = [(P/P_1)_{Ca} - 1]$.

Bezogen auf das ruhende Medium haben die linkslaufenden MACH-Linien b und c der reflektierten Wellen bis auf das Vorzeichen der bezogenen Teilchengeschwindigkeit u/a_1 die gleichen Schallzustände wie die zugehörigen rechtslaufenden, so daß vorlaufende und reflektierte Welle in beiden Fällen das gleiche Aussehen besitzen (vgl. Ba und Ab bzw. Ca und Ac).

An einer beweglichen Wand, z.B. an einem Kolben, welcher in einem Rohr beweglich geführt wird, gilt die Bedingung, daß das Mediumteilchen unmittelbar am Kolbenboden die Geschwindigkeit u_k des Kolbens annehmen muß (Abb. 36).

Ist die Bahn des Kolbens in der Zeit-Weg-Ebene bekannt, so kann die Konstruktion der MACH-Linien, wie in Abb. 36 gezeigt, durchgeführt werden.

Die Randbedingung des Verdichtungsstoßes am geschlossenen Rohrende ist die gleiche wie die für die stetige Druckwelle. Der vorlaufende Stoß wird wieder als Stoß reflektiert. Bei der graphischen Lösung hat man nur darauf zu achten, daß bei Verdichtungsstößen mit großen Druckverhältnissen P_n/P_v die Zustandscharakteristik durch die Stoßpolare ersetzt werden muß.

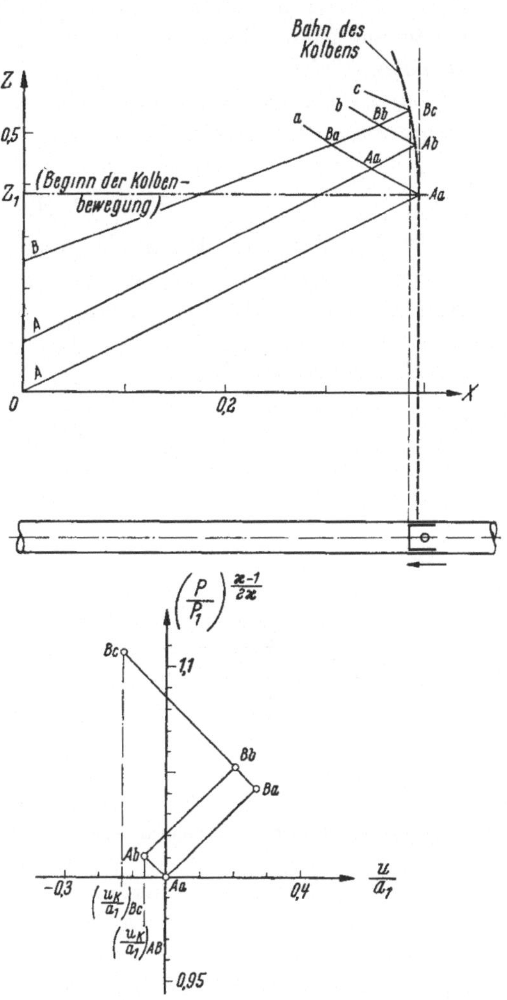

Abb. 36. Reflexion einer Druckwelle an einem bewegten Kolbenboden

3. Randbedingungsdiagramm

Die Formulierung der Randbedingungen, die eine instationäre Rohrströmung an einer pulsierenden Öffnung eines angeschlossenen Behälters (z.B. Schlitzsteuerung eines Zweitaktmotors, Ventilsteuerung eines Viertaktmotors oder Kompressors), an Blenden und Düsen im Rohrinnern oder am Rohrende erfüllen muß, kann nicht mehr geschlossen analytisch geschehen, wie es noch bei der BORDA-Mündung möglich war. Durch Einführen einer Durchflußzahl α [*16*], deren Größe für das jeweilige Drosselorgan aus einer stationären Durchflußmessung in Abhängigkeit vom Öffnungs- und Druckverhältnis bestimmt werden muß, können jedoch die Bedingungslinien als Kurven des Parameters α in einem besonderen Zustandsdiagramm, das künftig als Randbedingungsdiagramm bezeichnet werden soll, ermittelt werden. Dabei wird wieder vorausgesetzt, daß die quasistationäre Betrachtung zur Berechnung des instationären Drosselvorganges ausreicht. Auch gelingt es, den wichtigsten Fall der Randbedingung *Rohrverzweigung*, Durchgang einer Druckwelle durch die Verzweigung *T-Stück*, im Randbedingungsdiagramm darzustellen.

Da die Definition von α als Verhältnis des in der Zeiteinheit wirklich durch die Drosselstelle tretenden Gewichtes zum verlustlosen Gewichtsdurchsatz für jede beliebige Drosselanordnung gültig ist, ist das Randbedingungsdiagramm allgemein verwendbar, ohne daß es für einen besonderen Fall neu gezeichnet oder korrigiert werden muß. Auch die Abhängigkeit der Bedingungslinien von $\varkappa$ kann bei geeigneter Wahl der Kenngrößen berücksichtigt werden, so daß seine Anwendung nicht auf ein einziges Medium veränderlicher Dichte beschränkt bleibt.

Bei der stationären Durchflußmessung, die im allgemeinen nicht unter Betriebsbedingungen durchgeführt werden kann, muß beachtet werden, daß eine der wirklichen Maschinenströmung ähnliche Modellströmung erzielt wird. Eine allgemeine Ähnlichkeitstheorie der Durchflußzahl α wurde von HADLATSCH [*16*] gegeben.

Zur Erleichterung der gasdynamischen Rechnung wird das Randbedingungsdiagramm noch durch Entropie- und Mengenlinien ergänzt.

a) *Bedingungslinien* $\alpha = const$

Die Kennlinien des Randbedingungsdiagramms seien für eine Drosselströmung hergeleitet, wie sie in Abb. 37 gezeichnet ist. Aus einem Behälter strömt ein Gas stationär – der Behälter werde laufend aufgefüllt – durch ein auf den Querschnitt f geöffnetes Verschlußorgan, welches in Abb. 37 schematisch als Schieber S dargestellt ist, in ein angeschlossenes Rohr. Hinter dem Schieberquerschnitt f zieht sich der eintretende Strahl auf seinen engsten Querschnitt $\hat{f}$ zusammen und verbreitert sich anschließend unter Druckverlust wieder auf den Querschnitt F. Im Rohrquerschnitt F ist die Strömung wieder geordnet, so daß konstante Zustandswerte in der Querschnittsebene F angenommen werden können. Die konstanten Zustandswerte im Behälter vor der Drossel erhalten den Index 0.

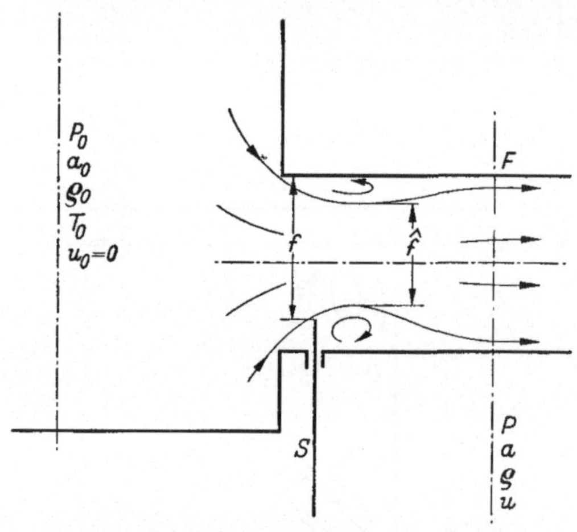

Abb. 37. Ausströmvorgang aus einem Behälter

Eine Verbindung zur instationären Strömung ergibt sich sofort, wenn man die Darstellung in Abb. 37 als Momentaufnahme deutet, die während des Ablaufes eines instationären Entleerungsvorganges eines Behälters bei zeitlich veränderlicher Schieberstellung in einem beliebigen Zeitpunkt aufgenommen wurde und den gerade in diesem Augenblick herrschenden Zustandsverlauf festgehalten hat. Laut Voraussetzung dürfen dann für den Bereich der Drosselströmung die Gleichungen der stationären Fadenströmung angesetzt werden, die die Berechnung des in dem betrachteten Zeitpunkt vorhandenen Strömungszustandes erlauben. Durch das Aneinanderreihen solcher *Momentaufnahmen* ergibt sich schließlich der gesuchte Zustandsverlauf der Drosselströmung über der Zeit.

Für den theoretischen Gewichtsdurchsatz in der Zeiteinheit, wenn also die Strömung zwischen Behälter und dem Querschnitt F isentrop verläuft, gilt die bekannte Beziehung von SAINT-VENANT [*16*]:

$$G_{th} = F g \sqrt{2\,\varrho_0\,P_0}\,\sqrt{\frac{\varkappa}{\varkappa-1}\left[\left(\frac{P}{P_0}\right)^{\frac{2}{\varkappa}} - \left(\frac{P}{P_0}\right)^{\frac{\varkappa+1}{\varkappa}}\right]}\,. \tag{100}$$

P_0 bedeutet den Gesamtdruck oder Ruhedruck (Behälterdruck), ϱ_0 die zugehörige Dichte, P den statischen Druck im Querschnitt F. Mit der Durchflußzahl

$$\alpha = \frac{G}{G_{th}} \tag{101}$$

erhält man für den wirklichen Gewichtsdurchsatz:

$$G = \alpha F g \sqrt{2 \varrho_0 P_0} \sqrt{\frac{\varkappa}{\varkappa - 1}\left[\left(\frac{P}{P_0}\right)^{\frac{2}{\varkappa}} - \left(\frac{P}{P_0}\right)^{\frac{\varkappa+1}{\varkappa}}\right]}\,. \tag{102}$$

α erfaßt alle Verluste, welche die Strömung auf ihrem Weg vom Behälter bis zum Querschnitt F erfährt.

Da ein einheitlicher Strömungszustand im Querschnitt F angenommen werden kann, gilt für den Gewichtsdurchsatz auch die Beziehung:

$$G = u g \varrho F\,. \tag{103}$$

Setzt man die rechten Seiten der Gl. (102) und (103) einander gleich und berücksichtigt, daß $\varrho = \varkappa P/a^2$ ist, so ergibt sich nach kurzer Rechnung:

$$\left(\frac{a}{a_0}\right)^2 = \frac{\left(\frac{P}{P_0}\right)^{\frac{\varkappa-1}{\varkappa}}}{\alpha\sqrt{2}\sqrt{1-\left(\frac{P}{P_0}\right)^{\frac{\varkappa-1}{\varkappa}}}}\sqrt{\varkappa - 1}\,\frac{u}{a_0}\,. \tag{104}$$

$(a/a_0)^2$ erscheint auch in der Energiegleichung (75), wenn man ihre einzelnen Glieder durch a_0^2 dividiert:

$$\left(\frac{u}{a_0}\right)^2 + \frac{2}{\varkappa - 1}\left(\frac{a}{a_0}\right)^2 = \frac{2}{\varkappa - 1}\,.$$

Setzt man in diese Gleichung den Ausdruck für $(a/a_0)^2$ aus Gl. (104) ein, so ergibt sich:

$$(\varkappa - 1)\left(\frac{u}{a_0}\right)^2 + \frac{\sqrt{2}\left(\frac{P}{P_0}\right)^{\frac{\varkappa-1}{\varkappa}}}{\alpha\sqrt{1-\left(\frac{P}{P_0}\right)^{\frac{\varkappa-1}{\varkappa}}}}\sqrt{\varkappa - 1}\,\frac{u}{a_0} - 2 = 0\,. \tag{105}$$

Damit hat man eine quadratische Gleichung für die Kenngröße $\sqrt{\varkappa - 1}\,u/a_0$ gefunden. Ihre hier gültige Lösung lautet:

$$\sqrt{\varkappa - 1}\,\frac{u}{a_0} = -\frac{\left(\frac{P}{P_0}\right)^{\frac{\varkappa-1}{\varkappa}}}{\alpha\sqrt{2\left[1-\left(\frac{P}{P_0}\right)^{\frac{\varkappa-1}{\varkappa}}\right]}} + \sqrt{\frac{\left(\frac{P}{P_0}\right)^{\frac{2(\varkappa-1)}{\varkappa}}}{\alpha^2 2\left[1-\left(\frac{P}{P_0}\right)^{\frac{\varkappa-1}{\varkappa}}\right]} + 2}\,. \tag{106}$$

Das Randbedingungsdiagramm in Abb. 38 mit den Achsen $\sqrt{\varkappa - 1}\,u/a_0$ und $(P/P_0)^{(\varkappa-1)/2\varkappa}$ enthält das Ergebnis der Auswertung der Gl. (106) mit α als Parameter. Die eingetragenen Kurven $\alpha = \text{const}$ sind die gesuchten Bedingungslinien.

Die linke Hälfte des Diagramms gilt für Behälterströmungen, bei denen sich der Behälter am rechten Rohrende befindet.

Das Zusammenfassen der bezogenen Teilchengeschwindigkeit u/a_0 mit $\sqrt{\varkappa - 1}$ zu einer Kenngröße hat den Vorteil, daß die einmal gezeichneten Bedingungslinien unabhängig vom $\varkappa$-Wert des betrachteten Gases gelten.

Ein weiterer Unterschied in den Koordinaten des bisher benutzten Zustandsdiagramms und des Randbedingungsdiagramms besteht darin, daß die Bezugsgrößen nicht mehr P_1 und a_1 (Druck und Schallgeschwindigkeit des ungestörten Mediums im Rohr) lauten, sondern durch den Gesamtdruck P_0 und die zugehörige Schallgeschwindigkeit a_0 des Mediums vor der Drosselstelle gegeben sind.

Die Parameterkurven $\alpha = \text{const}$ erfassen alle möglichen Zustandsgrößen P und u, die sich bei vorgegebenem Druck P_0, Schallgeschwindigkeit a_0 und Durchflußzahl α im Querschnitt F einstellen. Die instationäre Drosselströmung kann demnach durch eine Ortskurve in der Zustandsebene festgelegt werden, die alle zeitlich aufeinander folgenden Zustandspunkte des Querschnittes F miteinander verbindet.

Das in Abb. 38 dargestellte Randbedingungsdiagramm umfaßt nur einen begrenzten Teil der Zustandsebene. Es ist das Gebiet, in dem die Zustandswerte der betrachteten Drosselströmungen liegen. Man erkennt aber aus Gl. (106), daß für $P/P_0 = 0$ – Ausströmen ins Vakuum – alle α-Linien in einem Punkt der Zustandsebene zusammenlaufen müssen. Der zugehörige Abszissenwert lautet:

$$\sqrt{\varkappa - 1}\,\frac{u}{a_0} = \sqrt{2}. \tag{107}$$

$u/a_0 = \sqrt{2/(\varkappa - 1)}$ ist der Größtwert der Geschwindigkeit, der bei stationärer Strömung auftreten kann; er ist unabhängig von dem Drosselgrad.

Die graphische Lösung im Randbedingungsdiagramm wird erleichtert und genauer, wenn man den Bereich des Diagramms, der vorzugsweise benutzt wird, vergrößert herauszeichnet.

b) *Entropielinien* $e^{\frac{s-s_0}{2c_p}} = \textit{const}$

Der thermische Zustand der reibungsbehafteten Strömung im Querschnitt F läßt sich auf der Bedingungslinie noch nicht vollständig angeben, da zu seiner Festlegung zwei Zustandsgrößen notwendig sind. In Anlehnung an die Verträglichkeitsbedingungen der allgemeinen instationären Fadenströmung wird als zweite Zustandsgröße der Entropiekennwert $e^{(s-s_0)/2c_p}$ eingeführt. s ist die Entropie des Mediums in Querschnitt F, s_0 die Behälterentropie.

Ersetzt man in Gl. (75) a/a_0 durch Gl. (23) mit den entsprechenden Indizes, so ergibt sich:

$$\sqrt{\varkappa - 1}\,\frac{u}{a_0} = \sqrt{2\left[1 - \left(\frac{P}{P_0}\right)^{\frac{\varkappa-1}{\varkappa}} e^{\frac{s-s_0}{c_p}}\right]}. \tag{108}$$

Gl. (108) wurde mit der Kenngröße $e^{(s-s_0)/2c_p}$ als Parameter in dem Randbedingungsdiagramm der Abb. 38 dargestellt. Die eingetragenen Kurven sind Ellipsen. Jedem Punkt der Bedingungslinien $\alpha = \text{const}$ ist somit ein bestimmter Entropiekennwert zugeordnet.

Der Schnittpunkt einer solchen Ellipse mit der Ordinate $(P/P_0)^{(\varkappa-1)/2\varkappa}$ kennzeichnet den isentropen Ruhezustand $(P_{Ruhe}/P_0)^{(\varkappa-1)/2\varkappa}\,e^{(s-s_0)/2c_p}$ einer Strömung im

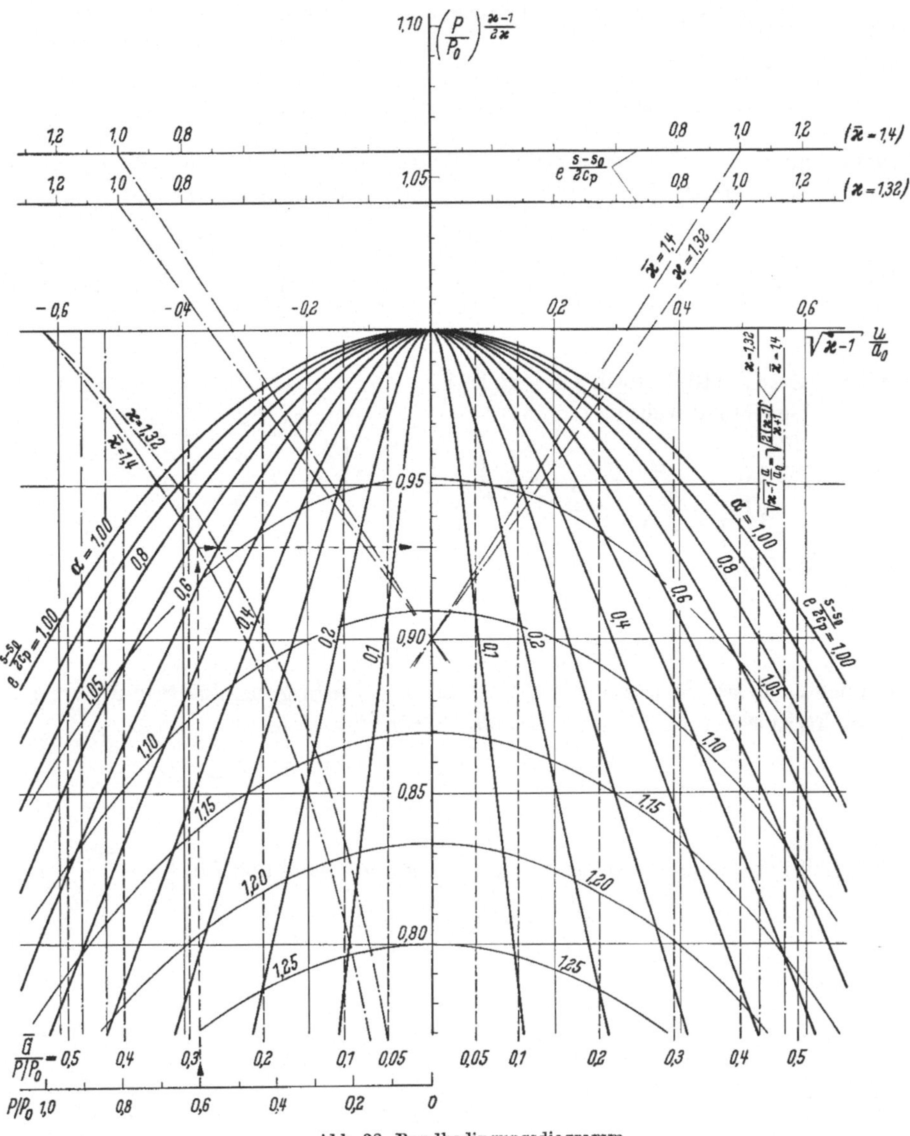

Abb. 38. Randbedingungsdiagramm

Querschnitt F, die beim Durchströmen der Drosselstelle den Entropiezuwachs $e^{(s-s_0)/2c_p}$ erhalten hat.

c) *Mengenlinien* $\bar{G}/(P/P_0) = const$

Zur Auffindung der Schallzustände vor und hinter Drosselstellen ist es notwendig, eine dritte Kurvenschar, die sogenannten Mengenlinien $\bar{G}/(P/P_0) = \text{const}$, in das Randbedingungsdiagramm aufzunehmen. Der Parameter $\bar{G}/(P/P_0) = \text{const}$

bedeutet den auf P/P_0 bezogenen dimensionslosen Gewichtsdurchsatz und erlaubt es, die Aussage der Kontinuitätsgleichung in das graphische Lösungsverfahren einzubeziehen.

Aus Gl. (103) erhält man mit Gl. (108):

$$G = g\varrho F a_0 \sqrt{\frac{2}{\varkappa - 1}\left[1 - \left(\frac{P}{P_0}\right)^{\frac{\varkappa-1}{\varkappa}} e^{\frac{s-s_0}{c_p}}\right]}.$$

Erweitert man die rechte Seite dieser Gleichung mit ϱ_0/ϱ_0 und berücksichtigt ferner, daß $\varrho/\varrho_0 = (P/P_0)^{1/\varkappa} e^{-(s-s_0)/c_p}$ und $\varrho_0 = \varkappa\, P_0/a_0^2$ ist, so ergibt sich:

$$G = gF \frac{\varkappa}{\sqrt{\frac{\varkappa-1}{2}}} \frac{P_0}{a_0} \left(\frac{P}{P_0}\right)^{\frac{1}{\varkappa}} e^{-\frac{s-s_0}{c_p}} \sqrt{1 - \left(\frac{P}{P_0}\right)^{\frac{\varkappa-1}{\varkappa}} e^{\frac{s-s_0}{c_p}}}\,. \tag{109}$$

Dividiert man Gl. (109) durch $g\,F\,\varkappa\,P_0/a_0 \sqrt{(\varkappa-1)/2}$, so erhält man für den dimensionslosen Gewichtsdurchsatz:

$$\bar{G} = \frac{G}{gF\frac{\varkappa}{\sqrt{(\varkappa-1)/2}}\frac{P_0}{a_0}} = \left(\frac{P}{P_0}\right)^{\frac{1}{\varkappa}} e^{-\frac{s-s_0}{c_p}} \sqrt{1 - \left(\frac{P}{P_0}\right)^{\frac{\varkappa-1}{\varkappa}} e^{\frac{s-s_0}{c_p}}} \tag{110}$$

bzw. mit Gl. (102):

$$\bar{G} = \alpha \sqrt{\left(\frac{P}{P_0}\right)^{\frac{2}{\varkappa}} - \left(\frac{P}{P_0}\right)^{\frac{\varkappa+1}{\varkappa}}}\,. \tag{111}$$

$\bar{G}$ ist aber in dieser Form noch nicht in das Randbedingungsdiagramm übertragbar. Nach Division von Gl. (110) durch P/P_0 ergibt sich:

$$\frac{\bar{G}}{P/P_0} = \left(\frac{P}{P_0}\right)^{-\frac{\varkappa-1}{\varkappa}} e^{-\frac{s-s_0}{c_p}} \sqrt{1 - \left(\frac{P}{P_0}\right)^{\frac{\varkappa-1}{\varkappa}} e^{\frac{s-s_0}{c_p}}}\,. \tag{112}$$

Mit Gl. (108) erhält man daraus eine quadratische Gleichung für $\sqrt{\varkappa-1}\,u/a_0$:

$$\frac{\bar{G}}{P/P_0}\left(\sqrt{\varkappa-1}\,\frac{u}{a_0}\right)^2 + \sqrt{2}\sqrt{\varkappa-1}\,\frac{u}{a_0} - 2\frac{\bar{G}}{P/P_0} = 0\,.$$

Ihre Lösung lautet:

$$\sqrt{\varkappa-1}\,\frac{u}{a_0} = \frac{-1 + \sqrt{1 + 4\left(\frac{\bar{G}}{P/P_0}\right)^2}}{\sqrt{2}\,\frac{\bar{G}}{P/P_0}}\,. \tag{113}$$

Die Linien $\bar{G}/(P/P_0) = \text{const}$ können jetzt sehr einfach in das Randbedingungsdiagramm eingetragen werden; es sind Ordinaten, die die Abszisse des Randbedingungsdiagrammes in den Punkten $\sqrt{\varkappa-1}\,u/a_0$ nach Gl. (113) schneiden (Abb. 38).

d) Überschallbereich

Wird der Druck im Rohr vor der Schieberöffnung unter das kritische Druckverhältnis, bei dem im engsten Strahlquerschnitt $\hat{f}$ Schallgeschwindigkeit $\hat{u} = \hat{a}$ auftritt, gesenkt, so tritt eine Nachexpansion des Strahles ein. Die Strömung wird beschleunigt und erreicht bei Vorhandensein des notwendigen Druckgefälles am Ende der Übergangsstrecke im Querschnitt F Überschallgeschwindigkeit [*30*]. Schiefe Stöße und Verdünnungsfächer verhindern die Ausbildung eines einheitlichen Zustandsverlaufes über den Querschnitt, so daß die Bedingungslinien des Randbedingungsdiagramms für diesen Bereich der Strömung nicht mehr zur Berechnung der Schallzustände herangezogen werden können.

Die Ordinate, die den gültigen Bereich des Randbedingungsdiagramms begrenzt, wird mit Hilfe des Energiesatzes Gl. (75) gewonnen. Im Querschnitt F herrscht Schallgeschwindigkeit, wenn

$$u = a\,.$$

Mit dem Energiesatz Gl. (75) ergibt sich:

$$\frac{a}{a_0} = \sqrt{\frac{2}{\varkappa + 1}}\,. \tag{114}$$

Die Größe der Schallgeschwindigkeit im Querschnitt F ist somit allein durch $\varkappa$ und die Ruheschallgeschwindigkeit a_0 bestimmt. Multipliziert man Gl. (114) mit $\sqrt{\varkappa - 1}$, so erhält man als Gleichung der Ordinate, die im Randbedingungsdiagramm Unterschall- und Überschallbereich trennt:

$$\sqrt{\varkappa - 1}\,\frac{u}{a_0} = \sqrt{\varkappa - 1}\,\frac{a}{a_0} = \sqrt{\frac{2(\varkappa - 1)}{\varkappa + 1}}\,. \tag{115}$$

In das Randbedingungsdiagramm der Abb. 38 sind die Grenzlinien für $\varkappa = 1{,}32$ und $\bar{\varkappa} = 1{,}4$ eingezeichnet. Die Grenzlinien werden bei den in dieser Arbeit berechneten Drosselvorgängen nicht erreicht.

In dem folgenden Abschnitt wird die Anwendung des Randbedingungsdiagramms an einigen grundsätzlichen Beispielen erläutert.

4. Anwendungsbeispiele

a) Instationäres Ausströmen aus einem Behälter in ein angeschlossenes Rohr; das ausströmende Medium und das im Rohr befindliche seien von der gleichen Art

Durch Abwärtsbewegen eines Schiebers werde die Öffnung eines Behälters freigegeben, und das im Behälter unter Überdruck stehende Medium ströme instationär durch die Drosselstelle in ein an die Behältermündung angeschlossenes unendlich lang zu denkendes Rohr (Abb. 39a). Der Entleerungsvorgang laufe in einem endlichen Zeitraum ab. In dem Rohr wird durch den Aufprall des ausströmenden Mediums auf das vor der Behälteröffnung ruhende Medium eine Druckwelle ausgelöst, die im folgenden berechnet werden soll. Die Störungen, die von der Drosselstelle ausgehend in den Behälter hineinlaufen, seien vernachlässigt. Das Verhältnis der spezifischen Wärmen des ausströmenden und des im Rohr befindlichen Mediums sei $\varkappa = 1{,}32$.

Zum Gesamtdruck P_0 $(u_0 = 0)$ des Behälters gehöre die Temperatur T_0, die Schallgeschwindigkeit a_0 und die Dichte ϱ_0. Zur Vereinfachung der Rechnung werde vorausgesetzt, daß die Zustandsgrößen des Behälterinhaltes in jedem Augenblick bekannt seien und die Zustandsänderung isentrop verlaufe. Ebenso seien die im stationären Durchfluß zu ermittelnden Durchflußzahlen α in Abhängigkeit von dem Querschnittsverhältnis f/F und dem Druckverhältnis P/P_0 und das Öffnungsgesetz $f/F = f(Z)$ des Schiebers gegeben.

P, a, ϱ und u sind die gesuchten Zustandsgrößen des Mediums, die sich während der Dauer des Ausströmvorganges im Querschnitt F des Rohres einstellen.

Das bereits im Rohr befindliche Medium habe bei Umgebungsdruck P_1 die mittlere Temperatur T_1 und die mittlere Schallgeschwindigkeit a_1. T_1 und a_1 sollen auch als Mittelwerte für das aus dem Behälter ausströmende und auf P_1 entspannte Medium gelten; die Entropieschichtung im Rohr infolge des zeitlich veränderlichen Drosselgrades wird also durch einen Mittelwert ersetzt. Das Medium im Rohr sei vor Beginn des Ausströmvorganges in Ruhe ($u_1 = 0$).

Mit der Festlegung des Strömungszustandes des Mediums im Rohr vor Beginn des Ausströmens ist der Lösungsweg bereits vorgezeichnet. Alle nach links gegen die Behältermündung laufenden Mach-Linien des ungestörten Mediums überlaufen die durch den Ausströmvorgang angefachte, nach rechts wandernde Störung. Daraus folgt, daß die Schallzustände der rechtslaufenden Störung auf der Zustandscharakteristik a liegen müssen. Man hat demnach nur die Zustandscharakteristik a in das Randbedingungsdiagramm zu übertragen und den Schnittpunkt der Charakteristik a mit der Bedingungslinie $x = \text{const}$, welche gerade in dem betrachteten Augenblick der Behälterströmung gültig ist, zu bestimmen. Der Schnittpunkt legt dann alle Zustandsgrößen der Strömung im Querschnitt F in dem betrachteten Zeitpunkt fest (Abb. 39).

Zunächst werden die Zustandscharakteristiken der rechts- und linkslaufenden Mach-Linien des ruhenden, ungestörten Mediums zur Übertragung in das Randbedingungsdiagramm entsprechend umgeformt. Sie lauten mit Gl. (46):

$$\pm \frac{u}{a_1} + \frac{2}{\varkappa - 1}\left(\frac{P}{P_1}\right)^{\frac{\varkappa-1}{2\varkappa}} = \frac{2}{\varkappa - 1}. \tag{46}$$

Erweitert man diese Gleichung mit a_1/a_0 und berücksichtigt, daß $(P/P_1)^{(\varkappa-1)/2\varkappa} = a/a_1$ ist, so ergibt sich:

$$\pm \frac{u}{a_0} + \frac{2}{\varkappa - 1}\frac{a}{a_0} = \frac{2}{\varkappa - 1}\frac{a_1}{a_0}.$$

a/a_0 wird durch $e^{(s-s_0)/2c_p}(P/P_0)^{(\varkappa-1)/2\varkappa}$ ersetzt (a und a_0 liegen im allgemeinen nicht auf einer gemeinsamen Isentrope!):

$$\pm \frac{u}{a_0} + \frac{2}{\varkappa - 1}e^{\frac{s-s_0}{2c_p}}\left(\frac{P}{P_0}\right)^{\frac{\varkappa-1}{2\varkappa}} = \frac{2}{\varkappa - 1}\frac{a_1}{a_0}.$$

Nach Multiplikation der Gleichung mit $\sqrt{\varkappa - 1}$ erhält man die gesuchten Beziehungen der Zustandscharakteristiken A und a für das Randbedingungsdiagramm:

Zustandscharakteristik A:

$$+\sqrt{\varkappa - 1}\,\frac{u}{a_0} + \frac{2}{\sqrt{\varkappa - 1}}\,e^{\frac{s-s_0}{2c_p}}\left(\frac{P}{P_0}\right)^{\frac{\varkappa-1}{2\varkappa}} = \frac{2}{\sqrt{\varkappa - 1}}\frac{a_1}{a_0} = k',$$

Zustandscharakteristik a:

$$-\sqrt{\varkappa - 1}\,\frac{u}{a_0} + \frac{2}{\sqrt{\varkappa - 1}}\,e^{\frac{s-s_0}{2c_p}}\left(\frac{P}{P_0}\right)^{\frac{\varkappa-1}{2\varkappa}} = \frac{2}{\sqrt{\varkappa - 1}}\frac{a_1}{a_0} = k'. \tag{116}$$

Die beiden Geraden besitzen die Neigungen

$$\mp\left(\sqrt{\varkappa - 1}/2\right)\left(e^{-(s-s_0)/2c_p}\right)\left(m_p/m_u\right).$$

Zur Vereinfachung des graphischen Berechnungsverfahrens wurden diese Neigungen in Abhängigkeit von $e^{(s-s_0)/2c_p}$ und $\varkappa$ in dem Randbedingungsdiagramm bereits festgelegt (s. Abb. 38). Man hat lediglich ein Lineal in dem frei gewählten Ordinatenpunkt $(P/P_0)^{(\varkappa-1)/2\varkappa} = 0{,}9$ und in einem durch die Berechnung bekannten Entropiekennwert $e^{(s-s_0)/2c_p}$ – siehe Hilfsabszissen für $\varkappa = 1{,}32$ und $\bar{\varkappa} = 1{,}4$ am oberen Rand des Randbedingungsdiagramms – anzulegen und erhält die gesuchte Neigung der in das Randbedingungsdiagramm einzutragenden Charakteristik [*16*].

In der Strömungsebene wird so gerechnet, als ob der Querschnitt F unmittelbar neben dem Schieber S liegen würde. Diese Linearisierung ist zulässig, wenn die Länge des Rohres groß gegen die Drosselstrecke ist. Der Schallzustand an der Behälteröffnung im Querschnitt F ist im Zeitpunkt Z_0, wenn der Schieber sich zu öffnen beginnt, noch durch Aa gegeben (Abb. 39b).

Die linkslaufende MACH-Linie a, die zur Zeit $Z = Z_1$ in der Mitte des Zeitraumes ΔZ_1 – Größe des ersten Rechenschrittes – am Behälter eintrifft, besitzt kurz vorher noch im Rohr den Zustand Aa und nimmt dann infolge des bereits begonnenen Ausströmvorganges an der Behältermündung den Zustand Ba an, der auf der Zustandscharakteristik a, untere Gl. (116), liegen muß und dessen Berechnung nachstehend angegeben werden soll.

Der Behälterinhalt habe im Zeitpunkt $Z = Z_1$ den Druck $P_0 = (P_0)_{Ba}$, die Schallgeschwindigkeit $a_0 = (a_0)_{Ba}$ und die Temperatur $T_0 = (T_0)_{Ba}$ angenommen. Der Schieber gebe in diesem Augenblick den Öffnungsquerschnitt $(f)_{Ba}$ frei. Um $(\alpha)_{Ba}$ angeben zu können, muß neben dem Querschnittsverhältnis $(f/F)_{Ba}$ auch das Druckverhältnis $(P/P_0)_{Ba}$ bekannt sein. Hierin ist aber $(P)_{Ba}$ der gesuchte Druck des ausströmenden Mediums im Querschnitt F und Zeitpunkt $Z = Z_1$. Man geht so vor, daß man zunächst $(P)_{Ba}$ schätzt; man entnimmt dann für $(P/P_0)_{Ba}$ und $(f/F)_{Ba}$ aus dem Diagramm der Abb. 39d ein vorläufig gültiges $(\alpha)_{Ba}$. Abb. 39d zeigt die Abhängigkeit der Durchflußzahl α von f/F und P/P_0, welche für die Rechnung gegeben sein muß. Mit dem aus der anschließenden Rechnung sich ergebenden Druck $(P)_{Ba}$ – sofern er nicht bereits mit dem eingangs geschätzten Druck übereinstimmt – kann dann ein verbessertes $(\alpha)_{Ba}$ gewählt werden, was dann wieder auf einen verbesserten und schließlich auf den richtigen Druck $(P)_{Ba}$ führt.

Die zu übertragende Zustandscharakteristik a schneidet die Ordinate des Randbedingungsdiagramms in dem Punkt $(P_1/P_0)_{Ba}^{(\varkappa-1)/2\varkappa}$. Ihre Neigung im Randbedingungsdiagramm ist durch den Entropiekennwert $e^{(s_1-s_0)/2c_p}$ gegeben, für den gilt (s. Abb. 39e):

$$e^{\frac{s_1-s_0}{2c_p}} = \frac{a_1}{a_{01}} = \left(\frac{T_1}{T_{01}}\right)^{\frac{1}{2}}.$$

a_{01} bzw. T_{01} sind die Schallgeschwindigkeit bzw. Temperatur des auf P_1 isentrop entspannten Behälterinhaltes und bleiben für die Dauer des Ausströmvorganges konstant. Beide Zustandsgrößen ergeben sich mit Hilfe der Gl. (24) aus:

$$a_{01} = a_0 \left(\frac{P_1}{P_0}\right)^{\frac{\varkappa-1}{2\varkappa}}, \qquad T_{01} = T_0 \left(\frac{P_1}{P_0}\right)^{\frac{\varkappa-1}{\varkappa}}. \tag{117}$$

Damit ist

$$e^{\frac{s_1-s_0}{2c_p}} = \frac{a_1}{a_0}\left(\frac{P_0}{P_1}\right)^{\frac{\varkappa-1}{2\varkappa}}. \tag{118}$$

Die Übertragung der Zustandscharakteristik a in das Randbedingungsdiagramm ist nun möglich. Sie schneidet im Randbedingungsdiagramm die Bedingungslinie $(\alpha)_{Ba}$ im Punkt $(Ba)_R$ (Abb. 39f). Aus dem zugehörigen Ordinatenwert

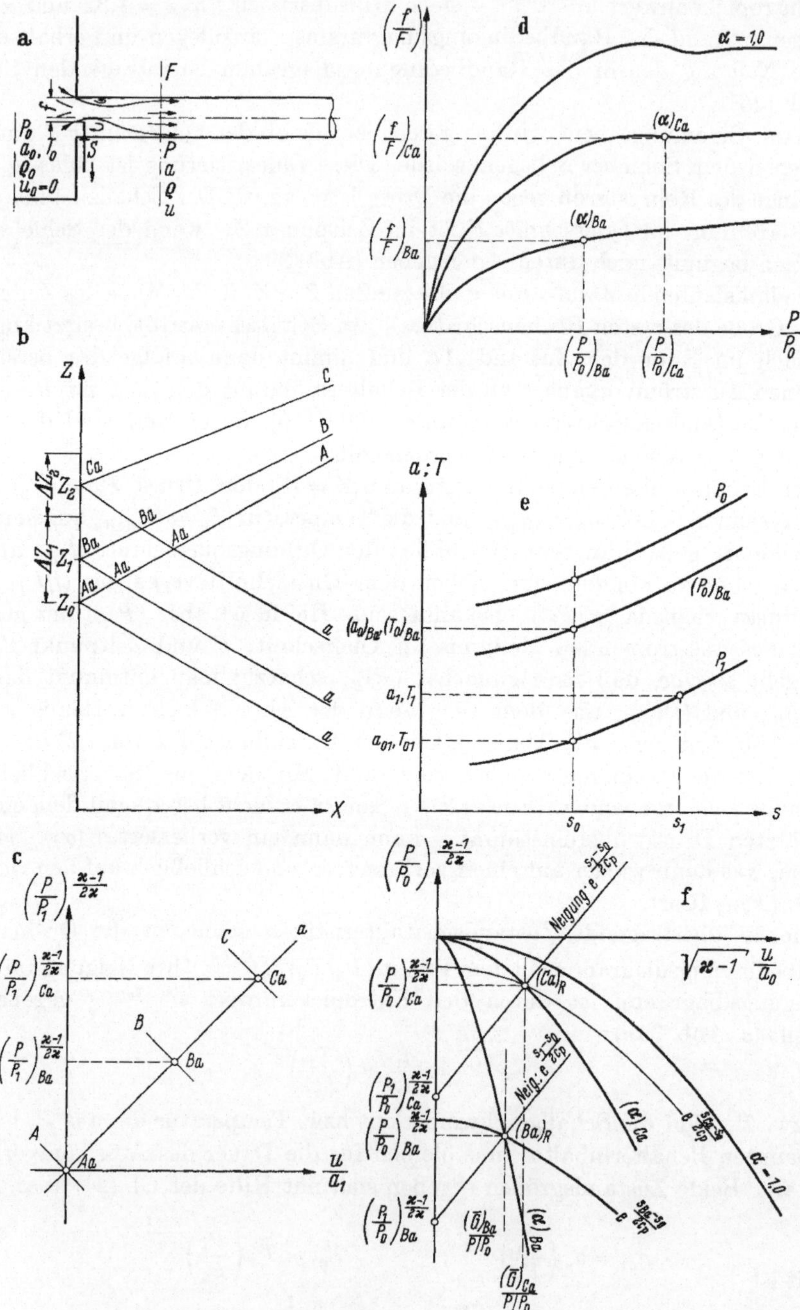

Abb. 39 a–f. Instationäres Ausströmen aus einem Behälter in ein angeschlossenes Rohr. (Gleiches Medium im Behälter und Rohr)

$(P/P_0)_{Ba}^{(\varkappa-1)/2\varkappa}$ wird der Ordinatenwert $(P/P_1)_{Ba}^{(\varkappa-1)/2\varkappa}$ des Zustandsdiagramms und damit die Lage des gesuchten Zustandspunktes Ba auf der Charakteristik a ermittelt (Abb. 39c):

$$\left(\frac{P}{P_0}\right)_{Ba}^{\frac{\varkappa-1}{2\varkappa}} \to \frac{P}{P_0}\,\frac{P_0}{P_1} = \left(\frac{P}{P_1}\right)_{Ba} \to \left(\frac{P}{P_1}\right)_{Ba}^{\frac{\varkappa-1}{2\varkappa}}.$$

Die Rechnung muß, wie bereits erwähnt, mit einem verbesserten $(\alpha)_{Ba}$ wiederholt werden, wenn sich der zur Bestimmung von $(\alpha)_{Ba}$ geschätzte Wert $(P)_{Ba}$ von dem errechneten unterscheidet. Damit ist der Kreis der Rechnung geschlossen.

Im Punkt $(Ba)_R$ schneidet die Entropielinie $e^{(s_{Ba}-s_0)/2c_p}$ die Bedingungslinie $(\alpha)_{Ba}$. Sie ist mit guter Näherung ein Maß für die Entropiezunahme des gerade durch die Drosselanordnung strömenden Mediums. Dieser Wert wird notiert und bei der rechnerischen Überprüfung der Bezugsschallgeschwindigkeit a_1 berücksichtigt. Obwohl a_1 als gültige Schallgeschwindigkeit für das gesamte Medium beim Druck P_1 benutzt wird, besitzt die Gasschicht, welche in dem betrachteten Zeitraum ΔZ_1 des ersten Rechenschrittes aus dem Behälter ausströmt, streng genommen die Schallgeschwindigkeit $(a_1)_{Ba}$ nach der Formel:

$$(a_1)_{Ba} = a_0 \left(\frac{P_1}{P_0}\right)^{\frac{\varkappa-1}{2\varkappa}} e^{\frac{s_{Ba}-s_0}{2c_p}}. \tag{119}$$

Der örtliche Mittelwert aus den Schallgeschwindigkeiten aller Einzelschichten, welche während des Entleerungsvorgangs ausströmen, muß also die eingangs eingeführte Bezugsschallgeschwindigkeit a_1, gültig für alle Gasschichten, ergeben:

$$a_1 = \frac{\Sigma\,[(a_1)_i (u/a_1)_i (P/P_1)_i^{1/\varkappa} \Delta Z_i]}{\Sigma\,[(u/a_1)_i (P/P_1)_i^{1/\varkappa} \Delta Z_i]}. \tag{120}$$

$(u/a_1)_i$ und $(P/P_1)_i^{1/\varkappa}$ sind durch die Zustandswerte auf dem Rand der Strömungsebene bekannt. [$(a_1)_{Ba}$ aus Gl. (119) lautet, in Gl. (120) eingesetzt: $(a_1)_1$.]

Aus $(\bar{G})_{Ba}/(P/P_0)$, der Mengenlinie, die durch $(Ba)_R$ hindurchgeht, kann der dimensionslose Gewichtsdurchsatz $(\bar{G})_{Ba}$ bestimmt werden, da $(P/P_0)_{Ba}$ bekannt ist.

Die Gewichtsmenge dG, die innerhalb eines Zeitdifferentials dt aus dem Behälter ausströmt, ist mit Gl. (110):

$$dG = \bar{G} g F \frac{\varkappa}{\sqrt{(\varkappa-1)/2}} \frac{P_0}{a_0} dt. \tag{121}$$

Die Gewichtsmenge ΔG, die innerhalb eines endlichen Kurbelwinkelbereiches

$$\Delta\varphi = 6 n \Delta t$$

(n = Motordrehzahl in U/min, Δt = Zeit in sek) aus dem Zylinder eines Verbrennungsmotors ausströmt, ergibt sich dann angenähert aus:

$$\Delta G = \bar{G} g F \frac{\varkappa}{\sqrt{(\varkappa-1)/2}} \frac{P_0}{a_0} \frac{1}{6n} \Delta\varphi. \tag{122}$$

Im zweiten Rechenschritt kommt eine MACH-Linie a zur Zeit $Z = Z_2$ an der Behälteröffnung an. Der Behälterdruck sei inzwischen auf $(P_0)_{Ca}$ abgefallen; die Schallgeschwindigkeit habe den Wert $(a_0)_{Ca}$ und die Temperatur den Wert $(T_0)_{Ca}$. Mit dem Druckverhältnis $(P/P_0)_{Ca}$ – das wieder geschätzt wird – und

$(f/F)_{Ca}$ ist auch $(\alpha)_{Ca}$ bekannt. Die Zustandscharakteristik a kann nun in das Randbedingungsdiagramm eingezeichnet und die Zustandspunkte $(Ca)_R$ und Ca können, wie oben beschrieben, ermittelt werden.

Die MACH-Linien a, die nur zur Erläuterung der Rechenmethode in der Zeit-Weg-Ebene der Abb. 39b mit angegeben sind, können bei der Rechnung weggelassen werden, da die einmal ermittelten Schallzustände der rechtslaufenden MACH-Linien durch die MACH-Linien a des ruhenden Mediums nicht beeinflußt werden.

In einem Rohr von endlicher Länge werden auch Störwellen nach links gegen die Behälteröffnung laufen. Die resultierenden Zustände an der Behälteröffnung,

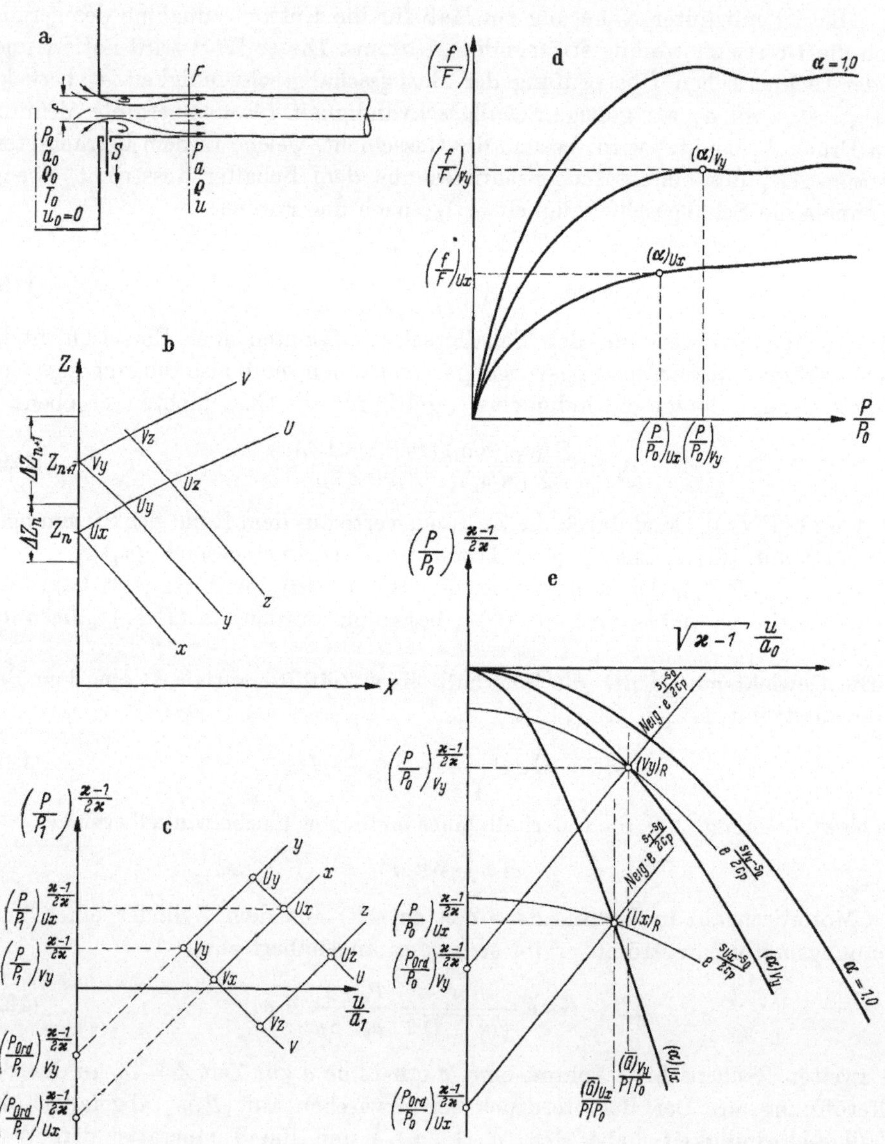

Abb. 40a–e. Instationäres Ausströmen aus einem Behälter gegen eine anlaufende Störung

aus der wiederum gasförmiges Medium mit $\varkappa = 1{,}32$ ausströmen soll, sind auch für diesen Fall durch die Schnittpunkte der Zustandscharakteristiken der linkslaufenden MACH-Linien mit den α-Linien des Randbedingungsdiagramms festgelegt. In Abb. 40 ist die Auffindung der Zustandspunkte an der Behältermündung für die MACH-Linien x und y einer zum Behälter laufenden Störung gezeigt.

b) Instationäres Ausströmen aus einem Behälter in ein angeschlossenes Rohr; das ausströmende Medium und das im Rohr befindliche seien von verschiedener Art

Strömungsvorgänge dieser Art liegen vor, wenn heißes Abgas aus dem Zylinder einer Verbrennungskraftmaschine in die angeschlossene Auspuffleitung strömt, in der sich noch Luft von atmosphärischem Zustand befindet (Anlaufvorgang), oder wenn nach Öffnen der Überströmschlitze eines kurbelkastengespülten Zweitaktmotors heißes Abgas in die Überströmkanäle zurückströmt und Frischgas in den Kurbelkasten zurückdrängt. In beiden Fällen kann die Berechnung so durchgeführt werden, wie sie im folgenden für eine Behälterströmung gemäß Abb. 41a beschrieben wird. Es wird vorausgesetzt, daß sich die Gase an ihren Rändern nicht mischen.

Das heiße Medium, das aus dem Behälter ausströmt, habe den $\varkappa$-Wert 1,32. Im Rohr befinde sich vor Beginn des Einströmens ruhendes, ungestörtes Medium mit $\bar{\varkappa} = 1{,}4$ vom Druck P_1. An der Trennungsschicht beider Medien bestehe ein großer Temperatursprung. Das Medium mit $\bar{\varkappa} = 1{,}4$ habe die Schallgeschwindigkeit a_1 und die sehr niedrige Temperatur T_1 beim Druck P_1. Die Mittelwerte der Schallgeschwindigkeit und Temperatur des auf P_1 entspannten heißen Mediums mit $\varkappa = 1{,}32$ seien im Rohr a_2 und T_2.

Der Mittelwert a_2 muß zunächst wieder geschätzt werden. Er ist bei einem Entleerungsvorgang durch Drosselung des ausströmenden Mediums etwas größer als die Schallgeschwindigkeit a_{01}, die sich nach Gl. (117) durch die isentrope Entspannung des Behälterinhaltes auf P_1 einstellen würde:

$$a_2 = a_0 \left(\frac{P_1}{P_0}\right)^{\frac{\varkappa-1}{2\varkappa}} e^{\frac{s_2-s_0}{2c_p}} > a_{01} = a_0 \left(\frac{P_1}{P_0}\right)^{\frac{\varkappa-1}{2\varkappa}}. \tag{123}$$

$e^{(s_2-s_0)/2c_p}$, die mittlere Entropiezunahme des ausgeströmten Mediums, ist abhängig von dem Zustand des Behälterinhaltes und der jeweiligen Drosselanordnung und kann daher von vornherein nicht allgemein angegeben werden. Die Gl. (119) und (120) bieten aber die Möglichkeit, den geschätzten Wert a_2 zu überprüfen und je nach der geforderten Genauigkeit der Rechnung zu verbessern.

Erstreckt sich der Entleerungsvorgang über einen längeren Zeitraum, so ist es sinnvoll, die ausströmende Gasmenge in mehrere größere Schichten, die sich wiederum aus Einzelschichten zusammensetzen, mit jeweils konstanter Schallgeschwindigkeit aufzuteilen. Man schätzt die Schallgeschwindigkeit a_2 der ersten ausgeströmten Gasschicht 2 voraus und rechnet so lange mit den Gl. (119) und (120), bis der örtliche Mittelwert der Rechnung gerade den geschätzten Wert a_2 und damit auch die Ausdehnung der Gasschicht 2 im Rohr ergibt. Für die nächstfolgenden Gasschichten 3, 4, ... geht man genauso vor. Nur für die letzte Gasschicht, die den Behälter verläßt, muß dann unter Umständen die Rechnung wiederholt werden, wenn die errechnete Schallgeschwindigkeit nicht mit der geschätzten übereinstimmt. Man erhält auf diese Weise eine anisentrope instationäre Gasströmung, die nicht auf zwei Gasschichten mit unterschiedlicher Entropie beschränkt bleibt, was jedoch den Rechnungsgang nicht komplizierter macht. Im folgenden seien jedoch nur zwei Schichten mit den Schallgeschwindigkeiten a_1 und a_2 beim Druck P_1 berücksichtigt.

Gegeben seien wieder die Zustandsgrößen des Behälterinhaltes in jedem Zeitpunkt des Entleerungsvorganges und die Durchflußzahl α in Abhängigkeit vom Druckverhältnis P/P_0 und Querschnittsverhältnis f/F.

Gesucht sind die Zustandsgrößen P, a, ϱ, u des ausströmenden Mediums im Querschnitt F des Rohres in jedem Zeitpunkt des Ausströmvorganges.

Das gemeinsame Zustandsdiagramm beider Medien mit der Ordinate $(P/P_1)^{(\bar{\varkappa}-1)/2\bar{\varkappa}}$ kann analog dem Abschn. III B 3b, Abb. 19; aufgestellt werden. Insbesondere sind die Neigungen der Charakteristiken des Mediums mit $\varkappa = 1{,}32$ durch Gl. (70) gegeben:

$$\tan\alpha^* = \mp \frac{\bar{\varkappa}-1}{2} \frac{\varkappa}{\bar{\varkappa}} \frac{1}{e^{(s_2-s_1)/2c_p}} \frac{m_p}{m_u}. \tag{70}$$

Die Neigung der Zustandscharakteristiken der linkslaufenden MACH-Linien des heißen Mediums im Randbedingungsdiagramm ist durch $\varkappa = 1{,}32$ und nach Gl. (118) durch den Entropiekennwert

$$e^{\frac{s_2-s_0}{2c_p}} = \frac{a_2}{a_0}\left(\frac{P_0}{P_1}\right)^{\frac{\varkappa-1}{2\varkappa}}$$

festgelegt.

Das Ausströmen des heißen Mediums beginnt nach Abb. 41b im Zeitpunkt Z_0. Die Bahn des ersten heißen Mediumteilchens, welches den Behälter verlassen hat, stellt die Trennlinie zwischen dem heißen und kalten Gas dar. Sie wird bei dem graphischen Rechnungsgang benötigt.

Bei $(Z_1)_{kalt}$ würde die linkslaufende MACH-Linie b die Behälteröffnung erreichen, wenn sie mit der Neigung *kalt* die Strömungsebene durchliefe (Abb. 41e). In Wirklichkeit hat sie jedoch kurz vor der Behälteröffnung die Neigung *heiß* angenommen. Sie wird also entsprechend ihrer jetzt flacheren Neigung die Behältermündung früher – im Zeitpunkt Z_1 – erreichen. $(Z_1)_{kalt}$ und Z_1 liegen am Anfang des Ausströmvorganges durch die noch sehr geringe Ausdehnung der heißen Mediumschicht nicht sehr weit auseinander. Ebenso weicht zu Beginn des Ausströmvorganges auch der Schallzustand $(Bb)_{kalt}$ nicht sehr von Bb ab, wenn man also annimmt, daß an Stelle des heißen Mediums kaltes Medium aus dem Behälter ausströme (Abb. 41f). Zunächst soll der Zustandspunkt $(Bb)_{kalt}$ berechnet werden. $(Bb)_{kalt}$ vermittelt einen ersten Anhalt über die Lage des gültigen Zustandspunktes Bb im Zustandsdiagramm.

In den Abb. 41e und 41f ist ausführlich gezeigt, wie man über den Zustandspunkt $(Bb)_{kalt}$ im Zeitpunkt $(Z_1)_{kalt}$ die Lage des Zustandspunktes Bb im Zeitpunkt Z_1 findet. Den Zustandspunkt $(Bb)_{kalt}$ erhält man auf gleichem Wege, wie im letzten Abschnitt gezeigt, durch Übertragung der Zustandscharakteristik b mit der Neigung *kalt* in das Randbedingungsdiagramm. Die Neigung wird durch den Hilfsabszissenwert $e^{(s_1-s_0)/2c_p} = (a_1/a_0)\,(P_0/P_1)^{(\bar{\varkappa}-1)/2\bar{\varkappa}}$ und $\bar{\varkappa} = 1{,}4$ festgelegt. Der Schnittpunkt mit der Bedingungslinie α_{kalt}, welche mit $(P/P_0)_{kalt}$ und $(f/F)_{kalt}$ gegeben ist, ist der Zustandspunkt $(Bb_{kalt})_R$ (Abb. 41g). Im Zustandsdiagramm liegt der Zustandspunkt $(Bb)_{kalt}$ auf der Charakteristik b, Neigung *kalt*.

Der angenäherte Verlauf der Lebenslinie des ersten Mediumteilchens wird mit Hilfe des Zustandspunktes $(Bb)_{kalt}$ in die Strömungsebene eingezeichnet, und

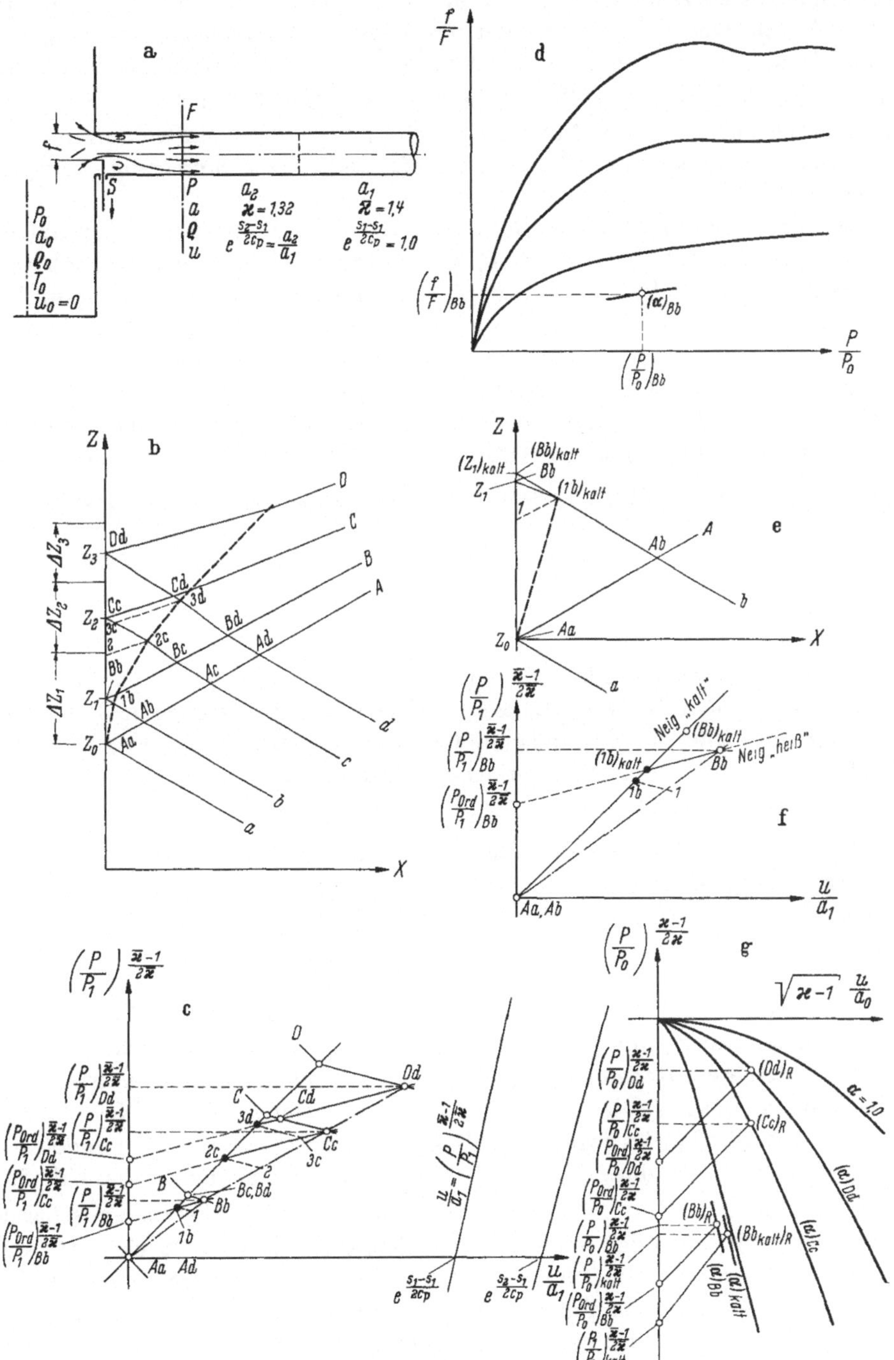

Abb. 41 a–g. Instationäres Ausströmen aus einem Behälter in ein angeschlossenes Rohr. (Verschiedenartige Medien im Behälter und Rohr)

zwar soll er zunächst nur bis zum Schnittpunkt $(1b)_{kalt}$ mit der MACH-Linie b angegeben werden (Abb. 41e). Dann trägt man die rechtslaufende Hilfs-MACH-Linie 1 mit geschätzter Neigung *heiß* ein, die durch den Punkt $(1b)_{kalt}$ geht und die Z-Achse in dem Punkt 1 schneidet. Die Lage des Zustandspunktes $(1b)_{kalt} \approx 1$ auf der Zustandscharakteristik b findet man durch Interpolation aus dem Streckenverhältnis $\overline{1(Bb)_{kalt}} : \overline{Aa(Bb)_{kalt}}$ der Z-Achse. Die Teilchenbahn bis $(1b)_{kalt}$ und die Richtung der Hilfs-MACH-Linie 1, Neigung *heiß*, können dann mit dem ermittelten Zustandspunkt $(1b)_{kalt}$ überprüft und, wenn notwendig, korrigiert werden.

Der gesuchte Zustandspunkt Bb an der Behältermündung liegt nun auf der Charakteristik b mit der Neigung *heiß*, die den Punkt $1b$ bzw. in erster Näherung den Punkt $(1b)_{kalt}$ mit der Zustandscharakteristik b, Neigung *kalt*, gemeinsam hat. Durch $(1b)_{kalt}$ wird also die Lage der Zustandscharakteristik b, Neigung *heiß*, im Zustandsdiagramm in erster Näherung bestimmt.

Um sie in das Randbedingungsdiagramm übertragen zu können, verlängert man die Charakteristik b mit der Neigung *heiß* über $(1b)_{kalt}$ hinaus und erhält als Schnittpunkt mit der Ordinate des Zustandsdiagramms den Punkt $(P_{Ord}/P_1)_{Bb}^{(\bar{\varkappa}-1)/2\bar{\varkappa}}$ (Abb. 41f). Diesen Punkt überträgt man in das Randbedingungsdiagramm

$$\left(\frac{P_{Ord}}{P_1}\right)_{Bb}^{\frac{\bar{\varkappa}-1}{2\bar{\varkappa}}} \to \frac{P_{Ord}}{P_1}\,\frac{P_1}{P_0} \to \left(\frac{P_{Ord}}{P_0}\right)_{Bb}^{\frac{\varkappa-1}{2\varkappa}}$$

und zieht durch ihn eine Gerade mit einer Neigung entsprechend dem Hilfsabszissenwert $e^{(s_2-s_0)/2c_p}$ und $\varkappa = 1{,}32$. $(P_0)_{Bb}$ ist der Behälterdruck im Zeitpunkt Z_1. (Im Zeitpunkt Z_1 erreicht die MACH-Linie b die Z-Achse, deren Neigung *heiß* mit guter Näherung mit Hilfe des Zustandspunktes $(Bb)_{kalt}$ bestimmt werden kann.) Der Schnittpunkt mit α_{Bb} ergibt den gesuchten Zustandspunkt $(Bb)_R$ im Randbedingungsdiagramm. Mit $(Bb)_R$ ist $(P/P_0)_{Bb}^{(\varkappa-1)/2\varkappa}$ bekannt, aus dem sich der Ordinatenwert $(P/P_1)_{Bb}^{(\bar{\varkappa}-1)/2\bar{\varkappa}}$ des Zustandspunktes Bb auf der Charakteristik b, Neigung *heiß*, ergibt (Abb. 41f):

$$\left(\frac{P}{P_0}\right)_{Bb}^{\frac{\varkappa-1}{2\varkappa}} \to \frac{P}{P_0}\,\frac{P_0}{P_1} \to \left(\frac{P}{P_1}\right)_{Bb}^{\frac{\bar{\varkappa}-1}{2\bar{\varkappa}}}.$$

Nun kann die Neigung der MACH-Linie b zwischen $(1b)_{kalt}$ und Bb überprüft werden, ebenso mit Z_1 nun $(P_0)_{Bb}$ und mit $(P/P_0)_{Bb}$ und $(f/F)_{Bb}$ auch α_{Bb}.

Um den Kreis der Rechnung zu schließen, hat man noch den Zustandspunkt $1b$ zu bestimmen. Die Lage des Punktes 1 der MACH-Linie 1 mit der Neigung *heiß* auf der Z-Achse ist bereits gegeben (Abb. 41e). Im Zustandsdiagramm findet man den Zustandspunkt 1 durch Interpolation auf der strichpunktierten Hilfslinie $\overline{Aa\,Bb}$, welche keine Zustandscharakteristik ist (Abb. 41f). Die Zustandscharakteristik der rechtslaufenden MACH-Linie 1, Neigung *heiß*, geht durch 1. Bei gültiger Rechnung müßte ihr Schnittpunkt mit der Zustandscharakteristik b (Zustandspunkt $1b$) mit dem Punkt $(1b)_{kalt}$ zusammenfallen. Wie in Abb. 41f zu sehen ist, ist dies nicht der Fall. Die Berechnung des Zustandspunktes Bb muß nochmals wiederholt werden. Sie baut jetzt auf dem Zustandspunkt $1b$ auf, durch den eine verbesserte Lage der Charakteristik b, Neigung *heiß*, gegeben ist.

Das richtige Ergebnis ist gefunden, wenn die Zustandscharakteristik 1, welche am Ende der Rechnung in die Zustandsebene eingetragen wird, durch $1b$ geht (Abb. 41c). Das Verfahren kann abgekürzt werden, wenn man die Lage des Zustandspunktes $1b$ vorausschätzt und auf diese Weise eine erste, in grober Näherung richtige Lage der Zustandscharakteristik b, Neigung *heiß*, erhält. Dieser Weg ist jedoch erst dann sinnvoll, nachdem man einige Erfahrung mit dem Verfahren erworben hat.

Je nach den vorhandenen Unterschieden in den Schallgeschwindigkeiten der einzelnen Gasschichten beim Druck P_1 und der geforderten Genauigkeit ist zu entscheiden, ob der einfache Rechnungsgang zur Bestimmung der ersten Zustandspunkte auf dem Rand der Strömungsebene ausreicht [man sich also mit der Festlegung von $(Bb)_{kalt}$ bzw. $(Cc)_{kalt}$ begnügt], oder ob eine ausführliche Berechnung durchgeführt werden muß.

Im dritten Rechenschritt (Zustandspunkt Dd) ist die Bahn des zuerst ausgeströmten Gasteilchens bereits so weit von der Z-Achse entfernt, daß der Zustandspunkt Cd, der auf den Zustandspunkt Cc der MACH-Linie C folgt, innerhalb des Gebietes des Mediums mit $\varkappa = 1{,}32$ genau ermittelt werden kann. Damit ist im Zustandsdiagramm sofort die gültige Lage der Zustandscharakteristik d, Neigung *heiß*, auf der Dd liegen muß, gegeben.

c) Instationäre Strömung durch eine Drosselstelle im Rohr

In diesem Abschnitt soll die Aufgabe gelöst werden, die Schallzustände einer instationären Gasströmung im Rohr sowohl vor als auch hinter einer Drosselstelle zu berechnen.

Es sei der Weg einer Druckwelle in einem Rohr verfolgt, die durch einen instationären Ausströmvorgang aus einem Behälter in ein angeschlossenes Rohr angeregt worden sei und nun über ungestörtes Medium (z.B. Abgas, $\varkappa = 1{,}32$) hinweglaufe. In größerem Abstand vom Behälter habe das Rohr einen Querschnittssprung. Der Übergangsquerschnitt soll durch einen Schieber stetig verändert werden können (Abb. 42a).

Bei Ankunft der Druckwelle an dem Schieber wird ein instationärer Durchflußvorgang durch die Drosselstelle eingeleitet. Ein Teil der von der Druckwelle herangetragenen Masse tritt durch die Drosselstelle hindurch und löst im engen Rohr eine nach rechts laufende Störung aus. Der restliche Teil staut sich vor dem Schieber auf. Seine Stauwirkung wird in Form einer zurücklaufenden Druckstörung auch auf das nachfolgende Medium übertragen.

Im Querschnitt F_v vor der Drosselstelle sind die Zustandsgrößen P_v, a_v, ϱ_v, u_v, P_{0v}, a_{0v} zu bestimmen. P_{0v} ist der isentrope Ruhedruck (Pitotdruck) des mit der Geschwindigkeit u_v strömenden Mediums im Querschnitt F_v. a_{0v} ist die zugehörige Schallgeschwindigkeit. Sie wird bei gegebenem Ruhedruck P_{0v} mit den Zustandsgrößen P_1 und a_1 des ruhenden, homogenen Mediums mit Hilfe der Gl. (24) berechnet:

$$a_{0v} = a_1 \left(\frac{P_{0v}}{P_1}\right)^{\frac{\varkappa-1}{2\varkappa}}. \tag{124}$$

Die gesuchten Zustandsgrößen des Querschnittes F_n nach der Drosselstelle sind P_n, a_n, ϱ_n, u_n. Die Querschnitte F_v und F_n liegen in der Strömungsebene wieder unmittelbar neben dem Schieber S.

Der Gewichtsdurchfluß durch die Drosselstelle ist mit Gl. (102) gegeben:

$$G = \alpha F_n g \sqrt{2 \varrho_{0v} P_{0v}} \sqrt{\frac{\varkappa}{\varkappa - 1} \left[\left(\frac{P_n}{P_{0v}}\right)^{\frac{2}{\varkappa}} - \left(\frac{P_n}{P_{0v}}\right)^{\frac{\varkappa+1}{\varkappa}} \right]}. \tag{125}$$

P_{0v} tritt hier an die Stelle des Behälterdruckes P_0 in Gl. (102). Die Durchflußzahl α erfaßt alle Verluste zwischen den Querschnitten F_v und F_n. Sie sei in Abhängigkeit von dem Druckverhältnis P_n/P_{0v} und dem Querschnittsverhältnis f/F_n gegeben; ebenso sei f/F_n als Funktion von Z bekannt.

Mit der Durchflußgleichung (125) und dem Energiesatz (75) können die Bedingungslinien $\alpha = \text{const}$ des Randbedingungsdiagramms in der gleichen Weise wie in Abschn. III C 3 bei der Betrachtung eines Ausströmvorganges aus einem Behälter berechnet werden. Das Randbedingungsdiagramm ist also ohne Änderung auch zur Berechnung einer instationären Strömung durch eine Drosselstelle im Rohr geeignet.

Das Durchströmen der Drosselstelle beginnt im Zeitpunkt Z_0, in dem die MACH-Linie A die Drosselstelle erreicht (Abb. 42b). Die MACH-Linie B besitzt bis kurz vor der Drosselstelle den Schallzustand Ba und nimmt dort im Zeitpunkt Z_1 den Zustand Bb an, der zunächst berechnet werden soll.

Zu seiner Bestimmung überträgt man die Zustandscharakteristik B in das Randbedingungsdiagramm. Der Behälterdruck P_0, der als Bezugsdruck bei der Berechnung des Ausströmvorganges verwendet wurde, wird durch den zu Bb gehörigen Ruhedruck $(P_{0v})_{Bb}$ ersetzt. Da jedoch seine Größe noch nicht bekannt ist, wird zunächst ein in erster Näherung gültiger Wert $(P'_{0v})_{Bb}$ angenommen. Mit Gl. (124) ist auch das zugehörige $(a'_{0v})_{Bb}$ gegeben. Somit kann jeder Punkt der Zustandscharakteristik in das Randbedingungsdiagramm übertragen werden.

Sehr einfach wird wieder das Verfahren, wenn man den Schnittpunkt $(P_{Ord}/P_1)_{Bb}^{(\varkappa-1)/2\varkappa}$ der Zustandscharakteristik B mit der Ordinate des Zustandsdiagramms in das Randbedingungsdiagramm überträgt (Abb. 42c und 42d). Die Neigung der Charakteristik im Randbedingungsdiagramm ist durch den Hilfsabszissenwert $e^{(s-s_{0v})/2c_p} = 1$ ($\varkappa = 1{,}32$) festgelegt, da die Zustandsänderungen auf der MACH-Linie B, einschließlich der Änderung bis zur Erreichung des Ruhedruckes $(P'_{0v})_{Bb}$, nur isentrop verlaufen können. Der vorläufig gültige Zustandspunkt $(Bb')_R$ muß der Schnittpunkt der Zustandscharakteristik B mit der Bedingungslinie $\alpha = 1$ sein, denn nur dann ist $(P'_{0v})_{Bb}$ der Ruhedruck zu Bb. Geht man nämlich auf der Bedingungslinie $\alpha = 1$ (Energieellipse) bis in den Koordinatenursprung zurück, so erhält man, wie es sein muß:

$$\left(\frac{P}{P'_{0v}}\right)^{\frac{\varkappa-1}{2\varkappa}} = \left(\frac{P'_{0v}}{P'_{0v}}\right)^{\frac{\varkappa-1}{2\varkappa}} = 1 \quad \text{für} \quad \frac{u}{a'_{0v}} = 0\,.$$

Die Überprüfung, ob der angenommene Ruhedruck $(P'_{0v})_{Bb}$ der richtige ist, erfolgt bei der Berechnung des Zustandspunktes $\mathfrak{Ba}$ im Querschnitt F_n nach dem Schieber, gültig im Zeitpunkt Z_1. Dabei wird die Aussage der Kontinuitätsbedingung zu Hilfe genommen.

Mit dem Zustandspunkt $(Bb')_R$ im Randbedingungsdiagramm liegt auch der Kennwert $\bar{G}'_v/(P_v/P'_{0v})$ vor. Das zugehörige Gewicht ergibt sich mit Hilfe der Gl. (110):

$$G'_v = F_v\, g \frac{\varkappa}{\sqrt{(\varkappa-1)/2}} \frac{P'_{0v}}{a'_{0v}} \bar{G}'_v\,.$$

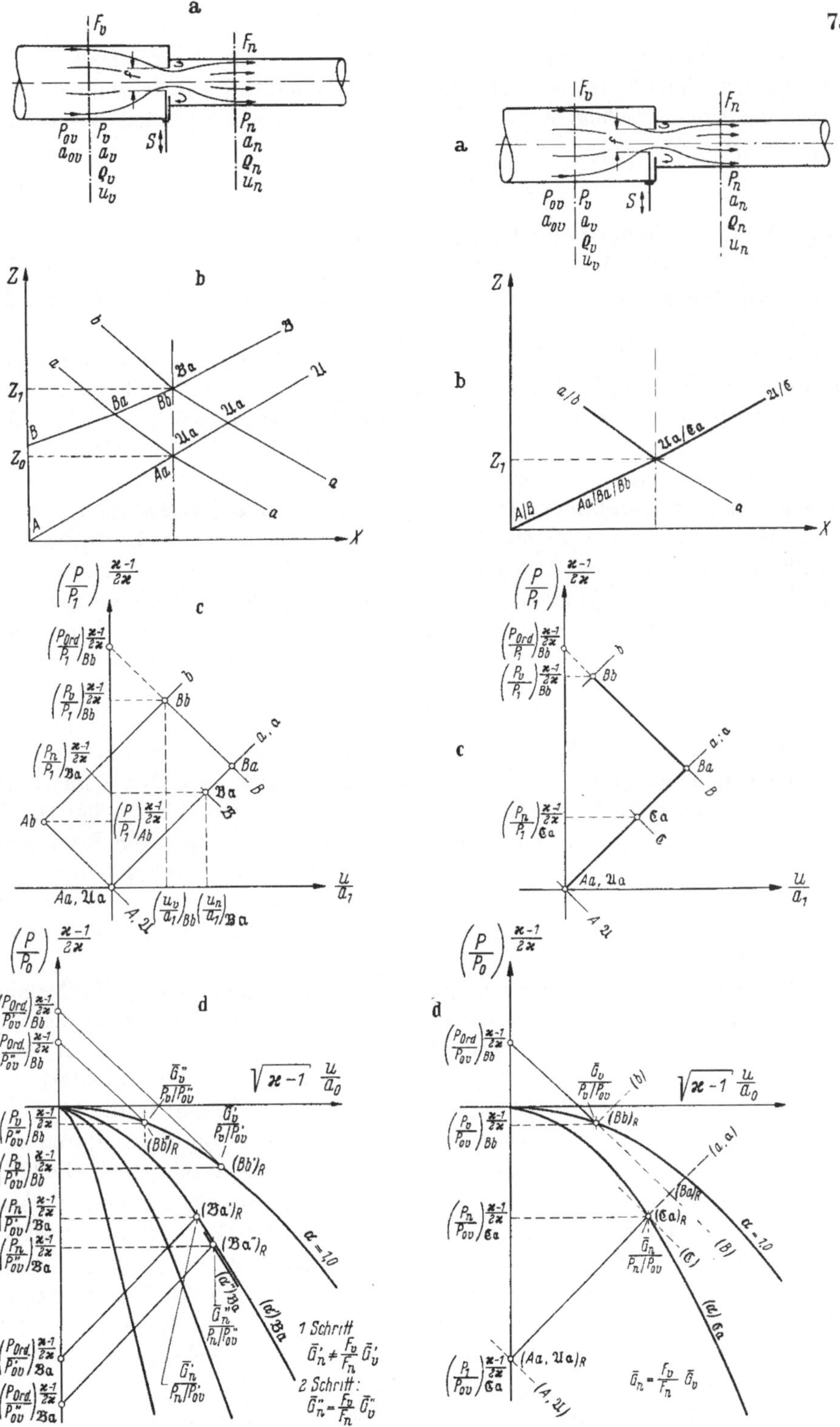

Abb. 42a–d. Instationäre Strömung durch eine Drosselstelle im Rohr

Abb. 43a–d. Durchgang eines Verdichtungsstoßes durch eine Drosselstelle

Die gleiche Menge muß auch durch den Querschnitt F_n hindurchgehen. Das dimensionslose Gewicht $\bar{G}'_n$, welches zum Zustandspunkt $(\mathfrak{B}\mathfrak{a}')_R$ des Querschnittes F_n nach der Drosselstelle gehört, muß demnach, wenn Kontinuität bestehen soll, die Größe

$$\bar{G}'_n = \frac{F_v}{F_n}\,\bar{G}'_v \tag{126}$$

haben. $(\mathfrak{B}\mathfrak{a}')_R$ und damit $\bar{G}'_n$ findet man auf folgendem Wege:

Der Schallzustand $\mathfrak{B}\mathfrak{a}$ der rechtslaufenden MACH-Linie $\mathfrak{B}$ im Querschnitt F_n, die im Zeitpunkt Z_1 hinter der Drosselstelle ihren Ausgang nimmt, liegt auf der Zustandscharakteristik $\mathfrak{a}$, da sich das Medium im engen Rohr vor Eintreffen der Störung ebenfalls in Ruhe befand (P_1, a_1, $u_1 = 0$). Die Zustandscharakteristik $\mathfrak{a}$ muß daher in das Randbedingungsdiagramm übertragen werden. Die Entropieschichtung infolge Drosselung wird vernachlässigt, so daß ihre Neigung durch den Hilfsabszissenwert $e^{(s-s_{0v})/2c_p} = 1$ ($\varkappa = 1{,}32$) gegeben ist. Ihr Schnittpunkt mit der Bedingungslinie $(\alpha')_{\mathfrak{B}\mathfrak{a}}$ ist der gesuchte Zustandspunkt $(\mathfrak{B}\mathfrak{a}')_R$. $(\alpha')_{\mathfrak{B}\mathfrak{a}}$ ist wieder mit dem zunächst geschätzten $(P_n/P'_{0v})_{\mathfrak{B}\mathfrak{a}}$ und dem Öffnungsverhältnis $(f'/F_n)_{\mathfrak{B}\mathfrak{a}}$, welches sich im Zeitpunkt Z_1 eingestellt hat, aus dem Ergebnis der stationären Durchflußmessung bekannt. Mit dem berechneten Zustandswert $(P_n/P'_{0v})_{\mathfrak{B}\mathfrak{a}}$ kann die Wahl der Durchflußzahl $(\alpha')_{\mathfrak{B}\mathfrak{a}}$ überprüft und gegebenenfalls verbessert werden.

Ist $\bar{G}'_n \neq (F_v/F_n)\,\bar{G}'_v$, wie es in Abb. 42d der Fall ist, so wurde der Ruhedruck $(P'_{0v})_{Bb}$ eingangs falsch angenommen. Mit einem neuen Wert $(P''_{0v})_{Bb}$ muß der Rechnungsgang wiederholt werden. Ist dann $\bar{G}''_n = (F_v/F_n)\,\bar{G}''_v$, so gibt der Zustandspunkt $(\mathfrak{B}\mathfrak{a}'')_R$ bzw. $\mathfrak{B}\mathfrak{a}''$ im Zustandsdiagramm den zum Querschnitt F_n gehörenden, im Zeitpunkt Z_1 gültigen Schallzustand $\mathfrak{B}\mathfrak{a}$ an. Für den Querschnitt F_v gelten entsprechend die Zustandspunkte $(Bb'')_R$ bzw. Bb. Mit dem Druck $(P/P_1)_{Ab}$ liegt der erste Wert der reflektierten, ins Rohr zurücklaufenden Druckwelle vor. $(P_n/P_1)_{\mathfrak{B}\mathfrak{a}}$ ist die erste Druckkomponente der im engen Rohr nach rechts laufenden Störung. Wegen des isentropen Zusammenhangs können alle übrigen Zustandsgrößen der Strömung in den Querschnitten F_v und F_n aus den Ordinaten- und Abszissenwerten der Zustandspunkte im Zustandsdiagramm berechnet werden.

Nach der gleichen Regel können auch die Zustandspunkte der nachfolgenden MACH-Linien an der Drosselstelle bestimmt werden. Ebenso gültig bleibt das Verfahren bei entsprechender Umstellung der Indizes, wenn das Medium von rechts nach links durch die Drosselstelle strömt. In Abschn. C 4e wird erläutert, wie dieses Rechenverfahren für den Sonderfall $\alpha = \text{const}$ vereinfacht werden kann.

Der Durchgang eines Verdichtungsstoßes mit kleiner Amplitude durch eine Drosselstelle im Rohr kann ebenfalls mit Hilfe der quasistationären Methode im Randbedingungsdiagramm berechnet werden, obwohl streng genommen die Voraussetzungen nicht mehr erfüllt sind, die eine quasistationäre Betrachtungsweise rechtfertigen. Die Berechnung des Durchgangs eines Verdichtungsstoßes durch eine Blende im Innern eines Auspuffrohres in Kap. IV D nach dieser Methode zeigt jedoch, daß eine recht gute Übereinstimmung mit dem gemessenen Stoßverlauf erzielt wurde (Abb. 90). Zur Aufklärung des wirklichen physikalischen Vorganges ist sie jedoch nicht geeignet.

Abb. 43 zeigt die Berechnung der Reflexion eines Stoßes an einem Querschnittssprung im Rohr. Der Stoß soll von links nach rechts über ruhendes Medium hinweglaufen. Zur klareren Darstellung der Zusammenhänge wurde das Charakteristikennetz des Zustandsdiagramms in das Randbedingungsdiagramm übertragen. Man geht genau so vor, wie bei der Berechnung des Durchganges einer Druckwelle mit endlichem Anstieg durch eine Drosselstelle und rechnet so, als ob Fußpunkt (MACH-Linie A) und Kopf des Stoßes (MACH-Linie B) in einem endlichen Zeitintervall aufeinanderfolgen würden. Als Ergebnis erhält man: Die Stoßpolare $\overline{Aa\ Ba}$ bestimmt die Größe des an der Blende ankommenden Stoßes. $\overline{Ba\,Bb}$ legt die Größe des ins Rohr zurücklaufenden Stoßes fest, der im Augenblick der Reflexion noch auf dem vorlaufenden aufsitzt. 𝔄𝔞 und ℭ𝔞 sind Fuß und Kopf des im engen Rohr nach der Blende weiterlaufenden Stoßes.

Nach diesen Ausführungen bedeutet es keine Schwierigkeit, die Übergangsbedingungen an blendenartigen Drosseln in Auspuffrohren im Randbedingungsdiagramm aufzufinden und die instationäre Gasströmung in solchen Rohren zu berechnen.

Denkt man sich die Drosselstelle in Abb. 42 durch zwei Pilzventile ersetzt, an die jeweils ein Rohr angeschlossen sein möge, so stellen die skizzierten Drosselstellen in Abb. 44a den Einlaß und Auslaß am Zylinderkopf eines ventilgesteuerten Verbrennungsmotors dar. Daraus ist leicht abzuleiten, daß auch der instationäre Gaswechsel eines Viertaktmotors einschließlich seiner dynamischen Rückwirkung auf den Zustandsverlauf des Zylinderinhaltes berechnet werden kann.

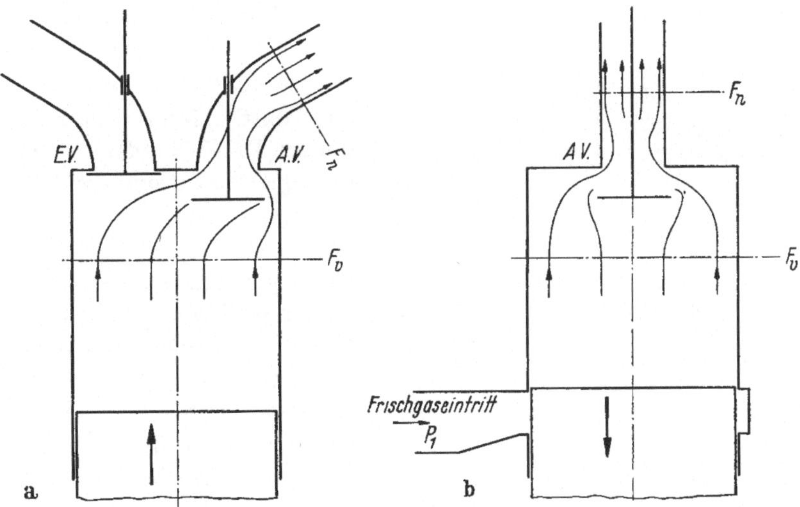

Abb. 44a u. b. Instationäre Gasbewegung in den Zylindern der Verbrennungsmotoren
a) Viertaktmotor, b) Zweitaktmotor

Die *Massenwirkung* des Zylinderinhaltes eines Zweitaktmotors während des Auspuffvorganges spielt bei der Erzielung eines tiefen Unterdruckes in dem Zylinder zur Einleitung einer selbsttätigen Spülung eine wichtige Rolle (KADENACY-Effekt [*31*]). Auch dieser Vorgang kann für den in Abb. 44b skizzierten Motortyp in seiner ersten, wichtigsten Phase bis zum Öffnen der Spülschlitze durch den abwärtsgehenden Kolben gasdynamisch, wie oben beschrieben, berechnet werden. Nach Einsetzen der Spülung wird der annähernd eindimensionale Verlauf der Zylinderströmung durch die einsetzende Querströmung gestört, so daß der Zustandsverlauf des Zylinderinhaltes nur noch qualitativ richtig durch die Annahme einer Verdünnungsspülung, bei der an jedem Punkt im Zylinderinnern der gleiche Zustand herrscht, angegeben werden kann (s. a. Kap. IV D).

d) Instationäres Einströmen durch eine Drosselstelle in einen Behälter

Die Aufgabe wird ähnlich wie im letzten Abschnitt behandelt. In einem Behälter, an dessen Schieberöffnung ein Rohr angeschlossen sei, möge der Druck so tief gesunken sein, daß durch eine aus der Tiefe des Rohres an der Behältermündung ankommende Druckwelle Medium durch den zeitlich veränderlichen Schieberquerschnitt f in den Behälter transportiert werde (Abb. 45).

Die gesuchten Zustandsgrößen im Querschnitt F_v sind wieder P_v, a_v, ϱ_v, u_v, P_{0v} und a_{0v}. Der eintretende Strahl ziehe sich infolge der blendenartigen Schieberöffnung auf den engsten Strahlquerschnitt $\hat{f}$ hinter dem Schieber zusammen. Die Zustandswerte im engsten Strahlquerschnitt sind ebenfalls gesucht und lauten $\hat{P}$, $\hat{a}$, $\hat{\varrho}$, $\hat{u}$.

Es soll die Annahme gelten, daß die Zustandsänderung des Mediums bis zum engsten Strahlquerschnitt isentrop verlaufe ($\alpha = 1$) und die Geschwindigkeitsenergie des eintretenden Strahles verwirbele. Die Kontraktionszahl $\mu = \hat{f}/f$ kann dann sehr einfach aus einer Durchflußmessung am Modell in Abhängigkeit vom Druckverhältnis $\hat{P}/P_{0v}$ und Öffnungsverhältnis f/F_v bestimmt werden. Im unterkritischen Bereich der Strömung ($\hat{u} < \hat{a}$) ist der Druck $\hat{P}$ im engsten Strahlquerschnitt gleich dem Behälterdruck P_0, der als gegeben vorausgesetzt wird. Dieser Bereich interessiert bei den Anwendungsbeispielen in

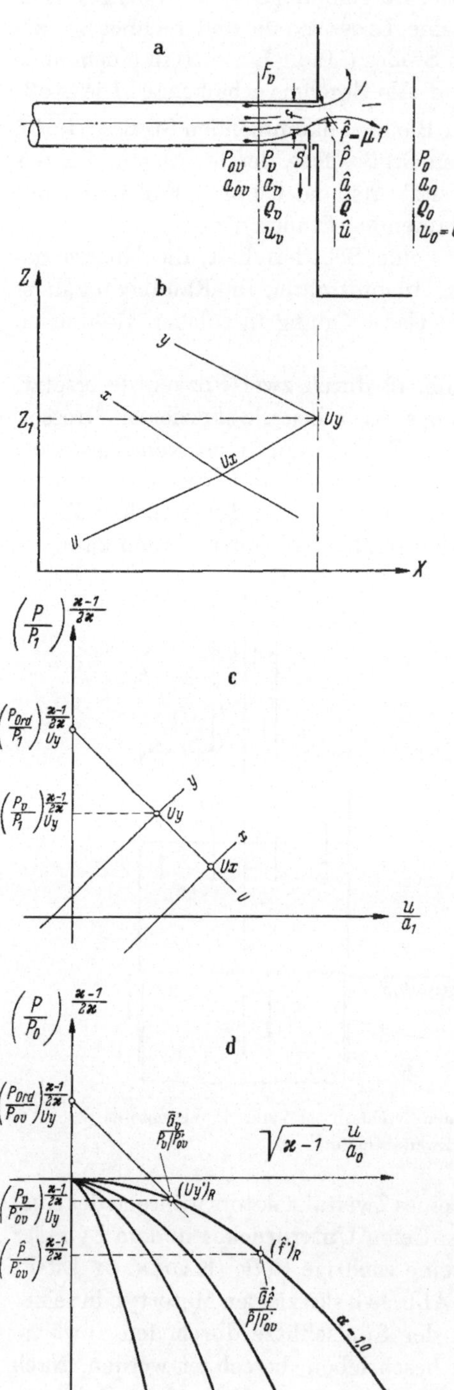

Abb. 45 a–d. Instationäres Einströmen in einen Behälter

Kap. IV ausschließlich. Im Schallgebiet ($\hat{u} = \hat{a}$) ist zu beachten, daß das Druckverhältnis $\hat{P}/P_{0v} = [2/(\varkappa + 1)]^{\varkappa/(\varkappa-1)}$ konstant bleibt. Die Störungen, die in den Behälter hineinlaufen, sollen vernachlässigt werden.

Der Lösungsweg ist folgender: Die MACH-Linie U der rechtslaufenden Störung erreicht zur Zeit $Z = Z_1$ die Behältermündung und leitet einen Einströmvorgang ein (Abb. 45b). Sie wird dort von der linkslaufenden MACH-Linie y gekreuzt. Ihr gemeinsamer Schallzustand ist Uy. Zu seiner Ermittlung wählt man zunächst wieder einen vorläufig gültigen Ruhedruck P'_{0v} als Bezugsdruck und überträgt die Zustandscharakteristik U in das Randbedingungsdiagramm. Die Neigung der Zustandscharakteristik ist durch den Hilfsabszissenwert $e^{(s-s_{0v})2C_p} = 1$ bestimmt. Ihr Schnittpunkt mit der Bedingungslinie $\alpha = 1$ ist der Zustandspunkt $(Uy')_R$ (Abb 45d). Nun verläuft laut Voraussetzung die Zustandsänderung des eintretenden Mediums isentropisch. Der Schallzustand des Mediums im Strahlquerschnitt $\hat{f}' = \mu f'$ muß also ebenfalls auf der Bedingungslinie $\alpha = 1$ liegen. f' ist der freie Schieberquerschnitt im Zeitpunkt $Z = Z_1$. Da der Behälterdruck P_0 und damit auch bei unterkritischer Strömung der Druck $\hat{P}$ bekannt ist, ist sofort der Ordinatenwert $(\hat{P}/P'_{0v})^{(\varkappa-1)/2\varkappa}$ des Randbedingungsdiagramms und damit der Zustandspunkt $(\hat{f}')_R$ im Randbedingungsdiagramm festgelegt (Abb. 45d).

Die Überprüfung der Rechnung geschieht wieder mit Hilfe der Kontiniutätsbedingung. Ist die Bedingung

$$\bar{G}'_{\hat{f}} = \frac{F_v}{\mu f'} \bar{G}'_v$$

erfüllt, so ist $(Uy')_R$ bzw. Uy' der im Zeitpunkt Z_1 im Querschnitt F_v vor der Mündung gültige Schallzustand Uy. Im anderen Fall muß die Rechnung mit einem neugewählten Ruhedruck P''_{0v} wiederholt werden.

e) Vereinfachter Rechnungsgang zur Lösung der Aufgabenstellung in den Abschnitten 4c und 4d

Der Rechnungsgang sei zunächst für das instationäre Einströmen in einen Behälter entwickelt (Abschnitt 4d). Die Zustandspunkte an der Behältermündung können schneller gefunden werden, wenn man den allgemeingültigen graphischen Rechnungsgang in Abb. 45 analytisch erfaßt. Jedoch muß man dann auf $\varkappa$ als Veränderliche verzichten, denn die aufgestellten Gleichungen können nur für das jeweils gültige $\varkappa$ ausgewertet werden. Das Ergebnis der Auswertung wurde in ein Diagramm mit der Abszisse P_{Ord}/P_{0v} und den Ordinaten P_v/P_{0v} und $\bar{G}_v$ bzw. $\hat{P}/P_{0v}$ und $\bar{G}_{\hat{f}}$ eingetragen. (s. Abb. 46a und 46b).

Die Gleichung der Zustandscharakteristiken der rechtslaufenden MACH-Linien im Randbedingungsdiagramm kann auch wie folgt geschrieben werden [vgl. Gl. (116)]:

$$\sqrt{\varkappa - 1}\,\frac{u}{a_0} = \frac{2}{\sqrt{\varkappa - 1}}\left[\left(\frac{P_{Ord}}{P_0}\right)^{\frac{\varkappa-1}{2\varkappa}} - \left(\frac{P}{P_0}\right)^{\frac{\varkappa-1}{2\varkappa}}\right]. \tag{127}$$

Die Bedingungslinie $\alpha = 1$ ist mit Gl. (106) festgelegt:

$$\sqrt{\varkappa - 1}\,\frac{u}{a_0} = -\frac{(P/P_0)^{(\varkappa-1)/\varkappa}}{\sqrt{2[1-(P/P_0)^{(\varkappa-1)/\varkappa}]}} + \sqrt{\frac{(P/P_0)^{2(\varkappa-1)/\varkappa}}{2[1-(P/P_0)^{(\varkappa-1)/\varkappa}]} + 2}\,. \tag{128}$$

Setzt man beide Gleichungen einander gleich, so erhält man alle Schnittpunkte der Energie-Ellipse ($\alpha = 1$) mit den Zustandscharakteristiken der rechtslaufenden

MACH-Linien und damit alle Schallzustände, die sich im Querschnitt F_v vor der Behältermündung einstellen können; insbesondere kann aus der nachstehenden Gleichung die Abhängigkeit des gesuchten Druckverhältnisses P_v/P_{0v} von P_{Ord}/P_{0v} bestimmt werden:

$$\left.\begin{aligned}\left(\frac{P_{Ord}}{P_{0v}}\right)^{\frac{\varkappa-1}{2\varkappa}} &= \left(\frac{P_v}{P_{0v}}\right)^{\frac{\varkappa-1}{2\varkappa}} + \\ &+ \frac{\sqrt{\varkappa-1}}{2}\left\{\sqrt{\frac{(P_v/P_{0v})^{2(\varkappa-1)/\varkappa}}{2\left[1-(P_v/P_{0v})^{(\varkappa-1)/\varkappa}\right]}+2} - \frac{(P_v/P_{0v})^{(\varkappa-1)/\varkappa}}{\sqrt{2\left[1-(P_v/P_{0v})^{(\varkappa-1)/\varkappa}\right]}}\right\}.\end{aligned}\right\} \quad (129)$$

In den Abb. 46a und 46b ist Gl. (129) für $\varkappa = 1{,}32$ und $\bar{\varkappa} = 1{,}4$ ausgewertet. Die Diagramme wurden bei der Berechnung der Anwendungsbeispiele in den Kap. IV C

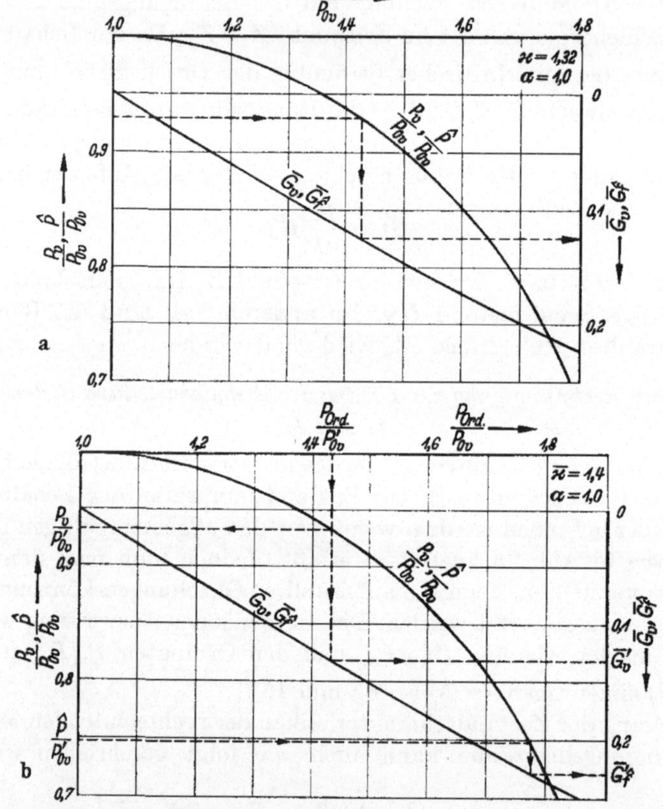

Abb. 46a u. b. Diagramme zur Berechnung instationärer Einströmvorgänge in einen Behälter (vgl. Abb. 45)

und IV D verwendet. Aus den Diagrammen kann zu jedem vorgegebenen P_{Ord}/P_{0v} das zugehörige Druckverhältnis P_v/P_{0v} gefunden werden. Das dimensionslose Gewicht $\bar{G}_v$, welches zu P_v/P_{0v} und damit zu P_{Ord}/P_{0v} gehört, wird aus Gl. (111) bestimmt:

$$\bar{G}_v = \sqrt{\left(\frac{P_v}{P_{0v}}\right)^{\frac{2}{\varkappa}} - \left(\frac{P_v}{P_{0v}}\right)^{\frac{\varkappa+1}{\varkappa}}}. \quad (130)$$

Die Zuordnung $\bar{G}_v$ zu P_v/P_{0v} ist in Abb. 46a angegeben (Erläuterung für $\hat{P}/P_{0v}$ und $\bar{G}_{\hat{f}}$ s. weiter unten).

Die Lösung der gestellten Aufgabe ist jetzt sehr einfach (s. Abb. 46b). Zu einem gegebenen Druck P_{Ord} aus dem Zustandsdiagramm wählt man einen Ruhedruck P'_{0v}. Zu P_{Ord}/P'_{0v} gehören ein bestimmtes Druckverhältnis P_v/P'_{0v} und dimensionsloses Gewicht $\bar{G}'_v$. Ist P_v/P'_{0v} der gültige Wert, so muß zu dem Druckverhältnis $\hat{P}/P'_{0v} = P_0/P'_{0v}$, dessen Verlauf über P_{Ord}/P_{0v} sich wegen der isentropen Zustandsänderung zwischen den Querschnitten F_v und $\hat{f}$ mit dem von P_v/P_{0v} decken muß, das dimensionslose Gewicht $\bar{G}'_{\hat{f}} = (F_v/\mu f')\,\bar{G}'_v$ gehören (s. Abb. 46b). Die Kurve $\bar{G}_{\hat{f}}$ stimmt ebenfalls mit der von $\bar{G}_v$ überein. Ist die Kontinuität nicht erfüllt, so muß ein neuer Gesamtdruck P''_{0v} gewählt werden, für den der Rechnungsgang in der gleichen Weise wiederholt wird. Mit dem schließlich gefundenen gültigen Wert P_v/P_{0v} ist auch die Lage des zugehörigen Zustandspunktes in dem Zustandsdiagramm gegeben (s. Abb. 45).

Die Diagramme der Abb. 46a und 46b gelten in der gleichen Form, wenn das Einströmen in den Behälter von rechts nach links erfolgen würde, der Behälter sich also am linken Rohrende befände.

Auch der allgemeine graphische Rechnungsgang zur Bestimmung der Schallzustände vor und hinter einer Drosselstelle im Rohr, wie er in Abschn. 4c (Abb. 42) beschrieben wurde, kann in der gleichen Weise vereinfacht werden. Dieser Weg ist allerdings nur dann sinnvoll, wenn man für die Dauer des Drosselvorganges ein konstantes α annehmen kann, was bei kleinen Störungen im Rohr und konstantem Querschnittsverhältnis f/F_n ohne weiteres zulässig ist (vgl. Kap. IV D).

Den folgenden Ausführungen liegt die Drosselströmung der Abb. 42 zugrunde, jedoch soll das Querschnittsverhältnis f/F_n konstant sein.

Zur Bestimmung des Druckverhältnisses P_v/P_{0v} und des dimensionslosen Gewichtes $\bar{G}_v$ im Querschnitt F_v vor der Drosselstelle werden wieder die Gl. (129) und (130) herangezogen, so daß das Diagramm, wie es in den Abb. 46a und 46b dargestellt ist, für diesen Teil der Rechnung seine Gültigkeit behält.

In einem zweiten Diagramm werden das zugehörige Druckverhältnis P_n/P_{0v} und das dimensionslose Gewicht $\bar{G}_n$ im Querschnitt F_n für $\alpha = \text{const}$ bestimmt, jetzt aber in Abhängigkeit von dem Druckverhältnis $(P_{Ord}/P_{0v})_n$. $(P_{Ord}/P_{0v})_n^{(\varkappa-1)/2\varkappa}$ ist der Schnittpunkt der Zustandscharakteristik einer linkslaufenden MACH-Linie im Rohr nach der Drosselstelle mit der Ordinate des Randbedingungsdiagramms [vgl. $(P_{Ord}/P_{0v})_{\mathfrak{B}a}^{(\varkappa-1)/2\varkappa}$ in Abb. 42].

Die Gleichung, welche den Zusammenhang der Druckverhältnisse P_n/P_{0v} und $(P_{Ord}/P_{0v})_n$ angibt, lautet:

$$\left.\begin{aligned} \left(\frac{P_{Ord}}{P_{0v}}\right)_n^{\frac{\varkappa-1}{2\varkappa}} &= \left(\frac{P_n}{P_{0v}}\right)^{\frac{\varkappa-1}{2\varkappa}} + \\ &+ \frac{\sqrt{\varkappa-1}}{2}\left\{\frac{(P_n/P_{0v})^{(\varkappa-1)/\varkappa}}{\alpha\sqrt{2\left[1-(P_n/P_{0v})^{(\varkappa-1)/\varkappa}\right]}} - \sqrt{\frac{(P_n/P_{0v})^{2(\varkappa-1)/\varkappa}}{2\alpha^2\left[1-(P_n/P_{0v})^{(\varkappa-1)/\varkappa}\right]}+2}\right\}. \end{aligned}\right\} \tag{131}$$

$\bar{G}_n$ ergibt sich aus der Gl. (111):

$$\bar{G}_n = \alpha \sqrt{\left(\frac{P_n}{P_{0v}}\right)^{\frac{2}{\varkappa}} - \left(\frac{P_n}{P_{0v}}\right)^{\frac{\varkappa+1}{\varkappa}}}\,. \tag{132}$$

Die Zustandswerte vor und hinter der Drosselstelle sind dann richtig bestimmt, wenn die ermittelten Werte für $\bar{G}_n$ und $\bar{G}_v$ der Bedingung genügen:

$$\bar{G}_n = \frac{F_v}{F_n}\,\bar{G}_v\,. \tag{126}$$

Für die Anwendung ist es nützlich, die Gl. (126) und (129) bis (132) in einem gemeinsamen Arbeitsdiagramm darzustellen, wie es in Abb. 47 geschehen ist. Die Gleichungen wurden für $\varkappa = 1{,}32$, $\alpha = 0{,}177$ und $F_v/F_n = 2{,}56$ ausgewertet.

Die rechte Hälfte des Diagramms enthält die Größen P_v/P_{0v} und $\bar{G}_v$ in Abhängigkeit von $(P_{Ord}/P_{0v})_v$ zur Bestimmung des Schallzustandes vor der Drosselstelle. Außerdem ist die Kurve $(F_v/F_n)\,\bar{G}_v$ aufgenommen, so daß sofort festgestellt

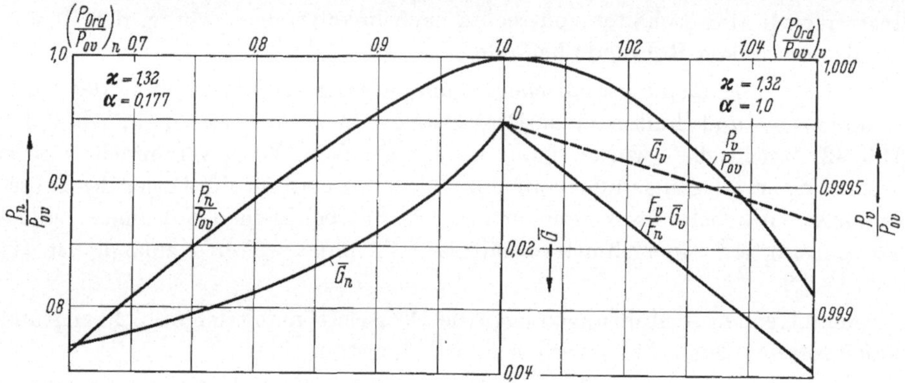

Abb. 47. Diagramm zur Berechnung instationärer Strömungsvorgänge durch eine Drosselstelle im Rohr (vgl. Abb. 42)

werden kann, welcher Betrag von $\bar{G}_n = (F_v/F_n)\,\bar{G}_v$ zu dem jeweils ermittelten $\bar{G}_v$ gehören muß. In der linken Hälfte sind die Kurven P_n/P_{0v} und $\bar{G}_n$ unter $(P_{0v}/P_{Ord})_n$ zur Ermittlung des Schallzustandes nach der Drosselstelle eingetragen.

Das Diagramm der Abb. 47 wurde in dem Anwendungsbeispiel des Kap. IV D zur Berechnung der instationären Gasströmung durch eine Blende im Auspuffrohr des untersuchten Zweitaktmotors verwendet.

f) Instationäres Ausströmen aus einem Rohr durch eine Blende oder Düse in die Atmosphäre

Dieser instationäre Strömungsvorgang, der z.B. durch die Reflexion einer Druckwelle an einer Blende oder Düse am Rohrende ausgelöst werden kann (Abb. 48a), wird in der gleichen Weise wie das instationäre Einströmen in einen Behälter berechnet (s. Abschn. 4d und 4e). Besonders einfach ist die Berechnung, wenn wieder eines der Diagramme in Abb. 46 benutzt wird (s. a. Abb. 48b). Die Atmosphäre ist hier als unendlich großer Behälter aufzufassen.

Der Druck $\hat{P}$ im engsten Strahlquerschnitt wird bei unterkritischem Ausströmen dem Atmosphärendruck P_0 gleichgesetzt. Strömt das Gas mit Schallgeschwindigkeit aus, so bleibt das Druckverhältnis $\hat{P}/P_{0v} = [2/(\varkappa + 1)]^{\varkappa/(\varkappa-1)}$ konstant. Der engste Strahlquerschnitt $\hat{f}_D$ der Düsenströmung fällt mit dem Öffnungsquerschnitt f_D der Düse zusammen. Der engste Strahlquerschnitt $\hat{f}_B$ der Blendenströmung kann sowohl experimentell bestimmt als auch näherungsweise berechnet werden

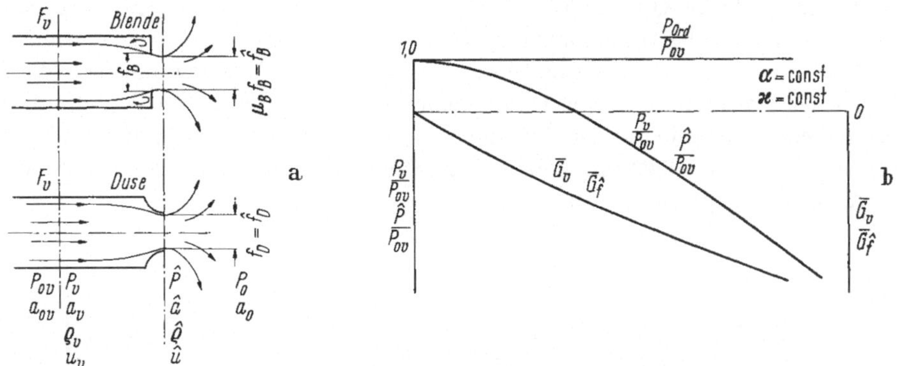

Abb. 48 a u. b. Berechnung der Reflexion einer Druckwelle an einer Blende und Düse

(Näheres zur Berechnung s. Abschn. 7a in Kap. IV D und [*37*]). Im unterkritischen Gebiet wird $\hat{f}_B$ mit Hilfe der Kontraktionszahl μ_B bestimmt ($\hat{f}_B = \mu_B f_B$). Im Schallgebiet tritt an die Stelle von μ_B die Ausflußzahl β. In erster Näherung gültige Werte für μ_B und β können aus Abb. 77 entnommen werden (das Druckverhältnis $\hat{P}/P_{0z}$ der Abszisse entspricht dem hier gegebenen Druckverhältnis $\hat{P}/P_{0v}$). Die dort eingetragenen Werte wurden für den Ausfluß aus einem Behälter durch eine Blende ermittelt. Sie enthalten nicht den Einfluß der endlichen Zuströmgeschwindigkeit zur Blende auf die Kontraktionszahl μ_B, wie er bei der hier betrachteten Rohrströmung vorliegt (vgl. [*37*]).

g) Instationäres Einströmen aus der Atmosphäre durch eine Blende oder Düse in ein Rohr

Die Berechnung dieses Einströmvorganges (Abb. 49a) – Reflexion einer Saugwelle an einer Blende oder Düse am Rohrende – folgt analog der, wie sie bereits

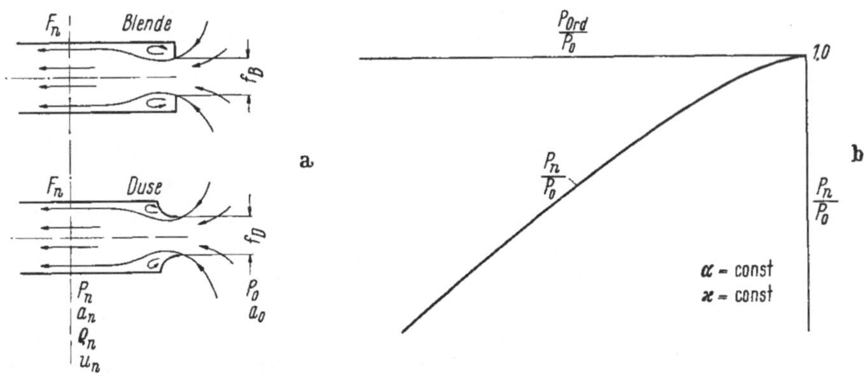

Abb. 49 a u. b. Berechnung der Reflexion einer Saugwelle an einer Blende und Düse

in den Abschnitten 4a und 4b dieses Kapitels für das instationäre Ausströmen aus einem Behälter beschrieben wurde. Befindet sich Luft von Atmosphärenzustand in dem Rohr, so gilt die Berechnungsmethode nach Abschn. 4a. Ist der Rohrinhalt ein heißes Gas und strömt Luft ein, so müssen die Regeln in Abschn. 4b berücksichtigt werden.

Die Zustände im Querschnitt F_n, insbesondere der Druck P_n, können jedoch sehr viel einfacher bestimmt werden, wenn man beachtet, daß der Atmosphärendruck P_0, das Querschnittsverhältnis f/F_n und für kleine Druckverhältnisse P_n/P_0, die bei der Anwendung in der Hauptsache vorkommen, auch die Durchflußzahlen α nahezu konstant sind. Die Lösung ist dann bereits geschlossen durch Gl. (131) gegeben. In dieser Gleichung wird an die Stelle des Gesamtdruckes P_{0v} im Rohr der Atmosphärendruck P_0 gesetzt:

$$\left.\begin{aligned} \left(\frac{P_{Ord}}{P_0}\right)^{\frac{\varkappa-1}{2\varkappa}} &= \left(\frac{P_n}{P_0}\right)^{\frac{\varkappa-1}{2\varkappa}} + \\ &+ \frac{\sqrt{\varkappa-1}}{2}\left\{\frac{(P_n/P_0)^{(\varkappa-1)/\varkappa}}{\alpha\sqrt{2\left[1-(P_n/P_0)^{(\varkappa-1)/\varkappa}\right]}} - \sqrt{\frac{(P_n/P_0)^{2(\varkappa-1)/\varkappa}}{2\alpha^2\left[1-(P_n/P_0)^{(\varkappa-1)/\varkappa}\right]}+2}\right\} \end{aligned}\right\} \quad (133)$$

und die Auswertung für das jeweils gültige α und $\varkappa$ in einem Diagramm mit den Koordinaten P_{Ord}/P_0 und P_n/P_0 vorgenommen (Abb. 49b; vgl. auch Abb. 47, linke Hälfte). Mit dem gegebenen Druckverhältnis P_{Ord}/P_0 – ermittelt aus dem Ordinatenwert $(P_{Ord}/P_1)^{(\varkappa-1)/2\varkappa}$ des Zustandsdiagrammes – kann P_n/P_0 und damit auch der gesuchte Zustandspunkt $(P_n/P_1)^{(\varkappa-1)/2\varkappa}$ im Zustandsdiagramm sofort angegeben werden.

Eine genaue Bestimmung der Durchflußzahlen α ist nur durch die Messung möglich. Man wird aber auch hier mit guter Näherung die in Abb. 78 als Parameterkurven dargestellten Durchflußzahlen α der Schlitzströmungen des untersuchten Zweitaktmotors benutzen können. Die Schlitzströmungen wurden auf die Blendenströmung der Abb. 76b auf S. 136 zurückgeführt und dafür die Durchflußzahlen berechnet.

Die Berechnung der hier gültigen Durchflußzahlen kann verbessert werden, wenn man die in Abschn. 7a des Kap. IV D entwickelten Gleichungen nicht für $\varkappa = 1{,}32$ (Abgas), sondern für $\varkappa = 1{,}4$ (Luft) auswertet. Außerdem wird man für den Fall der Einströmung in die Düsenmündung die Strahlkontraktion μ_B der Blende besser durch die Strahlkontraktion μ_{BORDA} der BORDA-Mündung ersetzen [vgl. Gl. (216) und (220)].

h) Randbedingung „Turbine“ am Ende einer Abgasleitung

Die Turbine eines Abgasturboladers am Ende einer Abgasleitung (Abb. 50a) übt auf die instationäre Rohrströmung den gleichen Einfluß wie eine Düse an dieser Stelle aus, denn die Druck-Volumencharakteristik einer Turbine kann der einer Düse mit entsprechendem Querschnitt gleichgesetzt werden [*8*]. Den Düsenquerschnitt, der als Ersatz für die Turbine in der Rechnung berücksichtigt wird (Abb. 50b), erhält man aus:

$$f_{res} = \frac{f_{Le} f_{La}}{\sqrt{f_{Le}^2 + f_{La}^2 (\gamma_{La}/\gamma_{Le})^2}} \sqrt{1 + \frac{w_1^2}{H_{is}}}\,. \quad (134)$$

Hierin bedeuten f_{Le} den Austrittsquerschnitt des Leitrades der Turbine, γ_{Le} das zugehörige spezifische Gewicht des Gases, f_{La} den engsten Laufradquerschnitt (spezifisches Gewicht γ_{La}), w_1 die Relativgeschwindigkeit am Laufradeintritt und H_{is} das Wärmegefälle, welches zur Energieausnutzung in der Turbine zur Verfügung

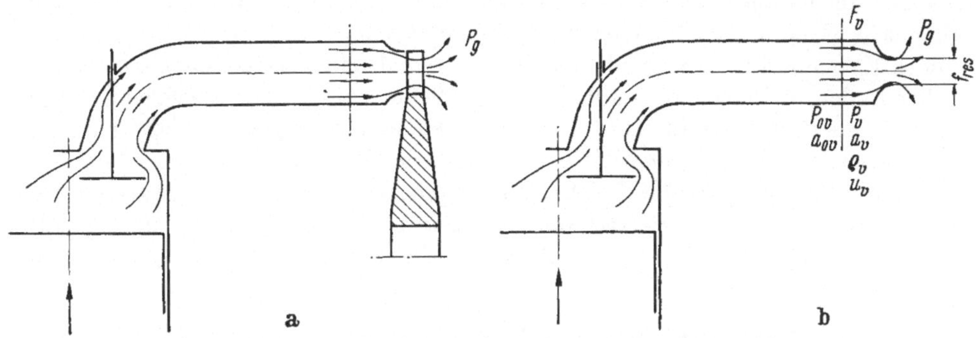

Abb. 50 a u. b. Randbedingung *Turbine*

steht. Die zeitliche Änderung von w_1^2/H_{is} und γ_{La}/γ_{Le} ist nicht groß, so daß Mittelwerte berücksichtigt werden können.

Der Weg der Berechnung wurde bereits in Abschn. 4f angegeben. P_g ist der Gegendruck nach der Turbine und kann als konstant angenommen werden.

i) Randbedingung „Rohrverzweigung“

Die Aufstellung der Randbedingung *Rohrverzweigung* ist notwendig, um auch die Berechnung instationärer Strömungsvorgänge in den Auspuffleitungen von Mehrzylindermotoren nach der Charakteristikenmethode durchführen zu können.

Im allgemeinen besteht die Auspuffleitung an Mehrzylindermotoren aus Rohren, die von den einzelnen Zylindern ausgehen und in eine Sammelleitung münden (Abb. 51a). Die Rohrverzweigung wird bei diesen Leitungen durch das sogenannte *T-Stück* gebildet (Abb. 51b). Das abzweigende Rohrstück kann dabei noch mehr oder weniger stark zum geraden Rohr geneigt sein (Abb. 51c). Die Rohrverzweigung *T-Stück* kommt bei der praktischen Anwendung am häufigsten vor.

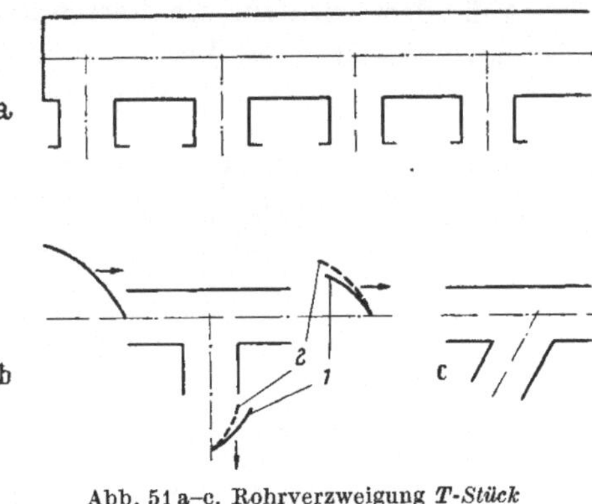

Abb. 51a–c. Rohrverzweigung *T-Stück*

a) Auspuffrohr eines Mehrzylinder-Reihenmotors zusammengesetzt aus einzelnen *T-Stücken*
b) Durchgang einer Druckwelle
① ohne / ② mit } Berücksichtigung der Teilchengeschwindigkeit auf den Druckaufbau
c) *T-Stück* mit geneigtem abzweigendem Rohr

Bei der rechnerischen Behandlung der instationären Strömung in Rohrverzweigungen sollen zwei Fälle unterschieden werden:

1. Die Geschwindigkeit der Gasteilchen und damit ihre kinetische Energie sei so klein, daß örtliche Druckunterschiede an einer Rohrverzweigung vernachlässigt werden können (linearisierte Methode).

2. Die kinetische Energie nehme einen wesentlichen Einfluß auf den Druckaufbau an der Rohrverzweigung (Wellen mit großer Amplitude).

Verfolgt man z.B. den Durchgang einer Druckwelle durch ein T-Stück (Abb. 51b), so werden die Druckwellen, die hinter der Verzweigung in den Rohren nach rechts und nach unten weiterlaufen, die gleiche Größe haben, wenn die kinetische Energie der Gasteilchen vernachlässigt werden kann (Fall 1). Laufen jedoch Wellen mit großer Amplitude durch diesen Rohrzweig, so fallen die Druckwellen in der durchgehenden Rohrleitung größer aus als in der abzweigenden: Die Gasteilchen sind bestrebt, ihre einmal eingenommene Strömungsrichtung beizubehalten (Fall 2). Während der Fall 1 allgemein gelöst werden kann, ist die Berechnung des Falles 2, die im Randbedingungsdiagramm durchgeführt wird, nur für die einfache Rohrverzweigung *T-Stück* und auch hier exakt nur für eine einzige Strömungsform – sie ist allerdings die wichtigste bei der praktischen Anwendung – möglich.

k) Randbedingung „Rohrverzweigung" nach der linearisierten Methode

Der Fall 1 wird für eine Rohrverzweigung, die aus n Rohren bestehen soll, berechnet (Abb. 52a).

Die Rohre haben die Querschnitte F_i und laufen in einem Knotenpunkt zusammen. Es wird vorausgesetzt, daß

1. im Bereich der Rohrverzweigung die Strömung quasistationär ist,
2. die Gasteilchen die Zweigstelle verlustlos durchströmen,
3. der Druck P' im Knotenpunkt auch an den Rändern der Strömungsebenen der einzelnen Rohrleitungen gilt,
4. die Speicherwirkung des Knotenpunktes vernachlässigbar ist.

Außerdem wird für die Berechnung der Randbedingung festgelegt, daß alle Geschwindigkeiten zur Verzweigung hin ein positives und alle von der Verzweigung weg ein negatives Vorzeichen erhalten. Für jede Rohrleitung existiere eine

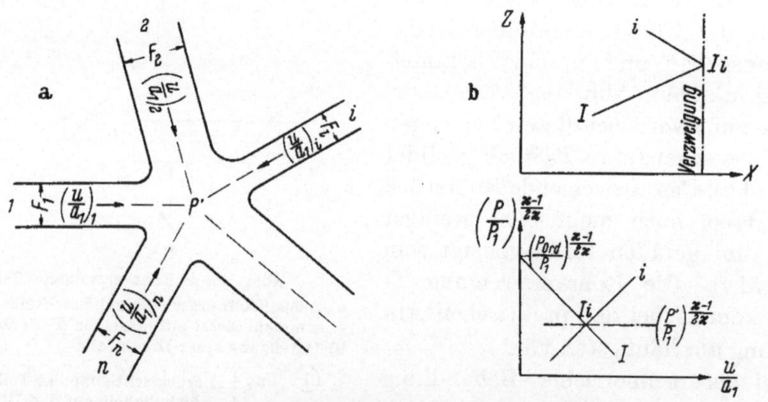

Abb. 52 a u. b. Randbedingung *Rohrverzweigung*

a) Rohrverzweigung, bestehend aus n Rohren

b) Strömungs- und Zustandsebene eines Rohres der Rohrverzweigung

Zustands- und eine Strömungsebene. Die rechtslaufenden MACH-Linien der Strömungsebenen aller Rohre sollen zum Knotenpunkt hinlaufen. Die Lage ihrer Zustandscharakteristiken in den Zustandsdiagrammen sei gegeben.

Die Schnittpunkte der Zustandscharakteristiken mit der zunächst noch unbekannten Bedingungslinie $(P'/P_1)^{(\varkappa-1)/2\varkappa} = \text{const}$ sind die resultierenden Strömungszustände an den einzelnen Rohrmündungen der Verzweigung (s. Abb. 52b, Zustandsdiagramm und Strömungsebene einer Rohrleitung). Die Berechnung der Bedingungslinie $(P'/P_1)^{(\varkappa-1)/2\varkappa} = \text{const}$ kann geschlossen durchgeführt werden.

Die Gleichungen der Zustandscharakteristiken der nach rechts zum Knotenpunkt hinlaufenden MACH-Linien lauten mit Gl. (44):

$$\left.\begin{aligned}
\left(\frac{u}{a_1}\right)_1 + \frac{2}{\varkappa-1}\left(\frac{P'}{P_1}\right)^{\frac{\varkappa-1}{2\varkappa}} &= K_1 = \frac{2}{\varkappa-1}\left(\frac{P_{Ord}}{P_1}\right)_1^{\frac{\varkappa-1}{2\varkappa}}\\
\vdots \qquad\qquad \vdots \qquad\qquad & \quad \vdots \qquad\qquad \vdots\\
\left(\frac{u}{a_1}\right)_i + \frac{2}{\varkappa-1}\left(\frac{P'}{P_1}\right)^{\frac{\varkappa-1}{2\varkappa}} &= K_i = \frac{2}{\varkappa-1}\left(\frac{P_{Ord}}{P_1}\right)_i^{\frac{\varkappa-1}{2\varkappa}}\\
\vdots \qquad\qquad \vdots \qquad\qquad & \quad \vdots \qquad\qquad \vdots\\
\left(\frac{u}{a_1}\right)_n + \frac{2}{\varkappa-1}\left(\frac{P'}{P_1}\right)^{\frac{\varkappa-1}{2\varkappa}} &= K_n = \frac{2}{\varkappa-1}\left(\frac{P_{Ord}}{P_1}\right)_n^{\frac{\varkappa-1}{2\varkappa}}.
\end{aligned}\right\} \tag{135}$$

In diesen Gleichungen sind die $(u/a_1)_i$ und das Druckverhältnis $(P'/P_1)^{(\varkappa-1)/2\varkappa}$ unbekannt.

Außerdem gilt die Kontinuitätsgleichung:

$$F_1\left(\frac{u}{a_1}\right)_1 + \cdots + F_i\left(\frac{u}{a_1}\right)_i + \cdots + F_n\left(\frac{u}{a_1}\right)_n = 0\,. \tag{136}$$

Multipliziert man die Gl. (135) mit den jeweils dazugehörenden Querschnitten F_i und addiert sie, so ergibt sich mit Gl. (136) für die gesuchte Randbedingung im Zustandsdiagramm:

$$\left(\frac{P'}{P_1}\right)^{\frac{\varkappa-1}{2\varkappa}} = \frac{\sum\limits_1^n\left[F_i\left(\frac{P_{Ord}}{P_1}\right)_i^{\frac{\varkappa-1}{2\varkappa}}\right]}{\sum\limits_1^n F_i}\,. \tag{137}$$

$(P'/P_1)^{(\varkappa-1)/2\varkappa}$ ist somit nur abhängig von den gegebenen Rohrquerschnitten F_i und den gegebenen Schnittpunkten $(P_{Ord}/P_1)_i^{(\varkappa-1)/2\varkappa}$ der Zustandscharakteristiken mit den Ordinaten der Zustandsdiagramme. Man sieht, daß Gl. (137) von den Vorzeichen der bezogenen Teilchengeschwindigkeiten $(u/a_1)_i$ unabhängig ist. Außerdem braucht keine besondere Regel bei der Festlegung der MACH-Linienrichtung beachtet zu werden, da die $(P_{Ord}/P_1)_i^{(\varkappa-1)/2\varkappa}$ in den beiden möglichen Fällen jeweils die gleichen Werte haben.

l) Randbedingung Rohrverzweigung „T-Stück" für Druckwellen mit großer Amplitude

Die Festlegung der Randbedingung *Rohrverzweigung* für instationäre Strömungsvorgänge mit großen Teilchengeschwindigkeiten im Randbedingungsdiagramm ist allgemein nicht möglich und bleibt auf die Rohrverzweigung *T-Stück* beschränkt.

Bei stationärer Strömung werden in der Rohrverzweigung *T-Stück* zwei Strömungsformen unterschieden [*23*]. Die Abb. 53a und 53b zeigen die beiden möglichen Strömungsbilder *Trennung* und *Vereinigung*. Da quasistationär gerechnet werden darf, kann auch die instationäre Strömung schrittweise mit diesen Strömungsbildern aufgebaut werden.

Für die Rechnung wäre es besonders vorteilhaft, wenn dies mit Hilfe des Randbedingungsdiagramms durchgeführt werden könnte. Es gelingt jedoch nur, die Zustände des für die Anwendung wichtigsten Strömungsbildes *Trennung* im Randbedingungsdiagramm exakt zu berechnen. Für die Berechnung des Strömungsbildes *Vereinigung* müßten Voraussetzungen berücksichtigt werden, die nur theoretischen Wert haben (isentrope Zustandsänderung und keine Vermischung der beiden Teilströme im Bereich der Verzweigung), so daß auf diesen Fall nicht näher eingegangen werden soll. Bei Rohrverzweigungen mit mehr als drei Rohren tritt eine Überlagerung der Strömungsbilder *Trennung* und *Vereinigung* auf, die im Randbedingungsdiagramm nicht mehr übersehen werden kann.

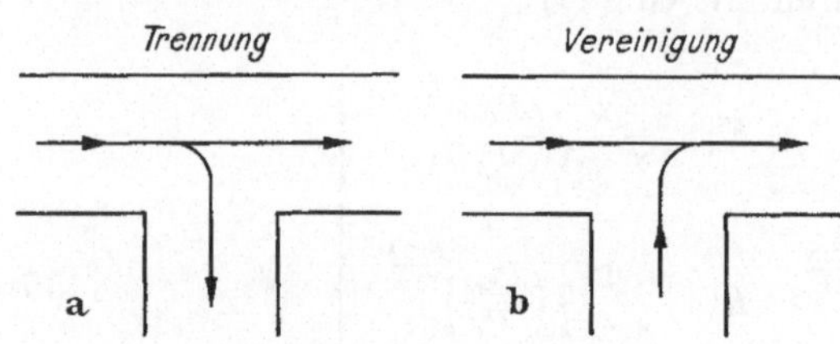

Abb. 53 a u. b. Strömungsbilder der stationären Strömung in der Rohrverzweigung *T-Stück*

Man wird sich bei der Berechnung von instationären Strömungsvorgängen in den Auspuffleitungen von Mehrzylindermotoren, deren Verzweigungen aus *T-Stücken* bestehen, sicherlich darauf beschränken können, nur den Durchgang der Auslaßstöße der einzelnen Zylinder durch die Rohrverzweigung nach dieser Methode zu berechnen, während der übrige Wellenvorgang an der Rohrverzweigung durch die Bedingung (137) genügend genau erfaßt werden kann. Dann tritt aber in der Hauptsache nur das Strömungsbild *Trennung* in der Rohrverzweigung *T-Stück* auf, dessen Berechnung jetzt angegeben werden soll.

Die Berechnung des Strömungsbildes *Trennung* im Randbedingungsdiagramm zeigt Abb. 54. Es gelten nur noch – im Gegensatz zum Strömungsfall des letzten Abschnittes – folgende Voraussetzungen:

1. Im Bereich der Rohrverzweigung *T-Stück* ist die Strömung quasistationär.
2. Eine Speicherwirkung tritt im Knotenpunkt nicht auf.

Insbesondere dürfen also das Strömungsbild *Trennung* verlustbehaftet und die Drücke an den Rändern der Strömungsebenen der einzelnen Rohrstücke unterschiedlich sein.

Die Berechnung wird ähnlich wie die Berechnung einer instationären Strömung durch eine Drosselstelle im Rohr durchgeführt (vgl. Abschn. 4c dieses Kapitels). Entsprechend der angenommenen Strömungsrichtung werden im Querschnitt F_v vor der Verzweigung die Zustandsgrößen P_v, a_v, ϱ_v, u_v und der Gesamtdruck P_{0v} mit der dazugehörigen Schallgeschwindigkeit a_{0v} gesucht. Die Querschnitte F_{n1} und F_{n2} nach der Verzweigung liegen dort, wo wieder eine einheitliche Strömung über den Querschnitten angenommen werden kann. Die gesuchten Zustandsgrößen sind dort P_{n1}, a_{n1}, ϱ_{n1}, u_{n1} und P_{n2}, a_{n2}, ϱ_{n2}, u_{n2}.

Es werden zwei Durchflußzahlen α_{Tr_1} und α_{Tr_2} eingeführt, die die Bedingungslinien im Randbedingungsdiagramm festlegen, auf denen die gesuchten Zustandsgrößen der Querschnitte F_{n1} und F_{n2} liegen.

Die Definitionen der Durchflußzahlen ergeben sich mit Hilfe der Gl. (101). Für α_{Tr_1} gilt:

$$\alpha_{Tr_1} = \frac{G_{n1}}{G_{th1}} = \frac{G_{n1}}{F_{n1}\, g\sqrt{2\,\varrho_{0v}\,P_{0v}}\sqrt{\frac{\varkappa}{\varkappa-1}\left[(P_{n1}/P_{0v})^{2/\varkappa} - (P_{n1}/P_{0v})^{(\varkappa+1)/\varkappa}\right]}}\,. \tag{138}$$

G_{n1} ist das wirkliche Gewicht, das durch den Querschnitt F_{n1} strömt. G_{th1} ist der theoretische Gewichtsdurchsatz, der sich bei isentroper Strömung und dem Druckverhältnis P_{n1}/P_{0v} im Querschnitt F_{n1} einstellen würde.

Für α_{Tr_2} ergibt sich entsprechend:

$$\alpha_{Tr_2} = \frac{G_{n2}}{G_{th2}} = \frac{G_{n2}}{F_{n2}\, g\sqrt{2\,\varrho_{0v}\,P_{0v}}\sqrt{\frac{\varkappa}{\varkappa-1}\left[(P_{n2}/P_{0v})^{2/\varkappa} - (P_{n2}/P_{0v})^{(\varkappa+1)/\varkappa}\right]}}\,. \tag{139}$$

Die Durchflußzahlen α_{Tr} müssen im stationären Durchfluß ermittelt werden. Sie enthalten die Strömungsverluste zwischen den Querschnitten F_v und F_{n1} bzw. F_{n2}. Da die Mengendurchsätze der Querschnitte F_{n1} und F_{n2} auch von den Zustandsgrößen des jeweiligen Nachbarquerschnittes abhängen, wird sich dieser Einfluß auch auf die Größe von α_{Tr} geltend machen. Für die Berechnung müssen also die Funktionen

$$\left.\begin{aligned} \alpha_{Tr_1} &= f\left(\frac{P_{n1}}{P_{0v}},\ \frac{P_{n2}}{P_{0v}}\right) \\ \alpha_{Tr_2} &= f\left(\frac{P_{n2}}{P_{0v}},\ \frac{P_{n1}}{P_{0v}}\right) \end{aligned}\right\} \tag{140}$$

bekannt sein (von der Abhängigkeit der Durchflußzahlen α_{Tr} von den Ähnlichkeitsbedingungen bei Modellströmungen sei hier abgesehen).

Der Gang der Berechnung kann nun im Randbedingungsdiagramm verfolgt werden (Abb. 54).

Man überträgt die Zustandscharakteristik derjenigen rechtslaufenden MACH-Linie, die gerade in dem betrachteten Zeitpunkt an der Rohrverzweigung im

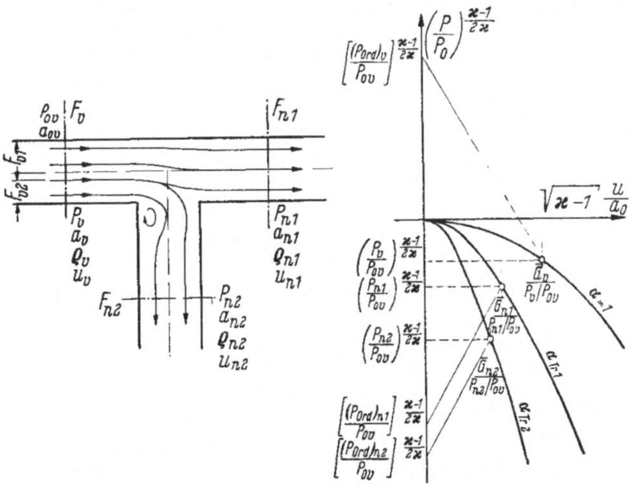

Abb. 54. Berechnung des Strömungsbildes *Trennung*

Querschnitt F_v ankommt, in das Randbedingungsdiagramm (vgl. auch Abb. 42). Der Ruhedruck P_{0v} wird im voraus angenommen. Der Schnittpunkt der Zustandscharakteristik mit der Linie $\alpha = 1$ legt die Zustandsgrößen im Querschnitt F_v fest, insbesondere ist auch das dimensionslose Gewicht $\bar{G}_v$ bekannt.

In den Querschnitten F_{n1} und F_{n2} kommen zu gleicher Zeit linkslaufende MACH-Linien an, deren Zustandscharakteristiken ebenfalls in das Randbedingungsdiagramm übertragen werden. Man bringt sie zum Schnitt mit den Bedingungslinien α_{Tr_1} und α_{Tr_2} und findet vorläufig gültige Zustandsgrößen der Querschnitte F_{n1} und F_{n2}; denn die Werte von α_{Tr_1} und α_{Tr_2} sind zunächst nur angenähert bestimmbar, da die Drücke P_{n1} und P_{n2} bzw. P_{n1}/P_{0v} und P_{n2}/P_{0v} in Gl. (140) nur geschätzt oder die Druckwerte aus dem vorangegangenen Rechenschritt berücksichtigt werden können. Die Werte für α_{Tr_1} und α_{Tr_2} lassen sich jedoch sofort verbessern, sobald das Ergebnis des ersten Rechenschrittes vorliegt. Das richtige Ergebnis ist gefunden, wenn die Kontinuitätsbedingung

$$\bar{G}_v F_v = \bar{G}_{n1} F_{n1} + \bar{G}_{n2} F_{n2} \tag{141}$$

erfüllt ist, und die berücksichtigten Durchflußzahlen α_{Tr_1} und α_{Tr_2} mit Hilfe der Gl. (140) bestätigt werden können. Der Ruhedruck P_{0v} ist dann auch richtig gewählt.

Bei diesem Rechnungsgang müssen auch die Kontinuitätsbedingungen

$$\left.\begin{aligned} \bar{G}_{v1} F_{v1} &= \bar{G}_{n1} F_{n1}, \\ \bar{G}_{v2} F_{v2} &= \bar{G}_{n2} F_{n2} \end{aligned}\right\} \tag{142}$$

[vgl. Gl. (126)], die die Rechnung im Randbedingungsdiagramm ebenfalls enthält, erfüllt sein. F_{v1} und F_{v2} sind die Teilquerschnitte des Querschnittes F_v, die die Mengen G_{v1} $(= G_{n1})$ bzw. G_{v2} $(= G_{n2})$ vor der Rohrverzweigung aufnehmen und unbekannt sind. $\bar{G}_{v1}$ und $\bar{G}_{v2}$ sind die dimensionslosen Gewichtsdurchsätze dieser Querschnitte und sind zunächst ebenfalls nicht bekannt. Mit Gl. (110) folgt jedoch aus

$$\left.\begin{aligned} \bar{G}_v &= \frac{G_v}{F_v} \, \frac{1}{g \dfrac{\varkappa}{\sqrt{(\varkappa-1)/2}} \dfrac{P_{0v}}{a_{0v}}}, \\ \bar{G}_{v1} &= \frac{G_{v1}}{F_{v1}} \, \frac{1}{g \dfrac{\varkappa}{\sqrt{(\varkappa-1)/2}} \dfrac{P_{0v}}{a_{0v}}}, \\ \bar{G}_{v2} &= \frac{G_{v2}}{F_{v2}} \, \frac{1}{g \dfrac{\varkappa}{\sqrt{(\varkappa-1)/2}} \dfrac{P_{0v}}{a_{0v}}} \end{aligned}\right\} \tag{143}$$

wegen des einheitlichen Strömungszustandes im Querschnitt F_v $(= F_{v1} + F_{v2})$ die Beziehung

$$\bar{G}_v = \bar{G}_{v1} = \bar{G}_{v2}. \tag{144}$$

Die Zustandspunkte $\bar{G}_{v1}/(P_v/P_{0v})$ und $\bar{G}_{v2}/(P_v/P_{0v})$ fallen somit mit dem berechneten Zustandspunkt $\bar{G}_v/(P_v/P_{0v})$ im Randbedingungsdiagramm zusammen. Insbesondere müssen dann, wenn Gl. (141) erfüllt ist, auch die Gl. (142) bestätigt sein. Mit Gl. (144) können jetzt aus den Gl. (142) die unbekannten Teilquerschnitte F_{v1} und F_{v2} berechnet werden:

$$\left.\begin{aligned} F_{v1} &= \frac{\bar{G}_{n1} F_{n1}}{\bar{G}_v}\,, \\ F_{v2} &= \frac{\bar{G}_{n2} F_{n2}}{\bar{G}_v}\,. \end{aligned}\right\} \tag{145}$$

Ihre Summe muß die Größe des gegebenen Querschnittes F_v ergeben.

Die Strömungsform *Trennung* kann von vornherein leichter übersehen werden, wenn man nach Abb. 54 beachtet, daß folgende Ungleichungen gelten:

$$\left.\begin{aligned} \frac{(P_{Ord})_v}{P_{0v}} &> 1\,, \\ \frac{(P_{Ord})_{n1}}{P_{0v}} &< 1\,, \\ \frac{(P_{Ord})_{n2}}{P_{0v}} &< 1\,. \end{aligned}\right\} \tag{146}$$

Die Strömungsform *Trennung* existiert nur dann, wenn die Ungleichungen (146) erfüllt sind.

IV. Experimentelle Untersuchungen und Berechnungen

A. Versuchseinrichtung

Die Versuche wurden an einem einzylindrigen, luftgekühlten JLO-Zweitakt-Vergasermotor, Typ M 200 V, mit Kurbelkastenspülpumpe und Umkehrspülung auf einem Prüfstand des Versuchsfeldes der JLO-Werke durchgeführt.

1. Versuchsmotor

Hub	$s = 66$ mm
Bohrung	$d = 62$ mm
Hubvolumen	$V_H = 199{,}3$ cm³
Zylindervolumen	$V_Z = V_H + V_C = 233{,}3$ cm³
Kompressionsverhältnis	$\varepsilon = (V_H + V_C)/V_C = 6{,}85$
Verhältnis von Kurbelradius zu Pleuelstangenlänge	$r/l = 0{,}266$
Kurbelkastenvolumen im UT	$V_K = 496$ cm³
Steuerzeiten:	
Auspuff öffnet (A. ö.)	68° v. UT
Überströmkanäle öffnen (Ü. ö.)	58° v. UT
Einlaßkanal öffnet (E. ö.)	62° v. OT

Die Schließzeiten (A. s., Ü. s., E. s.) liegen zu den Öffnungszeiten symmetrisch.

Vergaser	Bing 1/26

Abb. 55 zeigt den Aufbau des Versuchsmotors in zwei parallel zur Zylinderachse liegenden Aufrißebenen. Der Schnitt ist so geführt, daß einmal Auspuff- und Einlaßkanal und zum anderen die beiden Überströmkanäle sichtbar sind. Die Spülströmung führt zur Erzielung einer günstigen Spülwirkung vom Auslaß weg (Schnitt A–B, Umkehrspülung). Die für die Gaswechselrechnung benötigten Abmessungen der Kanäle und Schlitze sind in Abb. 55 eingetragen.

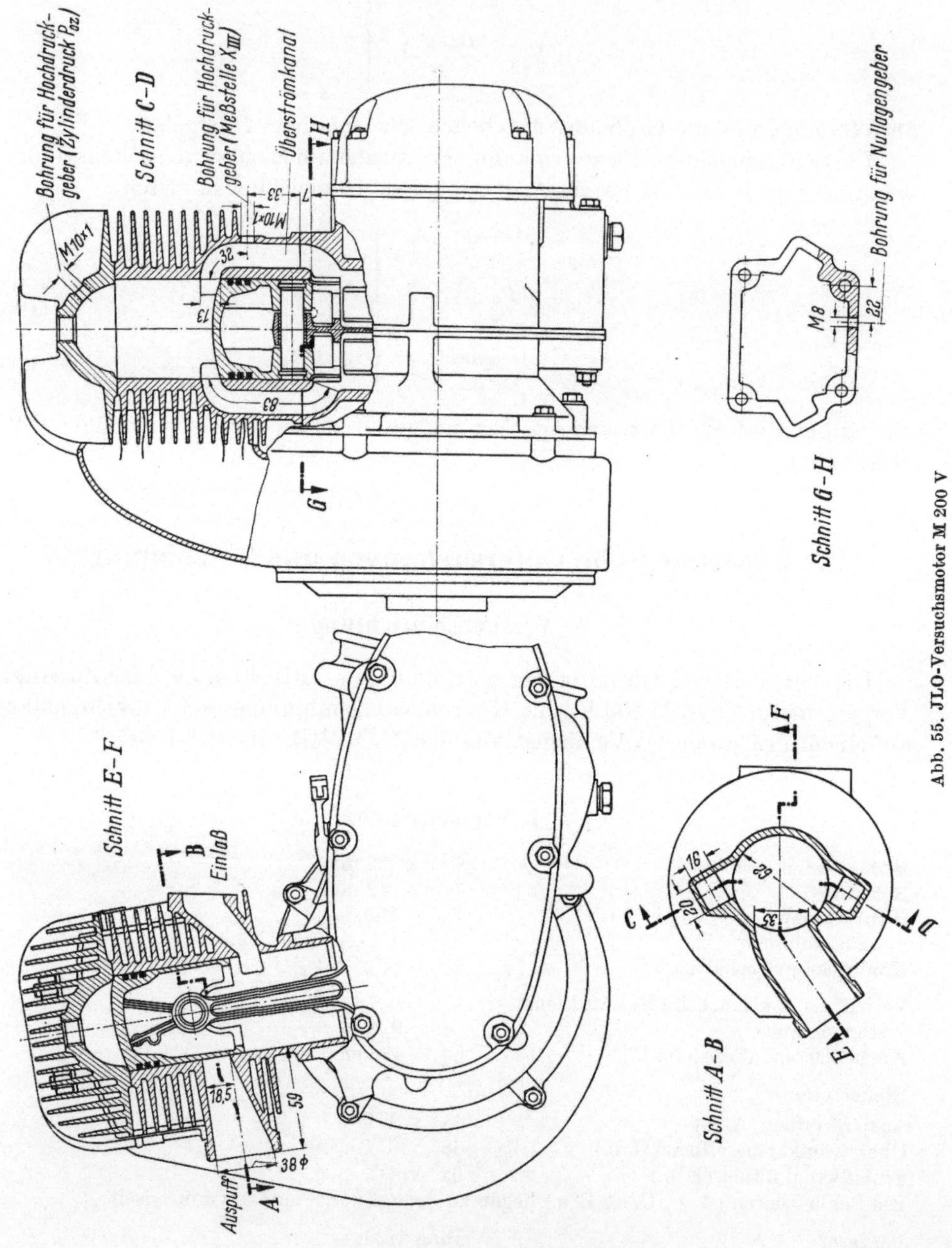

Abb. 55. JLO-Versuchsmotor M 200 V

2. Prüfstandsaufbau

Auf Abb. 56 ist der Prüfstand mit aufgebautem Versuchsmotor zu erkennen. Die Bedienung erfolgte von einem Schaltpult aus, das sich außerhalb des eigentlichen Prüfraumes befand. Der Ablauf des Versuches konnte durch einen schalldichten Glasabschluß beobachtet werden.

Der Versuchsmotor (a) mit Auspuffrohr 2 (b) war starr mittels Schraubenverbindungen und Spannschienen auf dem elastisch gelagerten Prüfstandsbett (c) befestigt. Die untersuchten Auspuffrohre und ihre Abmessungen sind in Abb. 59 zusammengestellt. Die Kurbelwelle des Versuchsmotors war über eine Zwischenwelle und eine elastische Kupplung mit einem pendelnd gelagerten Gleichstrom-Bremsgenerator (d) verbunden, der auch zum Anlassen des Motors verwendet

Abb. 56. Versuchsmotor und Prüfstandsaufbau (Werkfoto)

werden konnte. Durch Veränderung der Felderregung in der Ständerwicklung und durch Zuschalten von Widerständen in den Ankerstromkreis des Generators konnte die Belastung des Motors beliebig fein geregelt werden.

3. Allgemeine Meßeinrichtung

Die Belastung des Motors in kg, bezogen auf den Hebelarm $l = 0{,}716$ m des Bremsgenerators, wurde auf einer Zeigerwaage (e) abgelesen.

Die Drehzahl des Motors wurde zunächst über einen Tachometer (f) grob eingestellt und dann mit Hilfe eines Stichdrehzählers mit netzgesteuerter Schaltuhr (50 Hz) genau gemessen.

Die Brennstoffverbrauchsmessung beruhte auf dem Prinzip der Durchflußmessung. Es wurde die Zeit gestoppt, die der Motor bei konstantem Betriebszustand zum Verbrauch von 30 cm³ Kraftstoff benötigte.

Zur Überprüfung des Motorzustandes bezüglich seines Temperaturverhaltens wurde die Zündkerzentemperatur mit einem Kupfer-Konstantan-Thermoelement laufend überprüft. Die Ansaugtemperatur der Luft in unmittelbarer Nähe des Vergasers wurde mit einem geeichten Fernthermometer (g) gemessen.

4. Druckmeßeinrichtung

Als Druckgeber der Druckmeßeinrichtung wurden Piezo-Quarzgeber verwendet. Die Drücke im Auspuffrohr wurden mit zwei Niederdruckgebern (h) – Membrandurchmesser 37 mm – aufgenommen (zulässiger Höchstdruck 2 ata). Auf die Rückseite der Gebermembran wurde ein Druck von 0,85 ata mittels einer Wasserstrahlpumpe aufgebracht, um unbedingt ein Anliegen der Membran an der Meßdose zu gewährleisten. Der Unterdruck wurde mit Hilfe eines Manometers (i) eingestellt.

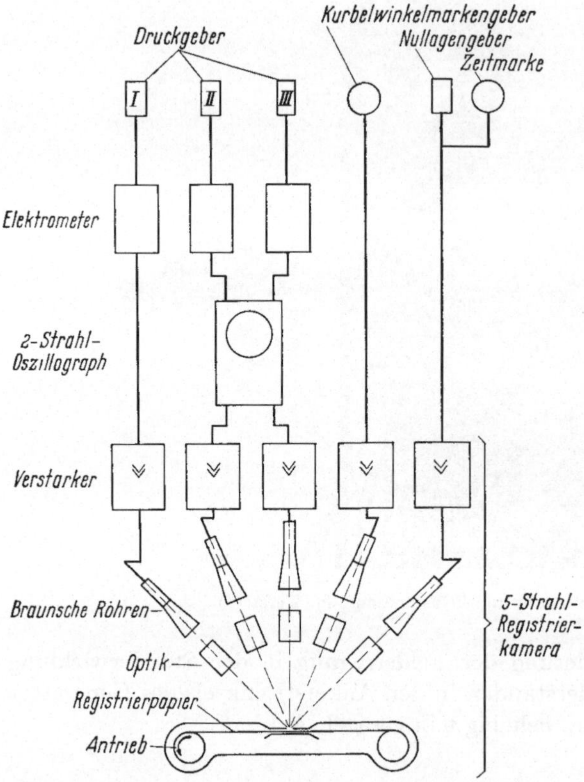

Der Druckverlauf im Zylinder wurde mit einem Hochdruckgeber (k) gemessen (zulässiger Höchstdruck 50 ata). Der Membrandurchmesser betrug 8 mm. Es wurde nur der Druckverlauf während des Gaswechsels registriert, da er allein für die Auswertung interessierte.

Wegen der sehr beengten Einbauverhältnisse am Überströmkanal konnte zur Druckmessung nur ein Hochdruckgeber (Einbaulage s. Abb. 55) verwendet werden. Durch geeignete Wahl der elektrischen Verstärkung war es möglich, ein gut auswertbares Diagramm zu erhalten (s. Abb. 58, Druckverlauf $P_{X_{III}}$).

Abb. 57. Schaltbild und Zusammenstellung der verwendeten Meßgeräte

Zur Bestimmung des Nulldurchganges des Kurbelkastendruckes wurde ein Nullagengeber entwickelt (Einbaulage s. Abb. 55). Seine Membran war dem Kurbelkastendruck einerseits und dem Außendruck andererseits ausgesetzt. Er schloß bzw. löste einen elektrischen Kontakt in dem Augenblick, in dem der Kurbelkastendruck den Außendruck über- bzw. unterschritt.

Die Zuordnung der gemessenen Drücke zum Kurbelwinkel wurde durch einen lichtelektrischen Kurbelwinkelmarkengeber ermittelt. Er bestand aus einer mit der Kurbelwelle umlaufenden, von 5° zu 5° geschlitzten Scheibe. Das Licht einer Glühbirne wurde durch die Schlitze in Impulse zerlegt, die von einer Photozelle aufgenommen und direkt dem Oszillographen zugeführt wurden.

Die Zeit wurde durch eine quarzgesteuerte 1000-Hz-Zeitmarke definiert und dem Signal des Nullagengebers überlagert.

Die Meßwerte von drei Piezo-Gebern wurden einem mit drei getrennten Kanälen ausgestatteten Elektrometer und von dort einer 5-Strahl-Registrierkamera zugeführt (beide Geräte von der Firma Spinner, München). Zwei Vorgänge wurden zusätzlich auf einem Zweistrahl-Oszillographen (Spinner, München) während der Aufnahme beobachtet. Da die Drücke sowohl im Überströmkanal und im Zylinder als auch an den beiden Meßstellen im Auspuffrohr gleichzeitig benötigt wurden, mußte auf die Aufnahme des zweiten Druckverlaufes im Rohr verzichtet werden. Seine Aufnahme wurde in einem zweiten Durchgang unter den gleichen Verhältnissen, wie sie der vorangegangenen Messung zugrunde lagen, nachgeholt.

Die Registrierkamera nahm fünf Vorgänge auf, die über fünf getrennte Verstärker fünf BRAUNschen Röhren übermittelt wurden. Ihre Lichtpunkte wurden über die den Röhren zugeordneten Optiken auf einen gemeinsamen Schlitz projiziert. Hinter dem Schlitz wurde ein lichtempfindlicher Oszillogrammstreifen (EKG-Papier, 120 mm breit) mit einer wählbaren Geschwindigkeit bis zu 8 m/sek vorbeigeführt. Eine Zusammenstellung und die Schaltung der verwendeten elektrischen Geräte sind in Abb. 57 angegeben.

Abb. 58 zeigt als Beispiel einer Druckmessung ein Oszillogramm mit Druckschwingungen im Auspuffrohr 1 an der Stelle X_{I}, im Überströmkanal an der

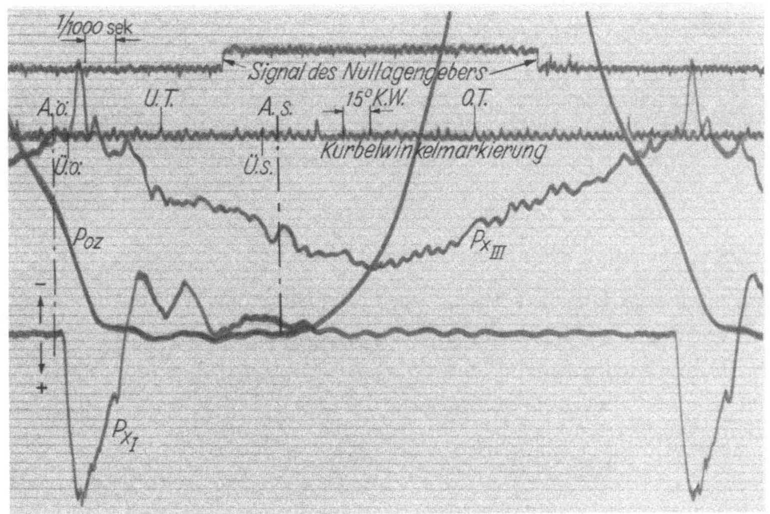

Abb. 58. Oszillogramm

$p_{X_{\mathrm{I}}}$: Druck an der Meßstelle X_{I} des Auspuffrohres 1
p_{0z}: Druck im Zylinder
$p_{X_{\mathrm{III}}}$: Druck an der Meßstelle X_{III} des Überströmkanals
$p_e = 4{,}48$ kg/cm², $n = 3000$ U/min

Stelle X_{III} und im Zylinder über der Dauer eines Gaswechsels. Weiterhin sind die Kurbelwinkelmarkierung, das Signal des Nullagengebers und die 1000-Hz-Zeitmarke aufgenommen. Der Motor war bei dieser Aufnahme auf Vollast eingestellt. Der mittlere effektive Druck betrug $p_e = 4{,}48\ \mathrm{kg/cm^2}$ bei der Drehzahl $n = 3000$ U/min.

Die Eichung der Quarzgeber wurde so durchgeführt, daß zunächst mittels Druckluft aus einer Preßluftflasche ein über ein Präzisionsmanometer genau einstellbarer Druck auf die Gebermembran aufgebracht wurde. Nach plötzlicher Entlastung der Membran durch Betätigen eines Sperrschiebers wurde der Drucksprung auf dem Oszillogramm als Ausschlag des Strahles registriert. Die Eichung der Niederdruckgeber erfolgte von 0,1 zu 0,1 ata, die der Hochdruckgeber von 1 zu 1 ata. Sie wurde vor und nach jeder Meßreihe durchgeführt. Die Eichkurven aller benutzten Geber verliefen linear.

5. Untersuchte Rohranordnungen

In Abb. 59 sind die untersuchten Auspuffrohre mit ihren Abmessungen zusammengestellt. Die angegebenen Durchmessermaße sind Innenmaße.

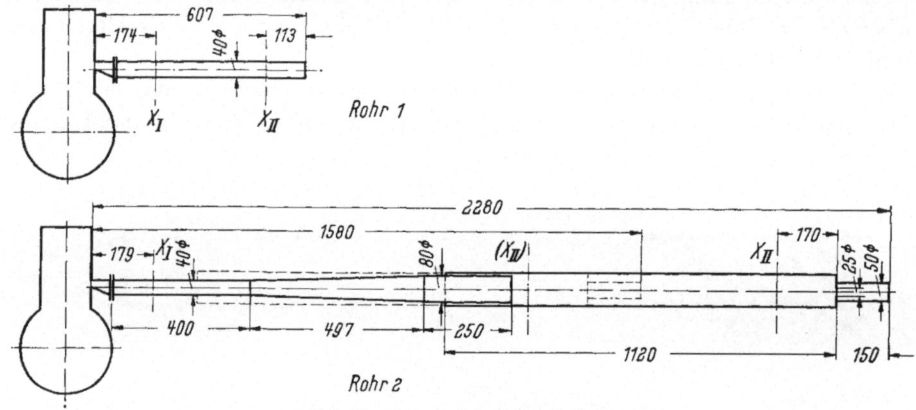

Abb. 59. Untersuchte Auspuffrohre

Rohr 1 stellt ein glattes Rohr ohne Querschnittsänderung dar. Die Länge des Rohres $l_{Rohr} = 607$ mm wurde willkürlich angenommen.

Rohr 2 ist ein Diffusorauspuffrohr, dessen Abschlußrohr mit Blende in den angegebenen Grenzen verschiebbar war. X_{I} und X_{II} geben jeweils die Einbaulagen der Niederdruckgeber an.

B. Bestimmung des zeitlichen und örtlichen Zustandsverlaufes einer instationären Gasströmung im Rohr 1

Es ist schwierig, den Verlauf einer instationären Gasbewegung in einem endlich langen Auspuffrohr eines Zweitaktmotors zu beschreiben und ihren Einfluß auf den Gaswechsel zu beurteilen, wenn man lediglich den Druckverlauf an einer einzigen Stelle des Auspuffrohres über der Zeit kennt, letzteres besonders dann, wenn der Druckverlauf unmittelbar am Zylinder nicht bekannt ist. Jeder gemessene Druckwert an der Stelle X_0 setzt sich im allgemeinen Fall aus zwei der Größe nach unbekannten Anteilen zusammen, die zu einer zum Rohrende vorlaufenden und zu einer rücklaufenden Welle gehören. Da diese gegeneinander laufenden Wellen auch die Größe des resultierenden Druckverlaufs an einer beliebigen Stelle X des Rohres bestimmen, dessen Gesamtbild von dem der Stelle X_0 völlig verschieden sein kann, ist es für eine verläßliche Beurteilung des Vorganges notwendig, die Zustandswerte dieser Wellen in Abhängigkeit von Ort und Zeit zu kennen.

Die graphische Charakteristikenmethode vermittelt nun ein einfaches Verfahren, mit dessen Hilfe bei Vorgabe des Druckverlaufes an einer Stelle X_0 der gesamte örtliche und zeitliche Zustandsverlauf einer instationären Gasströmung in einem Auspuffrohr berechnet werden kann, ohne daß dabei die schwierige Randbedingung des Auspuffschlitzes berücksichtigt werden muß.

Im folgenden wird die Anwendung des Verfahrens an einem Beispiel gezeigt.

Gegeben: a) Der Druckverlauf an der Stelle X_{I} des Rohres 1 bei Vollasteinstellung $p_e = 4{,}48\ \mathrm{kg/cm^2}$ und $n = 3000$ U/min (s. Abb. 61). Er wird der Rechnung als Anfangsbedingung zugrunde gelegt.

b) Der Druckverlauf an der Meßstelle X_{II} des Rohres 1 (s. Abb. 61). Er wird zur Überprüfung der Rechnung benötigt.

Gesucht: Der Schallzustandsverlauf in der Strömungsebene des Rohres 1, insbesondere der Druckverlauf unmittelbar am Zylinder und an der Stelle X_{II} des Rohres 1.

1. Die Kenngrößen der Zustands- und Strömungsebene

Der Einfluß des Wärmeaustausches, der Reibung und der Entropieschichtung im Rohr seien vernachlässigt, so daß zur Berechnung der Strömungsebene die Richtungsgleichungen (41) und die Verträglichkeitsbedingungen (43) der isentropen instationären Rohrströmung herangezogen werden können:

$$\frac{dX}{dZ} = \frac{u}{a_1} \pm \frac{a}{a_1}, \tag{41}$$

$$\pm\, d\frac{u}{a_1} + \frac{2}{\varkappa - 1}\, d\left[\left(\frac{P}{P_1}\right)^{\frac{\varkappa-1}{2\varkappa}}\right] = 0\,. \tag{43}$$

Wie aus dem gemessenen Druckverlauf an der Stelle X_{I} in Abb. 58 zu ersehen ist, kann jeder Gaswechsel für sich als ein aus der Ruhe beginnender Vorgang behandelt werden, da der Rohrinhalt sehr bald nach Abschluß der Spülperiode zur Ruhe gekommen ist.

Die Schallgeschwindigkeit a_1 des ruhenden Rohrinhaltes bei dem Druck $P_1 = 10\,500\ \mathrm{kg/m^2}$ (Umgebungsdruck) wurde mit $a_1 = 520$ m/sek angenommen. Sie kann mit Hilfe der Laufzeit des Fußpunktes der gemessenen Welle berechnet werden. Die Rechnung ist jedoch nicht sehr genau, da kleine Weglängen in sehr kurzer Zeit zurückgelegt werden. Die Zeiten müssen sehr genau aus der Messung entnommen werden. Die endgültige Festlegung von a_1 ergibt sich jedoch sehr schnell aus dem Vergleich des Ergebnisses einer ersten Rechnung mit dem gemessenen Druckverlauf. Die Übereinstimmung von Messung und Rechnung ist im wesentlichen von a_1 abhängig.

Für das $\varkappa$ des Abgases wurde hier und in den nachfolgenden Berechnungsbeispielen der Wert $\varkappa = 1{,}32$ angenommen. Obwohl die Rechnung die Möglichkeit bietet, für jede Abgasschicht im Rohr entsprechend ihrer mittleren Temperatur ein zugehöriges $\varkappa$ zu berücksichtigen, wurde darauf verzichtet, um die einzelnen Rechnungen nicht zu aufwendig zu machen. Dies ist um so mehr gerechtfertigt, als der Einfluß des $\varkappa$-Wertes auf das Ergebnis erheblich gegen den der Schallgeschwindigkeit zurücktritt. Lediglich für die kalte Frischgasschicht im Überströmkanal wurde in den Berechnungen der Anwendungsbeispiele der Kap. IV C und IV D ein anderes $\varkappa$, nämlich $\bar{\varkappa} = 1{,}4$, angenommen.

In [*32*] ist das Verhältnis der wahren spezifischen Wärmen von Verbrennungsgasen in Abhängigkeit von der Temperatur und der Luftüberschußzahl λ angegeben. Dort gehört zu einem Abgas mit der Luftüberschußzahl $\lambda = 0{,}8$, welche auch hier entsprechend der Last- und Vergasereinstellung des Versuchsmotors angenommen werden kann, die Gaskonstante $R_A = 30{,}88$ mkg/kg °K. Mit Berücksichtigung dieses Wertes sowie mit $\varkappa = c_p/c_v = 1{,}32$, Gl. (1) und (12) ergibt sich für die zu $a_1 = 520$ m/sek gehörende Temperatur:

$$T_1 = \frac{a_1^2}{g\,c_p(\varkappa - 1)} = \frac{520^2}{9{,}81 \cdot 127{,}5 \cdot 0{,}32} = 675\,°\mathrm{K}\,.$$

Zur besseren Übersicht wurde neben der Z-Achse der Strömungsebene eine Ordinate des Kurbelwinkels φ eingeführt (Abb. 62). Die Maßstäbe der Koordinatenachsen der Strömungs- und der Zustandsebene wurden wie folgt gewählt:

Strömungsebene	$m_z = 20$ cm
(Abb. 62)	$m_\varphi = 0{,}8$ cm
	$m_x = 40$ cm.
Zustandsdiagramm	$m_u = 32$ cm
(Abb. 63)	$m_p = [2/(\varkappa - 1)]\, m_u = 200$ cm.

Die Poldistanz H ergibt sich aus Gl. (48):

$$H = \frac{m_u\, m_z}{m_x} = 16\,\mathrm{cm}\,.$$

Die Bezugslänge L in $X = x/L$ und $Z = a_1\, t/L$ kann nicht mehr frei gewählt werden, da sonst keine eindeutige Zuordnung zwischen der Z- und der φ-Achse besteht. Für ein Zeitintervall ΔZ gilt:

$$\Delta Z = \frac{a_1}{L}\,\Delta t\,.$$

Δt kann durch $\Delta\varphi$ ausgedrückt werden:

$$\Delta t = \frac{\Delta\varphi}{6\,n}\,.$$

Aus

$$\frac{\Delta Z}{\Delta\varphi} = \frac{m_\varphi}{m_z} = \frac{a_1}{6\,n\,L}$$

erhält man jetzt für die Bezugslänge L:

$$L = \frac{a_1}{6\,n}\,\frac{m_z}{m_\varphi}\,. \tag{147}$$

Mit den Zahlenwerten $a_1 = 520$ m/sek, $n = 3000$ U/min, $m_z = 20$ cm, $m_\varphi = 0{,}8$ cm ergibt sich

$$L = 0{,}722\,\mathrm{m}\,.$$

Die einzelnen Meßstellen und das Rohrende liegen bei folgenden Abszissenwerten der Strömungsebene:

$$X_{\mathrm{I}} = 0{,}241 \qquad X_{\mathrm{II}} = 0{,}684 \qquad \text{Rohrende } X_l = 0{,}858\,.$$

Aus Gl. (147) folgt, daß bei gleichen Maßstäben und konstanter Drehzahl die Bezugslänge L sich linear mit der Schallgeschwindigkeit a_1 ändert. Damit kann in einfacher Weise die Änderung der Form einer Druckwelle auf ihrem Weg durch ein Rohr in Abhängigkeit von der Schallgeschwindigkeit a_1 des ruhenden, ungestörten Mediums überblickt werden (Abb. 60).

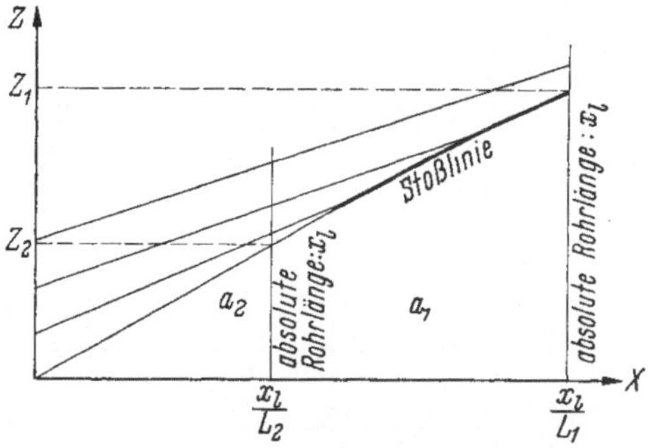

Abb. 60. Einfluß der Schallgeschwindigkeit des ruhenden Mediums auf die Formänderung der Welle

Medium 1 besitze die Schallgeschwindigkeit a_1 und Medium 2 die Schallgeschwindigkeit a_2, außerdem sei $a_1 < a_2$. Die absoluten Rohrlängen x_l sollen in beiden Fällen die gleichen sein. Die zugehörigen bezogenen Rohrlängen $X_{l_1} = x_l/L_1$ und $X_{l_2} = x_l/L_2$ stimmen jedoch wegen $L_1 < L_2$ nicht überein ($X_{l_2} < X_{l_1}$). Wegen der Konstanz der Maßstäbe sind die Neigungen der einander zugeordneten MACH-Linien in beiden Strömungsebenen gleich, so daß sie, übereinander gelegt, sich decken (Abb. 60). Aus Abb. 60 entnimmt man, daß die Druckwelle, die über das heiße Gas (a_2) hinwegläuft, schon zur Zeit Z_2 das Rohrende erreicht und dort an ihrer Front noch einen endlichen Druckanstieg besitzt. Die Druckwelle jedoch, die über das kühlere Gas (a_1) hinwegläuft, kommt erst im Zeitpunkt Z_1 am Rohrende an; ihre Front hat sich inzwischen zu einem Verdichtungsstoß aufgesteilt. Eine Änderung der Schallgeschwindigkeit a_1 ist somit gleichbedeutend mit einer Änderung der Rohrlänge bei konstanter Schallgeschwindigkeit a_1.

Das harte Knattergeräusch in dem Auspuffrohr eines Kraftrades unmittelbar nach dem Anlassen des Motors ist auf Druckwellen zurückzuführen, die infolge der zunächst niedrigen Schallgeschwindigkeit a_1 des ruhenden Mediums (Umgebungsluft) am Ende des Auspuffrohres bereits eine sehr steile Front besitzen.

2. Berechnung der Strömungsebene

In der Strömungsebene der Abb. 62 ist der Druckverlauf an der Meßstelle X_{I} aus Abb. 61 der Ordinate durch $X_{\mathrm{I}} = 0{,}241$ zugeordnet. Die Schallzustände auf ihr müssen so lange auf der Zustandscharakteristik a liegen, bis die am offenen Rohrende reflektierte Welle an der Stelle $X_{\mathrm{I}} = 0{,}241$ eintrifft, da bis zu diesem Zeitpunkt die MACH-Linien der nach rechts laufenden, durch den Vorauslaß angeregten Druckwelle nur von MACH-Linien a des ungestörten Mediums gekreuzt werden. Die Schallzustände liegen sofort mit den bekannten Werten

$$\left(\frac{P}{P_1}\right)_{Aa} \quad \text{bis} \quad \left(\frac{P}{P_1}\right)_{Ja},$$

entnommen aus Abb. 61, auf der Charakteristik a im Zustandsdiagramm (Abb. 63) fest, und damit auch Ort und Richtung der zugehörigen MACH-Linien. Die Abstände, in denen die MACH-Linien aufeinander folgen, wurden dem charakteristischen Verlauf der gemessenen Kurve entsprechend angenommen; sie brauchen für die Rechnung nicht konstant zu sein.

Die Schallzustände, die auf der Ordinate X_I dem Punkt Ja folgen, liegen auf MACH-Linien, die der nach links laufenden Welle zugeordnet sind. Die Lage ihrer

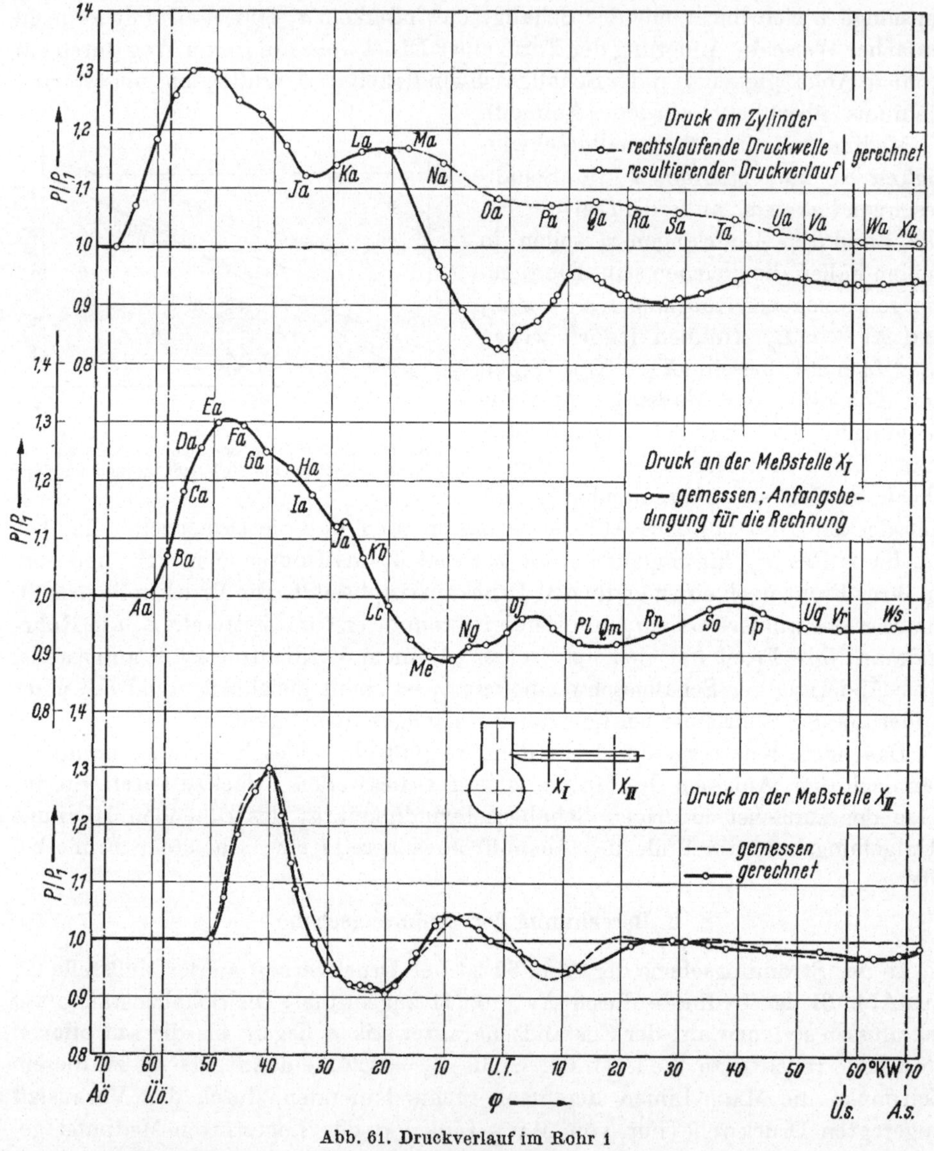

Abb. 61. Druckverlauf im Rohr 1

$P_1 = 10500$ kg/m²

Zustandscharakteristiken im Zustandsdiagramm ist nicht von vornherein gegeben. Man erhält sie, indem man zunächst die Schallzustände auf der Ordinate $X_l = 0{,}858$ des Rohrendes bestimmt, auf der die Randbedingung *Offenes Rohrende* erfüllt sein muß. Im Zustandsdiagramm hat man dazu nur die Zustandscharakteristiken der rechtslaufenden MACH-Linien B, C, usw. zum Schnitt mit der Abszisse des Zustandsdiagramms zu bringen. In den Schnittpunkten Bb, Cc usw. beginnen die Zustandscharakteristiken der bei $X_l = 0{,}858$ reflektierten linkslaufenden Mach-Linien b, c, usw. Die eingezeichnete Mach-Linie a beschreibt den Weg des Fußpunktes der nach links laufenden Störung. Die Mach-Linie b erreicht schließlich

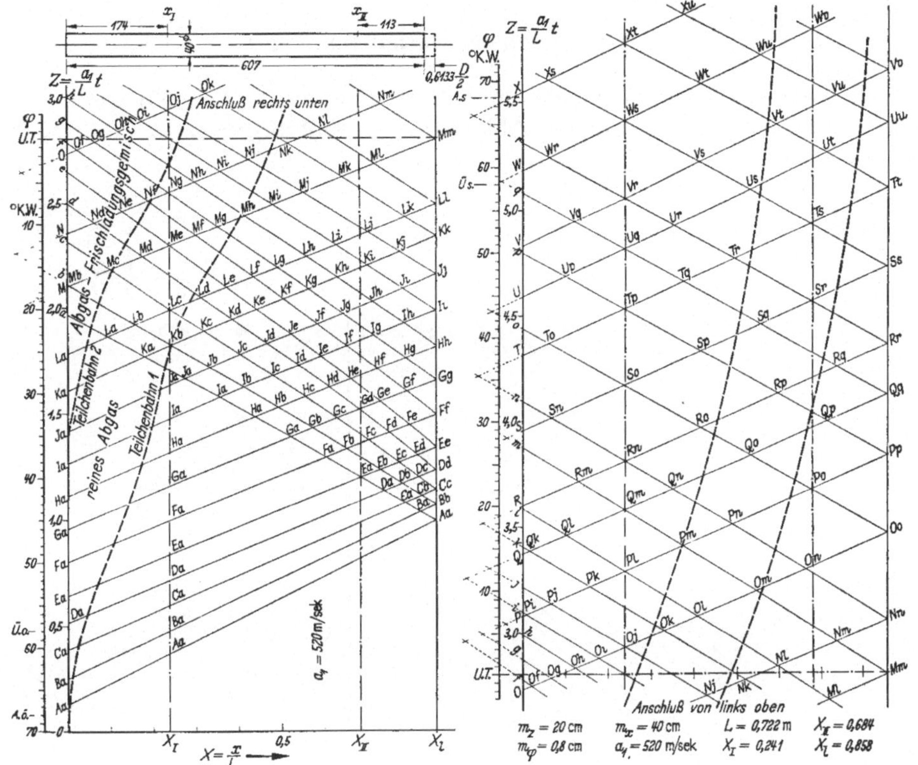

Abb. 62. Strömungsebene des Rohres 1

im Punkt Kb die Ordinate $X_{\mathrm{I}} = 0{,}241$. Der Schallzustand auf Kb im Zustandsdiagramm ergibt sich mit Hilfe des bekannten Wertes $(P/P_1)_{Kb}$. Mit dem Zustandspunkt Kb liegt auch gleichzeitig die Lage der Zustandscharakteristik der rechtslaufenden Mach-Linie K fest. Auf diese Weise kann die Strömungsebene rechts der Ordinate $X_{\mathrm{I}} = 0{,}241$ Punkt für Punkt berechnet werden.

Aber auch das Gebiet links der Ordinate $X_{\mathrm{I}} = 0{,}241$ ist der Berechnung zugänglich, da dieser Teil der Strömungsebene als Fortsetzungsgebiet der Ordinate $X_{\mathrm{I}} = 0{,}241$ aufgefaßt werden kann. Die linke Begrenzung der Strömungsebene wird durch die Z-Achse festgelegt. Auf ihr interessieren die Schallzustände besonders, da sie den Zustandsverlauf unmittelbar am Zylinder angeben. Die Schnittpunkte zweier Mach-Linien fallen meistens nicht auf die Z-Achse. Man verlängert in diesen Fällen die entsprechenden Mach-Linien bis zu ihren Schnittpunkten über die Z-Achse hinaus und bestimmt die Zustände auf ihr durch Interpolation.

Zur Überprüfung der Rechnung sind in Abb. 61 der gerechnete und der gemessene Druckverlauf an der Stelle $X_{\mathrm{II}} = 0{,}684$ gemeinsam über dem Kurbelwinkel φ aufgetragen. Die Übereinstimmung beider Kurven ist gut, so daß man offenbar berechtigt ist, auch die Entropie-Schichtung des Gases im Rohr, welche besonders am Ende der Spülperiode durch die Mischung von Abgas und Frischgas hervorgerufen wird, bei der Berechnung der Strömungsebene zu vernachlässigen.

3. Diskussion des Auspuffvorganges

Die Lage der Zustandspunkte im Zustandsdiagramm (Abb. 63) ergibt sofort einen ersten Überblick über den Ablauf des Auspuffvorganges im Rohr 1. Alle

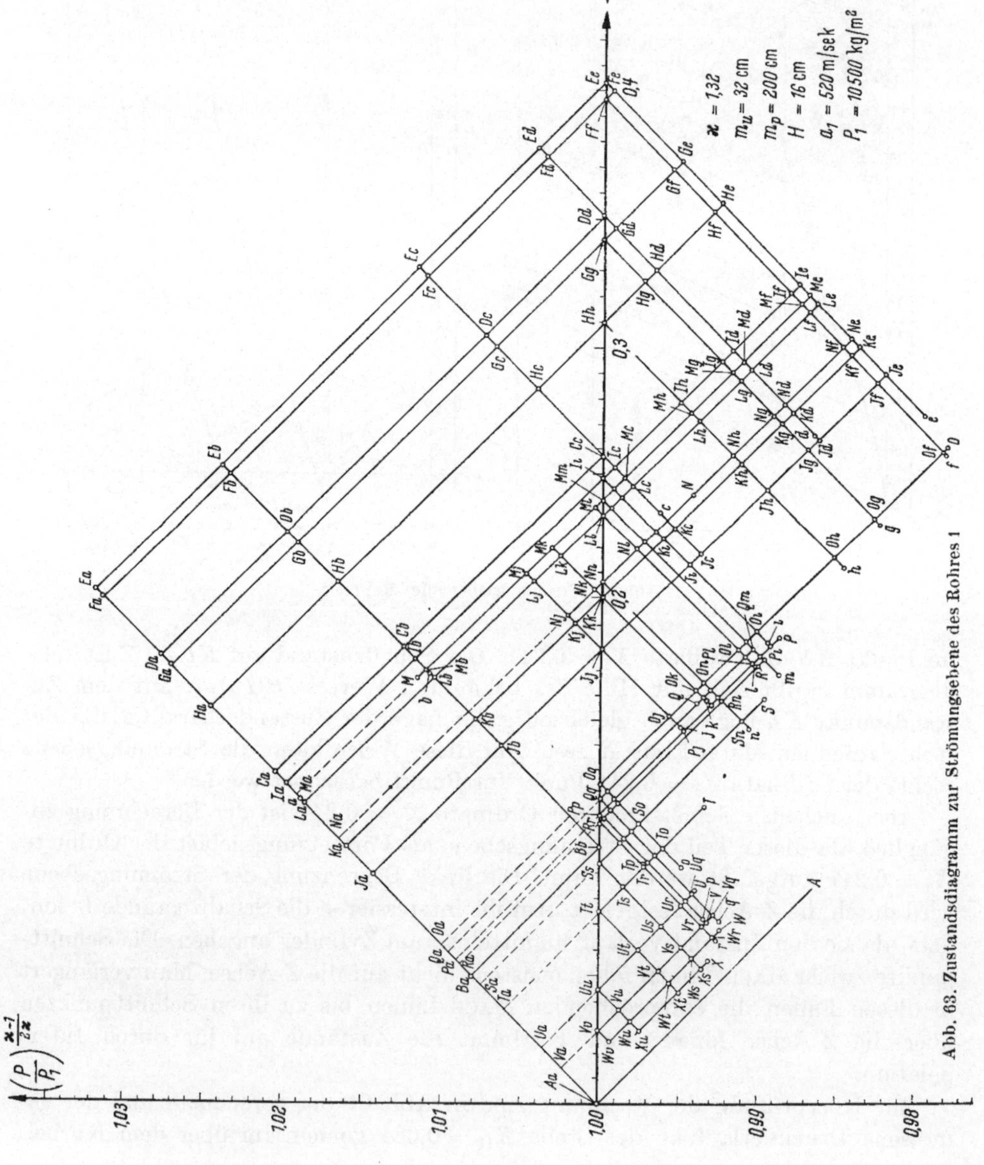

Abb. 63. Zustandsdiagramm zur Strömungsebene des Rohres 1

Zustandspunkte liegen in den Quadranten I und IV des Zustandsdiagramms, und zwar unterhalb und oberhalb der Zustandscharakteristiken a und A. Daraus folgt, daß während des ganzen Gaswechsels eine geschlossene Druckwelle, die während des Vorauslasses ihren maximalen Wert erreicht, nach rechts gegen das offene Rohrende und eine Saugwelle, die die Druckwelle unterwandert, gegen den Auspuffschlitz laufen. Dieses sieht man sofort ein, wenn man die zu den einzelnen Schallzuständen gehörenden Zustandspunkte auf der a- und A-Charakteristik sucht, die die jeweiligen Drücke der vor- und rücklaufenden Welle, bezogen auf das ruhende Medium, angeben. Es strömt also fortlaufend Medium bis zum Abschluß der Auslaßschlitze aus dem Zylinder aus (u/a_1 ist stets positiv).

Das charakteristische Bild des Auspuff-Druckverlaufes eines Zweitaktmotors ist durch zwei Druckberge im Auspuffrohr gekennzeichnet: durch den *Vorauslaßberg* und durch einen zweiten, niedrigeren, der unmittelbar auf den ersten folgt. Dieser zweite Druckberg entsteht durch das Überströmen des Frischgases in den Zylinder. Der zweite Druckberg wird jedoch durch die Messungen an den Stellen $X_{\text{I}} = 0{,}241$ und $X_{\text{II}} = 0{,}684$ nicht nachgewiesen (Abb. 61). Dies ist darauf zurückzuführen, daß die an diesen Stellen ankommende, nach links laufende Saugwelle den resultierenden Zustand dort im wesentlichen bestimmt. Aus der Verteilung der Zustandswerte auf der Zustandscharakteristik a erkennt man jedoch, daß der Druck der rechtslaufenden Welle nach Ja wieder ansteigt und mit dem Zustandspunkt Ma sein Maximum erreicht. In Abb. 61, oberes Diagramm, ist die rechtslaufende Druckwelle, in der Form wie sie am Zylinder abgeht, eingezeichnet. Der zweite Druckberg ist gut zu erkennen.

Das kurbelkastenseitige Einströmen in den Zylinder wird also durch den Schnittpunkt der Mach-Linie J mit der Z-Achse der Strömungsebene festgelegt. Da dieser bei $\varphi = 34{,}3$ °KW v. UT liegt, der abwärtsgehende Kolben die Überströmkanäle jedoch bereits bei $\varphi = 58$ °KW v. UT freigibt, muß Abgas zunächst in die Überströmkanäle zurückgeströmt sein, was den Überströmbeginn von Frischgas in den Zylinder verzögert hat.

Die Saugwelle erreicht mit der eingezeichneten Mach-Linie a bei dem Kurbelwinkel $\varphi = 20{,}7$ °KW v. UT die Zylindermündung und unterstützt auf Grund ihrer Saugwirkung den Gaswechsel. Dieser Einfluß dauert bis zum Abschluß der Auslaßschlitze an. Mit diesem Druckverlauf am Zylinder, der nach Abb. 61 unmittelbar vor UT seinen größten Unterdruck ($P/P_1 = 0{,}832$) erreicht, wird wohl eine gute Spülung erzielt und für den Übertritt einer großen Ladungsmenge in den Zylinder gesorgt, aber die Leistungsausbeute ist relativ gering, da ein großer Teil des eingeströmten Frischgases wieder ungehindert in den Auspuff abströmt. Der Brennstoffverbrauch fällt entsprechend hoch aus. In Abb. 64 sind die Kennlinien des Motors, wie sie sich mit Rohr 1 ergaben, über der Drehzahl aufgetragen. Der mittlere effektive Druck beträgt bei der hier untersuchten Drehzahl $n = 3000$ U/min, $p_e = 4{,}48$ kg/cm². Der zugehörige Brennstoffverbrauch ist $b_e = 536$ g/PSh.

Diese Werte werden zusammen mit den Versuchsergebnissen, die am gleichen Motor mit Rohr 2 erzielt wurden, in Kap. IV D nochmals besprochen.

Die Intensität des Ausströmvorganges kann aus den Neigungen der in die Strömungsebene der Abb. 62 eingetragenen Teilchenbahnen 1 und 2 ersehen werden. Das Teilchen 1, welches als erstes den Zylinder verläßt, erreicht bei Abschluß der

Auslaßschlitze nicht ganz das Rohrende ($X = 0{,}805$) und wird erst in der darauf folgenden Gaswechselperiode aus dem Auspuffrohr ausgestoßen. Teilchenbahn 2 trennt das Abgasvolumen der Vorauslaßperiode von dem Gasgemisch der Spülperiode. Man erkennt deutlich an den Neigungsänderungen der eingetragenen Teilchenbahnen die Saugwirkung der linkslaufenden Saugwelle auf den Zylinderinhalt und den damit verbundenen Verlust an Frischgas.

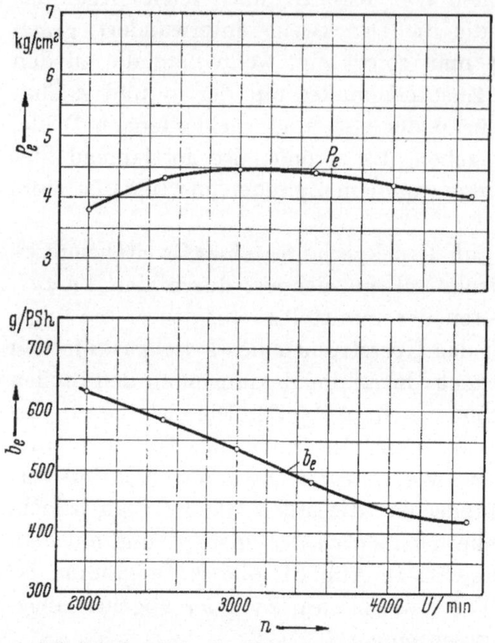

Abb. 64. Kennlinien des Versuchsmotors mit Rohr 1

Zum besseren Verständnis der Zusammenhänge wurde in Abb. 65 über der Z- und X-Achse als dritte Koordinate die (P/P_1)-Achse eingezeichnet. Über den Ordinaten $X = 0$, $X_{\mathrm{I}} = 0{,}241$ und $X_{\mathrm{II}} = 0{,}684$ wurden die zugehörigen zeitlichen Druckverläufe eingetragen. Man sieht, wie sich die Front des ersten Druckberges beim Durchlaufen des Rohres 1 aufsteilt. Der an der Stelle $X_{\mathrm{I}} = 0{,}241$ sehr breite Druckberg wird an der Stelle $X_{\mathrm{II}} = 0{,}684$ durch die reflektierte Welle zu einem schmalen Streifen zusammengedrückt. (Ein ebenso anschauliches Bild der instationären Gasbewegung erhielte man auch, wenn man zu verschiedenen Zeiten $Z = \mathrm{const}$ den Druckverlauf über der Rohrlänge X aufgetragen hätte.)

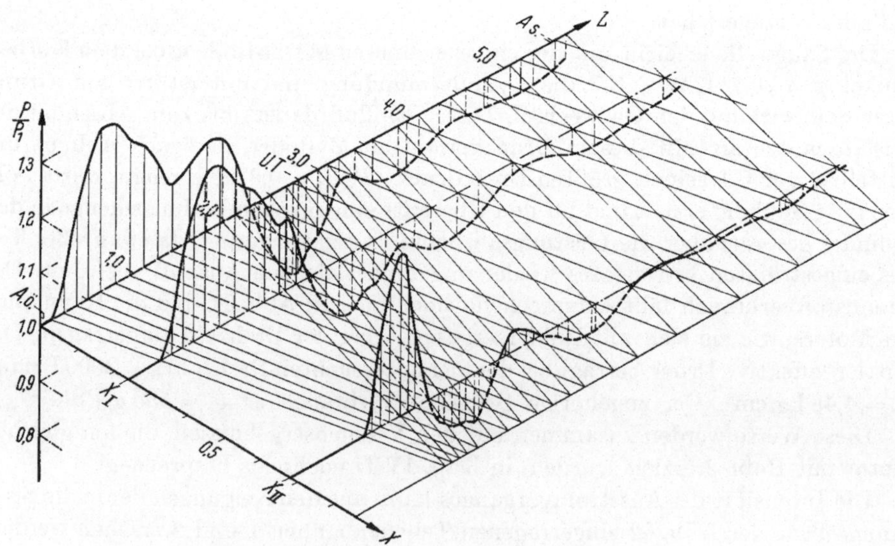

Abb. 65. Strömungsebene des Rohres 1 (vgl. Abb. 62)

C. Berechnung der Bahn des ersten in den Überströmkanal eingedrungenen Abgasteilchens in der Strömungsebene

Im vorigen Abschnitt konnte allein durch die Diskussion der Druckmessung an der Stelle X_I des Rohres 1 festgestellt werden, daß der Beginn der Spülung durch das Rückströmen von Abgas in die Überströmkanäle später einsetzt, als es der geometrischen Vorauslaßzeit $\Delta\varphi = 10\,°\mathrm{KW}$ entspricht. Im allgemeinen wird man bei der Festlegung der Vorauslaßzeit bemüht sein, sie so klein wie möglich zu machen, um einen möglichst großen nutzbaren Hub zu erhalten. Dabei nimmt man bewußt in Kauf, daß der nicht genügend entspannte Zylinderinhalt beim Öffnen der Spülschlitze in die Überströmkanäle eindringen kann und das Einsetzen der Spülung verzögert. Dies darf jedoch nicht so weit getrieben werden, daß Abgasteilchen bis in den Kurbelkasten vordringen und sich dort an Lagerstellen und Gleitflächen absetzen. Korrosionsschäden sind die Folge, die zum Totalausfall der Lager führen. Ein weiterer Grund, der gegen eine übertriebene Verzögerung der Spülung spricht, ist der, daß nicht mehr genügend Ladungsmenge zur Frischladung des Zylinders zur Verfügung steht.

Im folgenden soll nun ein geeignetes Verfahren entwickelt werden, mit dem der zurückgelegte Weg des Abgases in *einem* Überströmkanal des Versuchsmotors festgestellt und der Ablauf der Spülung beurteilt werden kann.

Ein Gas, das in ein enges Rohr eindringt, übt überwiegend eine Verdrängerwirkung auf den Rohrinhalt aus (*Verdrängungsspülung* [*33*]), im Gegensatz also zur *Verdünnungsspülung* im Zylinder eines Zweitaktmotors, bei welcher angenommen wird, daß sich das eingeströmte Gas gleichmäßig mit dem Zylinderinhalt vermischt.

Auf den vorliegenden Fall bezogen soll angenommen werden, daß das in die Überströmkanäle eingedrungene Abgas eine reine Verdrängerwirkung auf das Frischgas ausübt, ohne sich mit ihm zu vermischen. Diese Annahme erlaubt es, die graphische Charakteristikenmethode zur Lösung des vorliegenden Problems heranzuziehen. Die Lebenslinie des ersten in den Überströmkanal eingedrungenen Abgasteilchens stellt dann in der Strömungsebene die Trennungslinie zwischen dem Frischgas- und Abgasgebiet dar.

Gegeben: a) Der gemessene Druckverlauf an der Stelle X_{III} *eines* Überströmkanals bei Vollasteinstellung $p_e = 4{,}48\,\mathrm{kg/cm^2}$ und $n = 3000\,\mathrm{U/min}$ (s. Abb. 58, 69b und 69c). Er wird der Rechnung als Anfangsbedingung zugrunde gelegt.

b) Der Druckverlauf P_{0z} im Zylinder während des Gaswechsels (Abb. 58 und 69d). Er wird zur Bestimmung der Zustandsgrößen des Abgases im Überströmkanal bei dem Bezugsdruck P_1 benötigt.

Die Abmessungen der Überströmkanäle und Anordnung der Meßstelle X_{III} sind in Abb. 55 angegeben.

Gesucht: Der Schallzustandsverlauf in der Strömungsebene *eines* Überströmkanals bis zu dem Zeitpunkt, bei welchem das Überströmen von Frischgas in den Zylinder beginnt, insbesondere die Bahn des ersten Abgasteilchens.

1. Die Kenngrößen der Strömungs- und der Zustandsebene

Die Verträglichkeitsbedingungen der instationären Gasströmung in *einem* Überströmkanal des Versuchsmotors während der Spülperiode sind durch die

Gl. (43) und (62) gegeben. Für das Frischgasgebiet gilt:

$$\pm d \frac{u}{a_1} + \frac{2}{\bar{\varkappa} - 1} d \left[\left(\frac{P}{P_1} \right)^{\frac{\bar{\varkappa}-1}{2\bar{\varkappa}}} \right] = 0 . \tag{43}$$

Die Stoffwerte des Frischgases wurden mit $\bar{\varkappa} = 1{,}4$ und $R_F = 28$ mkg/kg °K angenommen. Für das Abgasgebiet gilt:

$$\left.\begin{aligned} \pm d \frac{u}{a_1} + \frac{2}{\varkappa - 1} e^{\frac{s-s_1}{2c_p}} d \left[\left(\frac{P}{P_1} \right)^{\frac{\varkappa-1}{2\varkappa}} \right] = 0 , \\ d\, e^{\frac{s-s_1}{2c_p}} = 0 . \end{aligned}\right\} \tag{62}$$

$$\varkappa = 1{,}32 , \quad R_A = 30{,}88 \,\text{mkg/kg °K} .$$

Das gemeinsame Zustandsdiagramm beider Gasschichten mit unterschiedlicher Entropie und verschiedenen $\varkappa$-Werten wurde bereits in Abschn. B 3b (Abb. 19) mit den hier gültigen Bezugsgrößen festgelegt.

Als Bezugsdruck wurde der Druck des Frischgases im Überströmkanal beim Öffnen der Überströmschlitze ($\varphi = 58$ °KW v. UT) gewählt. Aus der Messung in Abb. 69b entnimmt man den Mittelwert $P_1 \doteq 14600$ kg/m². Die Druckschwingung, die sich im Überströmkanal der Kompressionslinie überlagert, wurde vernachlässigt.

Für die Berechnung der Bezugsschallgeschwindigkeit a_1 der Frischgasschicht bei dem Kurbelkastendruck $P_1 = 14600$ kg/m² wird der Verlauf der Kompressionslinie des Kurbelkastensdruckes über dem Kurbelkastenvolumen V_k benötigt. In Ermangelung einer direkten Druckmessung im Kurbelkasten wurde die Druckmessung im Überströmkanal an der Stelle X_{III} in den Bereichen, in welchen keine große Teilchenbewegung auftritt, auch als gültig für den Verlauf des Kurbelkastendruckes angesehen. Nicht identisch mit dem Kurbelkastendruck ist der Druckverlauf im Überströmkanal am Anfang der Spülperiode nach Öffnung der Überströmschlitze ($\varphi = 58$ °KW v. UT). In diesem Zeitabschnitt treten sehr große Teilchengeschwindigkeiten auf (s. Abb. 71). In Abb. 66 wurde der Druckverlauf $P_{X_{\text{III}}}$ über dem Kurbelkastenvolumen V_k aufgetragen und durch den Punkt 1 ($P_1 = 14600$ kg/m²) bis zum Punkt 4′ eine Isentrope ($\bar{\varkappa} = 1{,}4$) gezogen. Man sieht, daß die Verdichtung im Kurbelkasten, beginnend bei halbgeschlossenen Einlaßschlitzen, nahezu isentropisch verläuft. Bei der Expansionslinie kann dies nicht so eindeutig festgestellt werden, da hier die Rückwirkungen der Überströmperiode auf den Druckverlauf in Form von Druckschwingungen noch stärker spürbar sind.

Die zu P_1 gehörende Temperatur T_1 ergibt sich jetzt aus:

$$T_1 = T_{0k4'} \left(\frac{P_1}{P_{0k4'}} \right)^{\frac{\bar{\varkappa}-1}{\bar{\varkappa}}} .$$

$T_{0k4'}$ ist jedoch unbekannt. Nun ist nach Abb. 66 $P_{0k4'} \approx P_0$, so daß T_1 angenähert auch aus folgender Formel berechnet werden kann:

$$T_1 \approx \tau T_0 \left(\frac{P_1}{P_0} \right)^{\frac{\bar{\varkappa}-1}{\bar{\varkappa}}} . \tag{148}$$

τ ist ein Faktor, der die Aufheizung der eintretenden Frischladung durch Verwirbelung und Wärmeübergang von der Wand berücksichtigt [33]. P_0 und T_0

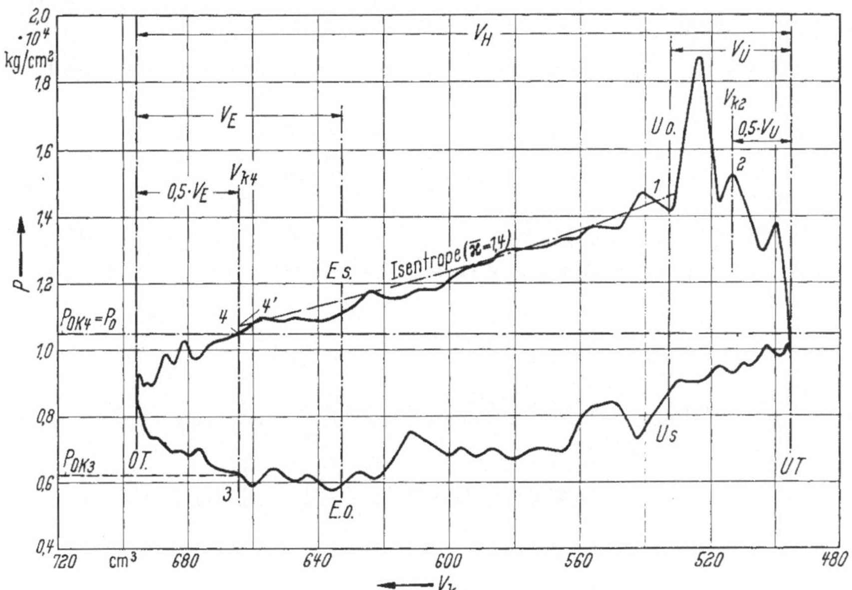

Abb. 66. Druckdiagramm des Kurbelkastens

sind die Außenzustandsgrößen des Frischgases. Mit $\tau = 1{,}05$, $T_0 = 290\,°\mathrm{K}$, $P_0 = 10500\,\mathrm{kg/m^2}$ und $P_1 = 14600\,\mathrm{kg/m^2}$ erhält man:

$$T_1 = 1{,}05 \cdot 290 \cdot \left(\frac{14600}{10500}\right)^{\frac{1,4-1}{1,4}} = 334\,°\mathrm{K}.$$

Die Bezugsschallgeschwindigkeit a_1 kann nun mit den Gl. (1) und (12) aus folgender Formel berechnet werden:

$$a_1 = \sqrt{g \varkappa R_F T_1} = \sqrt{9{,}81 \cdot 1{,}4 \cdot 28 \cdot 334} = 357\,\mathrm{m/sek}.$$

Die Bestimmung der Schallgeschwindigkeit a_2 der Abgasschicht im Überströmkanal bei dem Bezugsdruck $P_1 = 14600\,\mathrm{kg/m^2}$ ist etwas umständlicher.

Im folgenden werden die Formeln zusammengestellt, die eine angenäherte Berechnung von a_2 bei bekanntem Kurbelkastendruck und Zylinderdruck erlauben.

Es werde von der Abgastemperatur T_{0za} ausgegangen, die sich beim Öffnen des Auspuffschlitzes im Zylinder einstellt. Sie ergibt sich mit Hilfe der Gaszustandsgleichung aus:

$$T_{0za} = \bar{T}_{0za} \frac{P_{0za}}{\bar{P}_{0za}} \frac{\bar{R}_z}{R_A}. \tag{149}$$

P_{0za} ist der Zylinderdruck beim Öffnen des Auspuffschlitzes, $\bar{P}_{0za}$ und $\bar{T}_{0za}$ sind die Zustandswerte der Ladung im Zylinder am Ende der Spülung bei Abschluß des Auspuffschlitzes. R_A ist die Gaskonstante des Abgases. $\bar{R}_z$ ist die Gaskonstante des Frischgases und des Rauchgasrestes am Ende der Spülung im Zylinder. P_{0za} und $\bar{P}_{0za}$ sind durch die Messung bekannt. Aus Abb. 69d entnimmt man die Werte $P_{0za} = 35\,800$ kg/m² und $\bar{P}_{0za} = 10\,900$ kg/m².

Die Temperatur $\bar{T}_{0za}$ kann mit Hilfe einer Näherungsgleichung von LIST [33] berechnet werden:

$$\bar{T}_{0za} = T_s \frac{1 - (1 - \lambda'_s)(\bar{P}_{0za}/P_{0za})^{\frac{1}{\varkappa}}\,\bar{\delta}}{\lambda'_s} \left(\frac{\bar{P}_{0za}}{P_{0zm}}\right)^{\frac{\varkappa - 1}{\varkappa}}. \tag{150}$$

T_s ist die Temperatur der Ladung beim Einströmen in den Zylinder. Sie kann angenähert nach [33], S. 199 und 204, ermittelt werden aus

$$T_s = \frac{T_{0k4} + T_{0k2}}{2} \approx \frac{1}{2}\left[\tau T_0 + \tau T_0 \left(\frac{V_{k4}}{V_{k2}}\right)^{\varkappa - 1}\right], \tag{151}$$

und mit den Volumina $V_{k4} = 664{,}5$ cm³ und $V_{k2} = 514{,}7$ cm³ aus Abb. 66 erhält man:

$$T_s = \frac{1}{2}\left[1{,}05 \cdot 290 + 1{,}05 \cdot 290 \left(\frac{664{,}5}{514{,}7}\right)^{1{,}4 - 1}\right] = 321\,°\mathrm{K}.$$

P_{0zm} ist der mittlere Zylinderdruck während der Spülung. Er wurde nach Abb. 69d mit $P_{0zm} = 10\,600$ kg/m² angenommen.

$\bar{\delta}$ gibt das Molverhältnis von Abgas zum Frischgas und Abgasrest am Ende der Spülung im Zylinder an und kann durch das Verhältnis der Gaskonstanten ausgedrückt werden. Setzt man für $\bar{R}_z = 29$ mkg/kg °K, so erhält man für

$$\bar{\delta} = \frac{R_A}{\bar{R}_z} = \frac{30{,}88}{29} = 1{,}065.$$

λ'_s bedeutet den Spülgrad, der das Verhältnis des am Ende der Spülperiode im Zylinder verbliebenen Frischladungsvolumens zum Zylindervolumen angibt, jedoch hat zwischen Frischgas und Rauchgasrest noch kein Temperaturausgleich stattgefunden. λ'_s kann aus

$$\lambda'_s = 1 - e^{-\Lambda'_z} \tag{152}$$

berechnet werden ([33], S. 44), wenn man voraussetzt, daß im Zylinder eine *Verdünnungsspülung* stattfindet. Der spülende Ladungsaufwand Λ'_z ist das Verhältnis des Frischladungsvolumens (Zustand im Zylinder vor Temperaturausgleich) zum mittleren Zylindervolumen V_{zm} während der Spülung. Für den spülenden Ladungsaufwand Λ'_z gilt nach [33]:

$$\Lambda'_z = \frac{P_0}{P_{0zm}} \frac{T_s}{T_0} \frac{V_H}{V_{zm}} \Lambda_0. \tag{153}$$

Hierin ist Λ_0 der Ladungsaufwand, der das Verhältnis des Frischladungsvolumens im Außenzustand zum Hubvolumen angibt (s. a. S. 121). Wenn man die Kolbenbewegung während des Einsaugens in den Kurbelkasten vernachlässigt, kann Λ_0 aus folgender Formel berechnet werden [33]:

$$\Lambda_0 = \frac{1}{\varkappa} \frac{1}{\tau} \frac{V_{k4}}{V_H} \frac{P_{0k4} - P_{0k3}}{P_0}. \tag{154}$$

Hierin ist V_{k4} das Kurbelkastenvolumen bei halber Öffnung der Einlaßschlitze. P_{0k4} und P_{0k3} sind die zugehörigen Drücke. Aus Abb. 66 entnimmt man die Werte $V_{k4} = 664{,}5\ \mathrm{cm}^3$, $P_{0k3} = 6250\ \mathrm{kg/m}^2$ und $P_{0k4} = 10500\ \mathrm{kg/m}^2$.

Gl. (154) in Gl. (153) eingesetzt ergibt:

$$\Lambda_z' = \frac{1}{\varkappa}\,\frac{1}{\tau}\,\frac{V_{k4}}{V_{zm}}\,\frac{T_s}{T_0}\,\frac{P_{0k4} - P_{0k3}}{P_{0zm}}\,. \tag{155}$$

Mit $V_{zm} = 223{,}9\ \mathrm{cm}^3$ und den bereits genannten Zahlenwerten erhält man:

$$\Lambda_z' = 0{,}895\,.$$

λ_s' errechnet sich mit diesem Zahlenwert zu

$$\lambda_s' = 1 - \mathrm{e}^{-0{,}895} = 0{,}592\,.$$

Die Temperatur $\overline{T}_{0za}$ kann nun nach Gl. (150) berechnet werden:

$$\overline{T}_{0za} = 456\ {}^\circ\mathrm{K}\,.$$

Für die Abgastemperatur T_{0za} beim Öffnen der Auspuffschlitze ergibt sich schließlich mit Gl. (149):

$$T_{0za} = 1430\ {}^\circ\mathrm{K}\,.$$

Die Temperatur T_2 des in den Überströmkanal eingedrungenen und auf $P_1 = 14600\ \mathrm{kg/m}^2$ entspannten Abgases erhält man aus:

$$T_2 = T_{0za}\left(\frac{P_1}{P_{0za}}\right)^{\frac{\varkappa-1}{\varkappa}} \mathrm{e}^{\frac{s_2 - s_{0z}}{c_p}}\,. \tag{156}$$

$\mathrm{e}^{(s_2 - s_{0z})/c_p}$ ist der mittlere Entropieanstieg des in den Überströmkanal eingedrungenen Abgases. Er muß zunächst angenommen werden. In Gl. (156) wurde der geschätzte Mittelwert $\mathrm{e}^{(s_2 - s_{0z})/c_p} = 1{,}060$ eingesetzt und die Temperatur $T_2 = 1200\ {}^\circ\mathrm{K}$ ermittelt. Seine Nachrechnung, die mit Hilfe des Randbedingungsdiagramms durchgeführt wurde, ergab den Wert $\mathrm{e}^{(s_2 - s_{0z})/c_p} = 1{,}052$, mit dem jedoch der Wert für T_2 nicht nochmals korrigiert wurde. Mit den gegebenen Zustandswerten auf dem zylinderseitigen Rand der Strömungsebene (Abb. 70 und 71) und dem gemessenen Druckverlauf im Zylinder (Abb. 69) liegen die zugehörigen Zustandspunkte im Randbedingungsdiagramm sofort fest. Zu den einzelnen Zustandspunkten gehören $\mathrm{e}^{[(s_2)_i - s_{0z}]/2c_p}$-Werte, die der örtlichen Mittelwertbildung zur Bestimmung von $\mathrm{e}^{(s_2 - s_{0z})/c_p}$ zugrunde gelegt wurden.

Die zu $T_2 = 1200\ {}^\circ\mathrm{K}$ gehörende Schallgeschwindigkeit a_2, deren Bestimmung eingangs als Aufgabe gestellt war, beträgt jetzt:

$$a_2 = \sqrt{g\varkappa R_A T_2} = \sqrt{9{,}81\cdot 1{,}32\cdot 30{,}88\cdot 1200} = 692\ \mathrm{m/sek}.$$

Mit $P_1 = 14600\ \mathrm{kg/m}^2$, $a_1 = 357\ \mathrm{m/sek}$, $a_2 = 692\ \mathrm{m/sek}$ und $a_2/a_1 = \mathrm{e}^{(s_2 - s_1)/2c_p} = 1{,}938$ sind die Bezugsgrößen des gemeinsamen Zustandsdiagramms bestimmt. Das hier gültige Zustandsdiagramm mit den Neigungen der Zustandscharakteristiken wurde bereits in Abschn. III B 3b (Abb. 19b) aufgestellt. Die Maßstäbe dieses Diagramms wurden so gewählt, daß die DE HALLERsche Konstruktion zur Bestimmung der Neigungen der MACH-Linien günstige Abmessungen erhielt. Die Zustände selbst wurden in einem Diagramm mit größeren Maßstäben (Abb. 71) ermittelt und in das Zustandsdiagramm der Abb. 19b übertragen. Im einzelnen wurden die Maßstäbe der Koordinatenachsen der Strömungsebene (Abb. 70) und der Zustandsebenen (Abb. 19b und 71) wie folgt festgelegt:

Strömungsebene (Abb. 70): $m_z = 5$ cm

$m_\varphi = 1$ cm

$m_x = 20$ cm.

Bezugslänge: $L = \frac{a_1}{6n} \frac{m_z}{m_\varphi} = 0{,}099$ m.

Bezogene Gesamtlänge des Überströmkanals: $X_l = 0{,}838$.

Abszissenwert der Meßstelle X_{III} in der Strömungsebene (Abb. 55):

$$X_{\mathrm{III}} = 0{,}323\,.$$

Zustandsebene (Abb. 19b): $m_u = 20$ cm; $m_p = [2/(\varkappa - 1)]\, m_u = 100$ cm.

Neigungen der Zustandscharakteristiken des Abgasgebietes: $\tan\alpha^* = \mp\, 0{,}487$.

Neigungen der Zustandscharakteristiken des Frischgasgebietes: $\tan\alpha \;\; = \mp\, 1$.

Poldistanz: $H = m_u m_z / m_x = 5$ cm.

Zustandsdiagramm (Abb. 71): $m_u = 200$ cm; $m_p = [2/(\varkappa - 1)]\, m_u = 1000$ cm.

2. Randbedingung „Kurbelkastenmündung"

Im Kap. IV B wurde gezeigt, daß zur vollständigen Berechnung der Strömungsebene einer instationären Strömung in einem Rohr von begrenzter Länge neben einer Anfangsbedingung $P = f(Z)$ die Kenntnis einer weiteren Bedingung notwendig ist, da sie die Zustandscharakteristiken der Mach-Linien der zweiten Schar festlegt. Die Randbedingung des kurbelkastenseitigen Endes des Überströmkanals ist einfacher zu formulieren als die der Zylindermündung, und sie soll daher der Rechnung zugrundegelegt werden.

Nach Öffnung der Überströmschlitze wird mit Beginn des Eindringens der Abgase in die beiden Überströmkanäle eine instationäre Strömung angeregt. Der Druck an der Meßstelle X_{III} entspricht jetzt nicht mehr dem Druck P_{0k} des Kurbelkastens. Dieser kann als sehr großer Behälter aufgefaßt werden, in dem die instationäre Gasbewegung vernachlässigbar ist. Die Abgase drängen zunächst Frischgas in den Kurbelkasten zurück. Es findet also ein Einströmvorgang in einen Behälter statt, und die Randbedingung kann gemäß dem Diagramm in Abb. 46b formuliert werden. Wegen $\alpha = 1$ und $f/F = 1$ gehört zu dem Schallzustand einer nach links zur Kurbelkastenmündung laufenden Mach-Linie im Endquerschnitt $X_l = 0{,}838$ der Kurbelkastendruck P_{0k}. Das Druckverhältnis P_v/P_{0v} in Abb. 46b ist also gleich $\hat{P}/P_{0v} = P_{0k}/P_{0v}$. Der Schallzustand auf dem kurbelkastenseitigen Rand der Strömungsebene ist dann richtig bestimmt, wenn zu einem vorgegebenen P_{Ord}/P_{0v} ein P_v/P_{0v} gehört, welches gleich P_{0k}/P_{0v} ist. P_{Ord} ist aus $(P_{Ord}/P_1)^{(\varkappa-1)/2\varkappa}$ bekannt, dem Schnittpunkt der Zustandscharakteristik jener linkslaufenden Mach-Linie, auf der der Schallzustand gesucht wird, mit der Ordinate des Zustandsdiagramms. P_{0k} muß ebenfalls gegeben sein. Seine Berechnung wird im nächsten Abschnitt angegeben. P_{0v} wird entsprechend gewählt.

Die Frischgasmenge, die innerhalb eines endlichen Kurbelwinkelbereiches $\Delta\varphi$ aus zwei Kanälen in den Kurbelkasten zurückströmt, ergibt sich mit dem dimensionslosen Gewichtsdurchsatz $\bar{G}_v$, welcher ebenfalls aus Abb. 46b entnommen wird, gemäß Gl. (122) aus:

$$\Delta G_{ek} = \bar{G}_v \, g \, F_v \frac{\bar{\varkappa}}{\sqrt{(\bar{\varkappa}-1)/2}} \frac{P_{0v}}{a_{0v}} \frac{1}{6n} \Delta\varphi . \tag{157}$$

Mit $g = 9{,}81$ m/sek², $F_v = 2 \cdot 3{,}2 \cdot 10^{-4}$ m² (Querschnitt zweier Überströmkanäle), $\bar{\varkappa} = 1{,}4$, $n = 3000$ U/min vereinfacht sich Gl. (157) zu:

$$\Delta G_{ek} = 1{,}092 \cdot 10^{-6} \bar{G}_v \frac{P_{0v}}{a_{0v}} \Delta\varphi . \tag{158}$$

Das jeweils gültige a_{0v} kann aus $a_{0v} = a_1 (P_{0v}/P_1)^{(\bar{\varkappa}-1)/2\bar{\varkappa}}$ berechnet werden.

Strömt umgekehrt Frischgas aus dem Kurbelkasten in die Überströmkanäle aus, so verhält sich die Kurbelkastenmündung ähnlich wie eine Borda-Mündung. Allerdings ist die Bedingungslinie nicht mehr der Berechnung zugänglich, wie es noch bei der Borda-Mündung möglich war. Die Kurbelkastenmündung kann als Öffnung eines Gefäßbodens aufgefaßt werden [*39*]. Nach [*34*] sind die Einschnürung und damit die Verluste eines Strahles, welcher aus der Öffnung eines Gefäßbodens austritt, geringer als die des Borda-Strahles. Die Bedingungslinie der Kurbelkastenmündung im Randbedingungsdiagramm wird also zwischen den Bedingungslinien Borda nach Gl. (99) und $\alpha = 1$ liegen (Abb. 67). Es sei für die Rechnung angenommen, daß die Bedingungslinie *Kurbelkastenmündung* für den Ausströmvorgang aus dem Kurbelkasten sich mit der Linie $\alpha = 0{,}9$ deckt. Damit liegen die gesuchten Schallzustände auf der Kurve $\alpha = 0{,}9$ des Randbedingungsdiagramms und können von dort in das Zustandsdiagramm übertragen werden (vgl. Abschn. III C 4a).

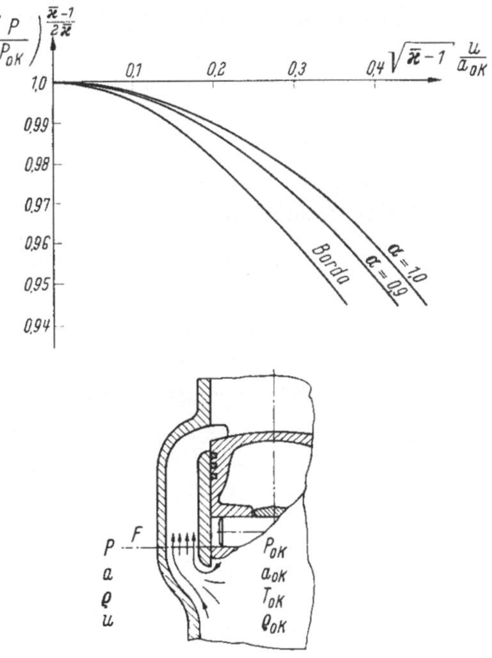

Abb. 67. Randbedingung *Kurbelkastenmündung*

Die geringfügige Entropieschichtung des Frischgases durch die Drosselung beim Eintritt in die Überströmkanäle sei vernachlässigt. Die Schallgeschwindigkeiten a_1 und a_{0k} gehören demnach einer gemeinsamen Isentrope an. Die Neigung der übertragenen Zustandscharakteristik ist im Randbedingungsdiagramm somit durch den Hilfsabszissenwert $e^{(s_1 - s_{0k})/2c_p} = 1$, $(\bar{\varkappa} = 1{,}4)$ gegeben. Mit der Bestimmung des Zustandspunktes an der Kurbelkastenmündung im Randbedingungsdiagramm liegt auch der dimensionslose Gewichtsdurchsatz $\bar{G}$ fest. Aus Gl. (122)

kann das innerhalb eines endlichen Kurbelwinkelbereiches $\Delta\varphi$ aus dem Kurbelkasten ausfließende Gewicht berechnet werden:

$$\Delta G_{ak} = \bar{G}\, g\, F \frac{\bar{\varkappa}}{\sqrt{(\bar{\varkappa}-1)/2}} \frac{P_{0k}}{a_{0k}} \frac{1}{6n} \Delta\varphi . \tag{159}$$

Mit $g = 9{,}81\ \mathrm{m/sek^2}$, $\bar{\varkappa} = 1{,}4$, $F = 2 \cdot 3{,}2 \cdot 10^{-4}\ \mathrm{m^2}$ und $n = 3000$ U/min erhält man:

$$\Delta G_{ak} = 1{,}092 \cdot 10^{-6}\, \bar{G} \frac{P_{0k}}{a_{0k}} \Delta\varphi . \tag{160}$$

Die Berechnung von P_{0k} und a_{0k} wird im nächsten Abschnitt angegeben.

3. Kurbelkastendruck P_{0k}

Zur Auffindung des Zustandspunktes an der Kurbelkastenmündung des Überströmkanals wird die Größe des Kurbelkastendruckes P_{0k} benötigt. Die schrittweise Berechnung des Verlaufes des Kurbelkastendruckes erfolgt mit der von Eichelberg [8] angegebenen Differentialgleichung, die ganz allgemein die Druckänderung dP eines Behälters, hervorgerufen durch das eintretende Gewicht dG_e, das ausströmende Gewicht dG_a und die Volumenzunahme dV des Behälters (Kolbenbewegung), beschreibt. Der Einfluß der instationären Strömung wird vernachlässigt; es sei angenommen, daß die Geschwindigkeitsenergie des in den Behälter einströmenden Mediums unmittelbar nach seinem Eintritt verwirbele.

Durch Logarithmieren und Differenzieren der Gaszustandsgleichung und mit Hilfe der Energie- und Gewichtsbilanz für den Behälterinhalt erhält man folgende Differentialgleichung:

$$\frac{dP}{P} = \varkappa \frac{c_{pe}}{c_p} \frac{T_e}{T} \frac{dG_e}{G} - \varkappa \frac{dG_a}{G} - \varkappa \frac{dV}{V} . \tag{161}$$

c_{pe} bedeutet die spezifische Wärme und T_e die Ruhetemperatur des eintretenden Mediums, G das Gewicht des Behälterinhaltes beim Volumen V, Temperatur T und Druck P. c_p ist die spezifische Wärme des Behälterinhaltes. Gl. (161) ist nur schrittweise lösbar.

Die Druckänderung ΔP_{0k} im Kurbelkasten durch das eintretende Frischgas während eines endlichen Zeitraumes ΔZ ergibt sich jetzt aus:

$$\frac{\Delta P_{0k}}{P_{0k}} = \bar{\varkappa} \left(\frac{P_{0v}}{P_{0k}}\right)^{\frac{\bar{\varkappa}-1}{\bar{\varkappa}}} \frac{\Delta G_{ek}}{G_k} - \bar{\varkappa} \frac{\Delta V_k}{V_k} . \tag{162}$$

$c_{pe}/c_p = 1$, da nur Frischgas in den Kurbelkasten zurückströmt.

Für T_e/T wurde gesetzt:

$$\frac{T_e}{T} = \frac{T_{0v}}{T_{0k}} = \left(\frac{a_{0v}}{a_{0k}}\right)^2 \approx \left(\frac{P_{0v}}{P_{0k}}\right)^{\frac{\bar{\varkappa}-1}{\bar{\varkappa}}} . \tag{163}$$

a_{0v} und a_{0k} liegen nicht auf einer gemeinsamen Isentrope. Da jedoch nur wenig Frischgas in den Kurbelkasten zurückströmt, ist die Abweichung von der Isentrope sehr gering, so daß sie hier ohne weiteres vernachlässigt werden kann.

ΔG_{ek} ist aus Gl. (158) bekannt; allerdings mit der Voraussetzung, daß der Kurbelkastendruck P_{0k} – gültig in der Mitte des jeweiligen Rechenschrittes –

bereits gegeben ist. Er muß zunächst vorausgeschätzt und dann mit Hilfe von Gl. (162) überprüft werden.

G_k ist der Gewichtsinhalt des Kurbelkastens beim jeweiligen Druck P_{0k}, Temperatur T_{0k} und Volumen V_k. Sein Ausgangswert beim Öffnen der Überströmschlitze ($\varphi = 58$ °KW v. UT) ergibt sich mit Hilfe der Gaszustandsgleichung:

$$G_{k1} = \frac{P_1 V_1}{R_F T_1}. \quad (164)$$

Mit den Zahlenwerten $P_1 = 14600$ kg/m², $V_1 = 5{,}334 \times 10^{-4}$ m³, $T_1 = 334$ °K und $R_F = 28$ mkg/kg °K erhält man:

$$G_{k1} = 8{,}38 \cdot 10^{-4}\,\text{kg}.$$

Die Änderung von G_k ist dann jeweils durch Gl. (158) oder (160) gegeben.

Einer Volumenänderung ΔV_k des Kurbelkastens entspricht eine gleich große Änderung ΔV_z des Zylindervolumens V_z. Mit Hilfe der bekannten Formel

$$V_z = \frac{1}{2}\left(1 + \cos\varphi + \frac{1}{2}\,\frac{r}{l}\sin^2\varphi\right) V_H + V_C \quad (165)$$

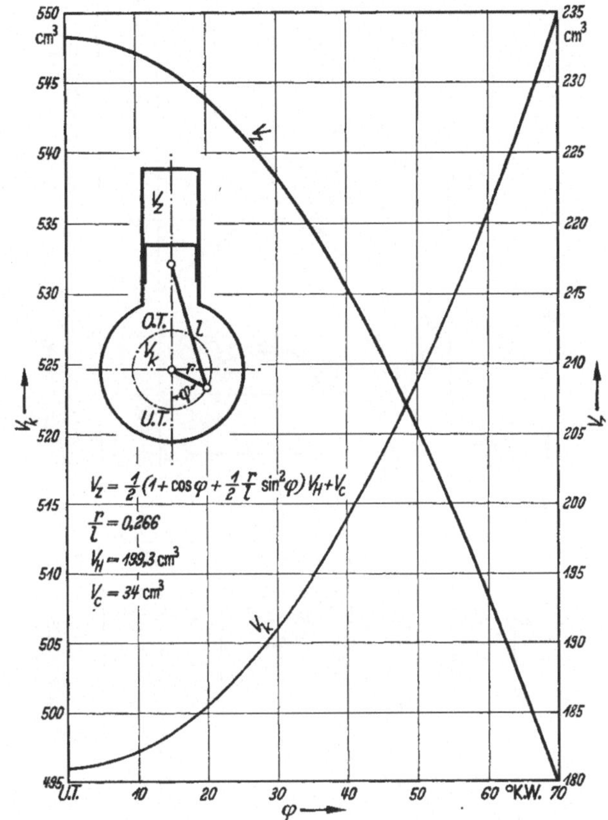

Abb. 68. Zylinder- und Kurbelkastenvolumen in Abhängigkeit vom Kurbelwinkel

kann das Zylindervolumen bei jedem Kurbelwinkel berechnet werden. $r/l = 0{,}266$ ist die Größe des Pleuelstangenverhältnisses, $V_H = 199{,}3$ cm³ das Hubvolumen und $V_C = 34$ cm³ das Kompressionsvolumen. Mit diesen Werten wurde Gl. (165) in Abb. 68 ausgewertet.

Strömt Frischgas aus dem Kurbelkasten in die beiden Überströmkanäle aus, so ist

$$\frac{\Delta P_{0k}}{P_{0k}} = -\bar{\varkappa}\,\frac{\Delta G_{ak}}{G_k} - \bar{\varkappa}\,\frac{\Delta V_k}{V_k}. \quad (166)$$

ΔG_{ak} erhält man aus Gl. (160).

In Abb. 69a sind über dem Kurbelwinkel φ neben P_{0k} und G_k auch die Zustandsgrößen a_{0k} und T_{0k} aufgetragen. Ihre Werte ergeben sich wegen des isentropen Zusammenhanges aus:

$$a_{0k} = a_1\left(\frac{P_{0k}}{P_1}\right)^{\frac{\bar{\varkappa}-1}{2\bar{\varkappa}}} \quad (167)$$

und

$$T_{0k} = \frac{a_{0k}^2}{\bar{\varkappa}\, g\, R_F} = 2{,}6 \cdot 10^{-3}\, a_{0k}^2. \quad (168)$$

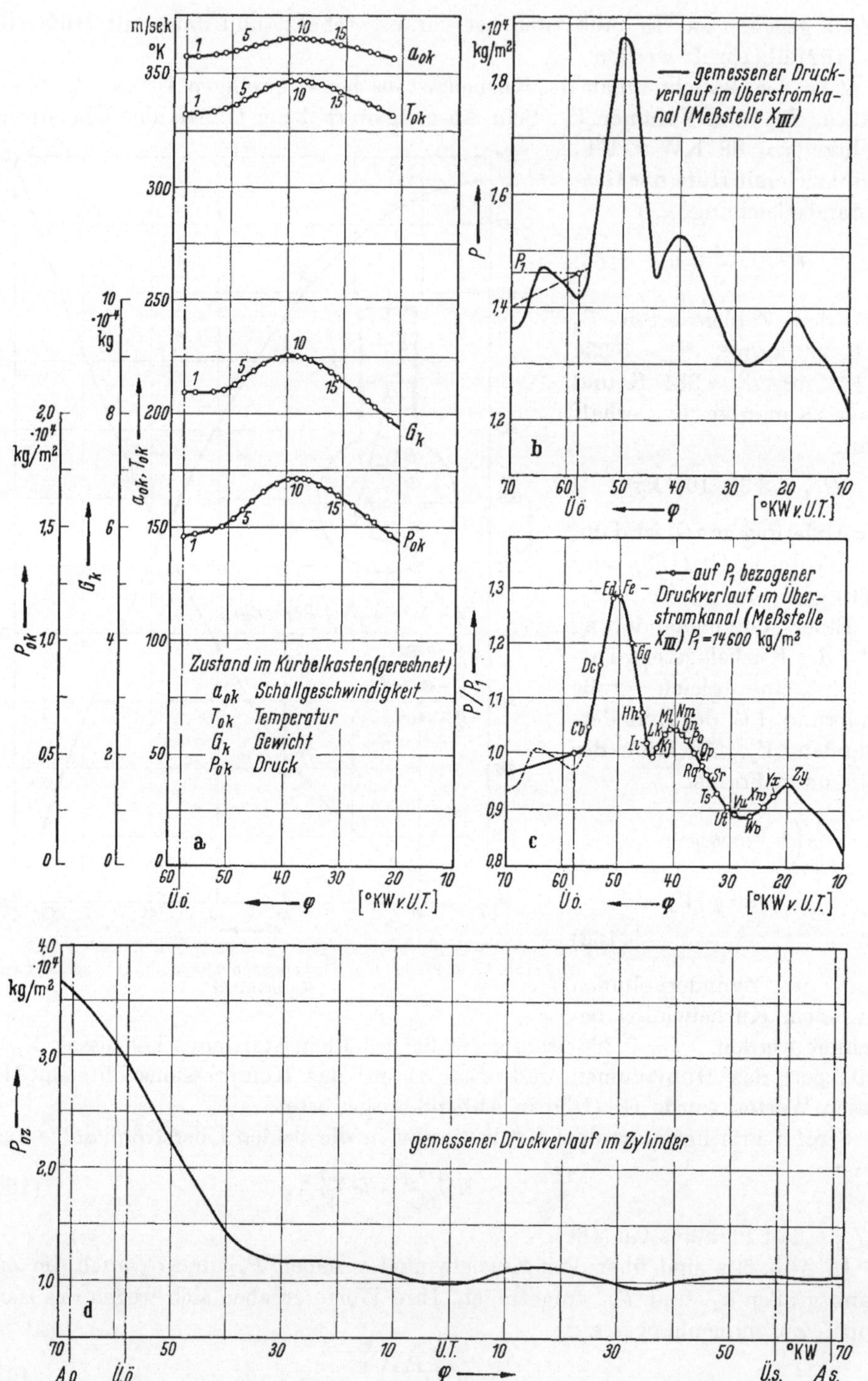

Abb. 69 a–d. Zustandsverlauf im Kurbelkasten (a), Druckverläufe im Überströmkanal (b u. c) und Zylinder (d)

4. Berechnung der Strömungsebene

Die Rechnung wurde nur für die Strömungsebene *eines* Überströmkanals durchgeführt. Sie gilt analog auch für den zweiten.

Abb. 70 zeigt die Strömungsebene *eines* Überströmkanals, Abb. 71 das zugehörige Zustandsdiagramm. In den Abb. 69b und 69c ist der gemessene Druckverlauf im Überströmkanal an der Stelle X_{III} absolut und dimensionslos über dem Kurbelwinkel φ aufgetragen. Dieser Druckverlauf ist der Ordinate $X_{III} = 0{,}323$ der Strömungsebene zugeordnet.

Bis zum Öffnen der Überströmschlitze ($\varphi = 58$ °KW v. UT) sei die instationäre Gasbewegung infolge der Kolbenbewegung im Überströmkanal vernachlässigt. Im Augenblick des Öffnens hat der Kurbelkasteninhalt und damit auch der Punkt Aa unmittelbar vor dem Zylinder den Druck $P/P_1 = 1$ angenommen. Die nach links laufende Mach-Linie a beschreibt die Bahn des Fußpunktes einer sehr steilen Druckwelle, die durch Rückströmen der Abgase in dem Überströmkanal angeregt wird. Sie erreicht im Punkte Ea mit der Neigung *Frischgas* die Kurbelkastenmündung. Der zugehörige Zustandspunkt auf der Zustandscharakteristik a ist Ea. Während der Laufzeit $\Delta\varphi = 4{,}15$ °KW der Mach-Linie a ist der Druck des Kurbelkastens durch den abwärtsgehenden Kolben von $P_{0k} = 14600$ kg/m² auf $(P_{0k})_{Ea} = 14800$ kg/m² angewachsen, welcher den Zustand Ea auf a bestimmt. Die Lage der Zustandscharakteristiken B, C, D der von der Mach-Linie a aus beginnenden rechtslaufenden Mach-Linien B, C, D erhält man durch Interpolation zwischen den Punkten Aa und Ea der Zustandscharakteristik a. Damit liegen auch die Punkte Cb, Dc, Ed auf der Ordinate $X_{III} = 0{,}323$ der Strömungsebene mit Hilfe des gegebenen Druckverlaufs $P/P_1 = f(\varphi)$ an der Stelle $X_{III} = 0{,}323$ fest. Die Zeiten Z, zu denen die linkslaufenden Mach-Linien b, c, d . . . an der Kurbelkastenmündung ankommen, bestimmen die Mitten und damit auch die Größen der Intervalle, die der schrittweisen Berechnung des Kurbelkastendruckes P_{0k} nach Gl. (162) und (166) zugrundegelegt werden.

Mit der Ankunft der linkslaufenden Mach-Linie a beginnt das Rückströmen von Frischgas in den Kurbelkasten. Die Mitte des anschließenden Intervalls $(\Delta\varphi)_{Fb}$ wird durch die Ankunft der Mach-Linie b an der Kurbelkastenmündung bestimmt. Die untere Grenze ist durch den Zustandspunkt Ea mit $\varphi = 53{,}85$ °KW v. UT ($Z = 0{,}83$), die Mitte durch Fb mit $\varphi = 52{,}95$ °KW v. UT ($Z = 1{,}01$) festgelegt, so daß die Größe des Intervalls $(\Delta\varphi)_{Fb} = 1{,}8$ °KW ($\Delta Z = 0{,}36$) beträgt. Der Kurbelwinkel $\varphi = 52{,}05$ °KW v. UT ($Z = 1{,}19$) bildet wieder die untere Grenze für das nächste Intervall und so fort.

Der Kurbelkastendruck $(P_{0k})_{Fb} = 14864$ kg/m², der zunächst geschätzt und dann mit Gl. (162) überprüft werden muß, stellt den bei dem Kurbelwinkel $\varphi = 52{,}95$ °KW v. UT ($Z = 1{,}01$) an der Kurbelkastenmündung und im Kurbelkasten herrschenden Druck dar; er ist gleichzeitig der Mittelwert des Intervalls $(\Delta\varphi)_{Fb}$ und wird in Abb. 46b und Gl. (162) verwendet. $(\Delta P_{0k})_{Fb}$ ergibt sich aus Gl. (162) zu 127 kg/m²; damit ist auch der Druck am Intervallende $P_{0k} = 14927$ kg/m² bekannt.

Bei dem Kurbelwinkel $\varphi = 38{,}2$ °KW v. UT ($Z = 3{,}96$) kehrt die Strömungsrichtung an der Kurbelkastenmündung um, so daß an Stelle von Gl. (162) Gl. (166) zur Bestimmung von P_{0k} herangezogen werden muß.

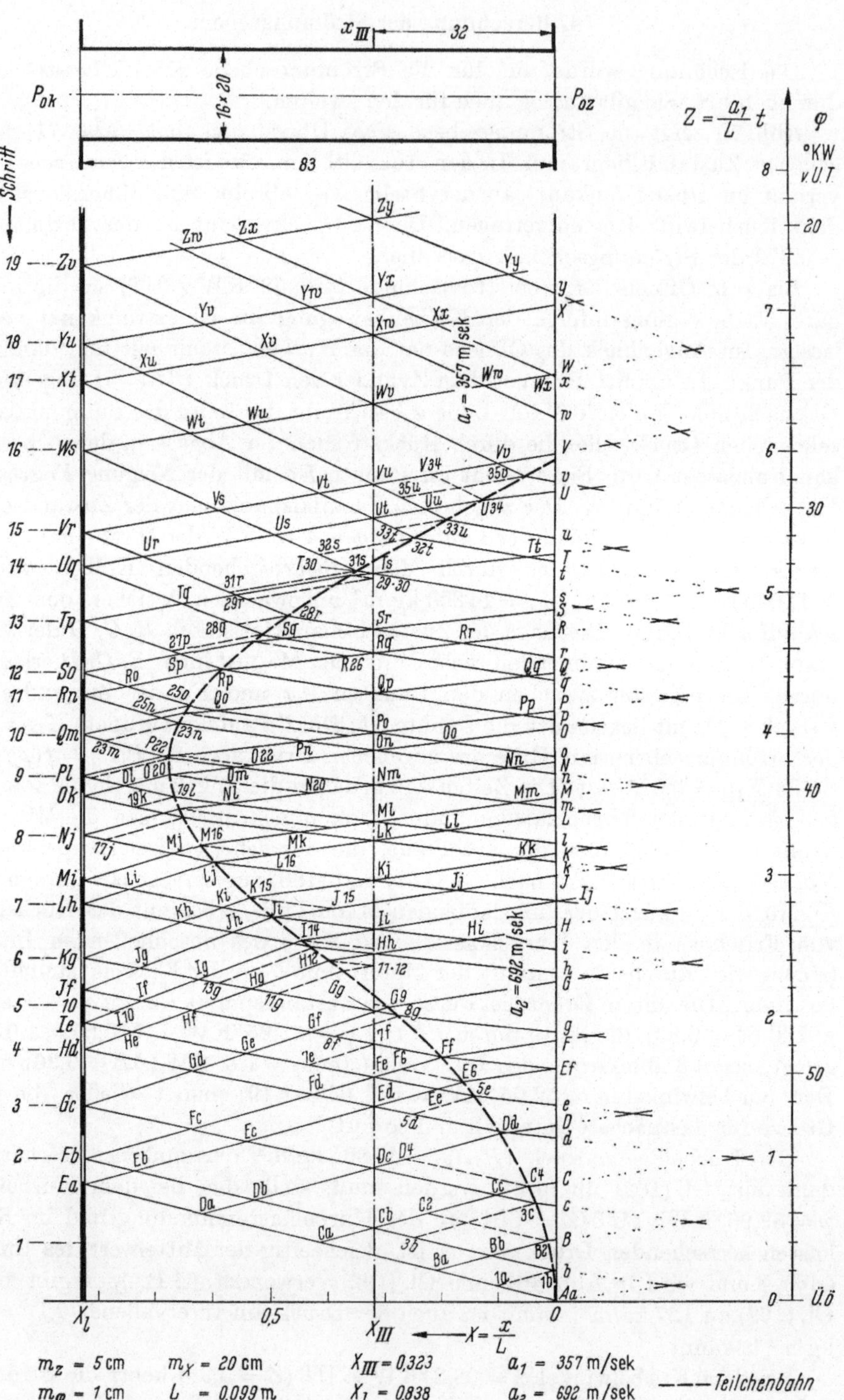

Abb. 70. Strömungsebene *eines* Überströmkanals

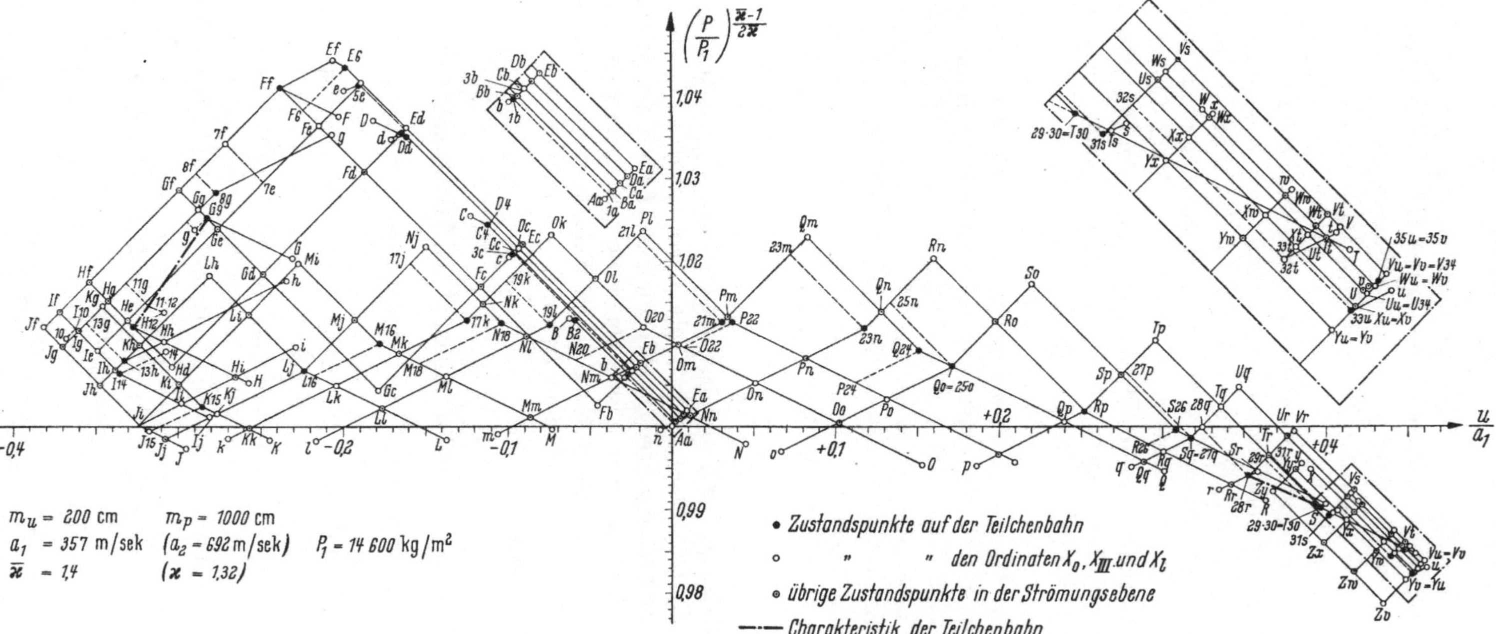

Abb. 71. Zustandsdiagramm zur Strömungsebene *eines* Überströmkanals

Mit den Zustandspunkten an der Kurbelkastenmündung liegen alle Zustandscharakteristiken der rechtslaufenden MACH-Linien fest. Die Abstände der MACH-Linien voneinander und damit die Größe der Rechenschritte wurden entsprechend dem gemessenen Druckverlauf an der Stelle X_{III} angenommen.

Zylinderseitig dringt nach Öffnen der Überströmschlitze Abgas in die Überströmkanäle ein. Die Neigung der Bahn des ersten Abgasteilchens wird zunächst bei jedem Schritt dem voraussichtlichen Verlauf nach angenommen und dann mit Hilfe der eingezeichneten rechts- und linkslaufenden Hilfs-MACH-Linien 1, 2, 3 ... eindeutig bestimmt. Im Gebiet der Strömungsebene, welches rechts der eingezeichneten Teilchenbahn liegt, besitzen alle MACH-Linien die Neigung *Abgas*. Die Zustandspunkte unmittelbar am Zylinder auf der Ordinate $X = 0$ findet man durch Interpolation, indem man die einzelnen MACH-Linien über $X = 0$ hinaus bis zu ihren Schnittpunkten verlängert.

Den ersten Zustandspunkt *Hh* der Ordinate $X_{III} = 0{,}323$ im Abgasgebiet findet man auf die Weise, daß man zunächst die Teilchenbahn bis zum Punkt *H 12* extrapoliert. Durch *H 12* zieht man die MACH-Linie *H* mit der Neigung *Abgas* und findet auf der Ordinate $X_{III} = 0{,}323$ den in erster Näherung gültigen Punkt *Hh*. Im Zustandsdiagramm ist jedoch nur der Ordinatenwert von *Hh* bekannt. Man schätzt dort seine Lage und legt durch *Hh* die Zustandscharakteristik *H* mit der Neigung *Abgas*. Der Schnittpunkt mit der Charakteristik *H*, Neigung *Frischgas*, ist der Punkt *H 12* im Zustandsdiagramm. Wie man die Lage des Zustandspunktes *Hh* (und damit auch die von *H 12*) zu korrigieren hat, sieht man sofort, wenn man die Zustandscharakteristik der linkslaufenden Hilfs-MACH-Linie *12* durch *H 12* legt, den Zustandspunkt *11–12* auf X_{III} sucht und die Charakteristik *11* sowie die Hilfs-MACH-Linie *11* bis zu den Punkten *11 g* auf der Charakteristik *g* und MACH-Linie *g* verfolgt. Die Punkte *11 g* auf der Zustandscharakteristik *g* und der MACH-Linie *g* müssen bei gültiger Rechnung einander zugeordnet sein. Der Punkt *Ts* wird in der gleichen Weise bestimmt. Die Bestimmung der Zustandspunkte zwischen *Hh* und *Ts* auf $X_{III} = 0{,}323$ ist wieder ohne größeren Rechenaufwand möglich.

5. Diskussion der Spülströmung in den Überströmkanälen

Die Bahn des ersten in den Überströmkanal eingedrungenen Abgasteilchens in der Strömungsebene der Abb. 70 scheidet das Frischgas- vom Abgasgebiet. Das Abgasteilchen wird zunächst auf seinem Weg zur Kurbelkastenmündung beschleunigt und erreicht im Zustandspunkt *I 14*, bei $\varphi = 45{,}3$ °KW v. UT (bzw. $Z = 2{,}54$) an der Stelle $X = 0{,}44$ des Überströmkanals seine größte Geschwindigkeit $u/a_1 = -0{,}336$. Die absolut größte Einströmgeschwindigkeit in den Kurbelkasten gehört zum Zustandspunkt *Jf* im Zeitpunkt $\varphi = 47{,}1$ °KW v. UT ($Z = 2{,}18$), unmittelbar an der Kurbelkastenmündung. Sie beträgt $u/a_1 = -0{,}382$ und resultiert daraus, daß die Amplitude $P_{Ef} = 19300$ kg/m² der zum Kurbelkasten vorlaufenden Verdichtungswelle auf der MACH-Linie *f* an der Kurbelkastenmündung auf den zugehörigen Kurbelkastendruck $(P_{0k})_{Jf} = 15911$ kg/m² abgebaut wird und die Teilchen entsprechend diesem Druckgefälle beschleunigt werden. Die Verdichtungswelle (MACH-Linien *a* bis *f*) wird an der Kurbelkastenmündung als Verdünnungswelle (MACH-Linien *E* bis *J*) reflektiert und beschleunigt zusätzlich das Frischgas- und Abgasvolumen des Kanals. Dann jedoch beginnt der Einfluß des Zylinderdruckes auf die Teilchenbewegung im Überströmkanal abzunehmen und der Kurbelkastendruck sich durchzusetzen. Die Bewegung des ersten Abgasteilchens wird verzögert, bis es an der Stelle $X = 0{,}67$ (vgl. Zustandspunkte *O 20*; *21 m* in Abb. 71) seine Bewegungsrichtung umkehrt und mit stetig zunehmender Geschwindigkeit zum Zylinder zurückströmt. Man erhält das wichtige Ergebnis, daß bei diesem Belastungszustand des Motors kein Abgas in den Kurbelkasten übertritt. Bei $\varphi = 28{,}3$ °KW v. UT ($Z = 5{,}94$) erreicht das zuerst ausgeströmte Abgasteilchen mit einer Geschwindigkeit $u/a_1 = 0{,}45$ wieder den Überströmschlitz und leitet damit den Beginn der Spülperiode mit Frischgas ein.

Der Zeitpunkt des Frischgaseintritts in den Zylinder kann auch aus der Druckmessung an der Stelle $X_{\mathrm{III}} = 0{,}323$ direkt entnommen werden. Man sieht in Abb. 69c, daß der Druck nach dem Zustandspunkt *Wv* wieder ansteigt. Dieser Anstieg ist, wie man aus der Strömungsebene und dem Zustandsdiagramm entnimmt, auf eine Verdichtungswelle zurückzuführen, die nach links zum Kurbelkasten läuft und durch den Anprall der ersten Frischgasschicht an die Zylindermündung ausgelöst wurde. Durch die höhere Dichte des Frischgases wird in der Zeiteinheit mehr Masse an die Zylindermündung herangetragen als es noch kurz vorher bei der Rückströmung des Abgases der Fall war. Das vorhandene Druckgefälle reicht aber zum Transport der Frischgasmenge durch die Drosselstelle *Überströmschlitz* nicht aus, so daß sich ein Teil vor der Zylindermündung aufstaut und eine nach links laufende Verdichtungswelle auslöst. Nach der Messung kann der Fußpunkt der Verdichtungswelle etwa der Mach-Linie v zugeordnet werden (Abb. 69c). Die Rechnung ergibt also nur eine geringe zeitliche Verschiebung: Nach ihr müßte die linkslaufende Mach-Linie des Fußpunktes etwas später neben der Mach-Linie v im Schnittpunkt der Teilchenbahn des ersten Abgasteilchens mit der Ordinate $X = 0$ beginnen (Strömungsebene Abb. 70). Man sieht, daß die Rechnung den instationären Strömungsvorgang im Überströmkanal sehr gut erfaßt. Der Zustandspunkt *Wv* der Messung in Abb. 69c gibt somit den Beginn des Frischgaseintritts in den Zylinder an, allerdings mit einer Verzögerung von $\Delta\varphi \approx 3$ °KW, entsprechend der endlichen Laufzeit der linkslaufenden Mach-Linie v.

Eine Überprüfung der Rechnung erhält man auch durch Vergleich des Rückströmbeginns des Abgases unmittelbar am Zylinder (Zustandspunkte n, N) mit dem Zeitpunkt, der den Beginn des Einflusses der Spülströmung auf den Druckverlauf im Auspuffrohr anzeigt.

Nach Abb. 70 und 71 beginnt bei $\varphi = 39{,}3$ °KW v. UT Abgas wieder aus dem Überströmkanal in den Zylinder zurückzuströmen. In der Strömungsebene des Rohres 1 in Abb. 62 zeigt die Mach-Linie J den Beginn der Auswirkung der Spülströmung auf den Druckverlauf im Rohr 1 an. Sie geht bei $\varphi = 34{,}3$ °KW v. UT an dem Auspuffschlitz ab, so daß sich also die Spülströmung mit $\Delta\varphi = 5$ °KW Verspätung im Auspuffrohr 1 bemerkbar macht. Ein Teil dieser Verzögerung ($\Delta\varphi \approx 2$ °KW) geht auf Kosten der endlichen Laufzeit der Schallwellen im Zylinder. Der Fehler in der zeitlichen Zuordnung der Druckschwingungen in den Überströmkanälen und dem Auspuffrohr 1 beträgt also $\Delta\varphi \approx 3$ °KW. Dieser Fehler kann durch Ungenauigkeiten sowohl in der Rechnung als auch in der Messung begründet sein.

D. Berechnung des Gaswechsels

In diesem Abschnitt soll versucht werden, den Gaswechsel des Systems Kurbelkasten – Überströmkanal – Zylinder – Auspuffrohr des Versuchsmotors im ganzen zu berechnen. Dabei soll die zusätzliche Forderung berücksichtigt werden, das angeschlossene Auspuffrohr (Rohr 2, Abb. 59) so auszulegen und abzustimmen, daß die mit Rohr 1 erzielte Motorleistung in einem begrenzten Drehzahlbereich ($n_{opt} = 3000$ U/min) noch eine Steigerung gegenüber Rohr 1 erfährt. Wenn auch bezüglich des letztgenannten Punktes eine sinnvolle Verbindung von Versuch und Teilrechnung schneller zum Ziele führt als eine geschlossene Berechnung, so hat diese doch gegenüber der empirischen Methode den bedeutenden Vorteil, daß die grundsätzlichen Zusammenhänge des Gaswechsels klarer erkannt werden.

Dieses Beispiel ist besonders dazu geeignet, die vielseitige Anwendung des Randbedingungsdiagramms zu zeigen.

1. Wirkungsweise des Rohres 2

Wegen des besseren Überblicks sei zunächst, ohne auf Einzelheiten der Rechnung einzugehen, die Wirkungsweise des Rohres 2 (Abb. 59) erläutert.

Die Amplituden der Druckwellen, die im Auspuffrohr während des Gaswechsels auf- und ablaufen, haben bei einem kurbelkastengespülten Zweitaktmotor etwa die Größe des Spüldruckes. Der Druckverlauf im Auspuffrohr unmittelbar am Zylinder hat somit einen wesentlichen Einfluß auf den Erfolg der Spülung und damit auf die Leistungsausbeute des Motors. Der Druckverlauf ist dann am günstigsten, wenn während der Spülung – in der Umgebung des UT – ein Drucktal vor dem Zylinder liegt, welches Abgas aus dem Zylinder absaugt und gleichzeitig durch Unterstützung des Einströmens der Frischladung in den Zylinder für einen großen Ladungsaufwand sorgt. Gegen Ende der Spülung soll der Druck wieder ansteigen, um einen unnötig großen Ladungsverlust zu vermeiden [*33*]. Gelingt es, noch in diesem Abschnitt der Spülperiode – kurz vor dem Schließen der Überströmschlitze, der Auslaßschlitz ist noch offen – einen Druckberg oder Druckstoß auspuffseitig vor dem Zylinder aufzubauen, so wird ein Teil der bereits in das Auspuffrohr ausgeströmten Ladungsmenge in den Zylinder zurückgeschoben und eine Aufladung und Leistungserhöhung erzielt (s. a. [*35*]).

Mit Rohr 2 in Abb. 59 erhält man den oben beschriebenen Druckverlauf vor dem Zylinder. Die Vorauslaßdruckwelle läuft zunächst durch ein zylindrisches Rohrstück. Seine Länge wurde so bemessen, daß die Saugwelle, welche im anschließenden Diffusor als Reflexionswelle der vorlaufenden Druckwelle entsteht (s. Abschn. III B 4), in die Spülperiode hineinläuft und den Spülvorgang unterstützt. Die vorlaufende Druckwelle verläßt mit verminderter Größe den Diffusor, wandert durch das angeschlossene, zylindrische Rohrstück und wird an seinem Ende an einer Blende wieder als Druckwelle reflektiert. Diese Druckwelle, die bei dem hier betrachteten Beispiel eine sehr steile Front besitzt (Stoßwelle), wird bei ihrem Durchgang durch den Diffusor verstärkt und erreicht bei sorgfältig abgestimmter Rohrlänge, kurz bevor die Überströmschlitze schließen, die Zylindermündung. Sie schiebt Ladungsmenge in den Zylinder zurück.

Der Diffusorwinkel beträgt $\gamma = 4{,}6°$ ($\gamma_{opt} = 6°$ bei stationärer Strömung).

Der Innendurchmesser der Blende wurde mit $d_{Bl} = 25$ mm ausgeführt. Er sollte mit Rücksicht auf eine gute positive Reflexionswirkung der Blende möglichst klein sein. Das geschlossene Rohrende hätte in diesem Fall die beste Reflexionsbedingung geliefert, da aber das Abgasvolumen durch die Blende abfließen muß, kann dieser Gesichtspunkt nicht allein gelten. Der kleinstmögliche und damit optimale Blendendurchmesser ist offenbar jener, der zwischen zwei Gaswechseln gerade noch den vollständigen Abfluß der aus dem Zylinder ausgeströmten Abgasmenge ermöglicht.

Das ausgeführte Verhältnis d_{Rohr}/d_{Bl} beträgt

$$d_{Rohr}/d_{Bl} = 80/25 = 3{,}2\,.$$

Das an die Blende angeschlossene kurze Rohrstück unterstützt die positive Reflexion der vorlaufenden Druckwelle an der Blende. Es verhindert, daß die Randbedingung *Offenes Rohrende* unmittelbar hinter der Blende gilt. Durch die Saugwirkung des offenen Rohrendes würde der Drosselgrad der Blende und damit auch die Front der reflektierten Welle verkleinert werden.

Zusammenfassend ergibt sich:

Der Diffusor und seine Lage im Rohrverband bestimmen die Größe der Saugwelle und den Zeitpunkt ihrer Ankunft am Zylinder. Diffusor und Blende legen gemeinsam die Größe der zum Zylinder zurücklaufenden Stoßwelle fest. Der Zeitpunkt, an dem sie am Zylinder ankommt, ist bei einmal festliegender Schallgeschwindigkeit im Rohr nur von dem Abstand der Blende vom Auslaßschlitz abhängig.

In den folgenden Kapiteln wird die Berechnung der instationären Gasströmungen im Rohr 2 und in den Überströmkanälen sowie die Berechnung des Zustandsverlaufes im Zylinder angegeben. Die Rechnung beginnt im Zeitpunkt $\varphi = 68$ °KW v. UT, in dem der Auspuffschlitz öffnet.

Zunächst werden die Kenngrößen des Gaswechsels festgelegt.

2. Die Kenngrößen des Gaswechsels

Die Einführung von Kenngrößen erleichtert die Beurteilung des Gaswechsels. Die hier benutzten Größen wurden von List [33] angegeben. Der Ladungsaufwand Λ_0 gibt das Frischladungsvolumen V_{e0}, das in den Zylinder einströmt, im Verhältnis zum Hubvolumen V_H an, reduziert auf den Außenzustand:

$$\Lambda_0 = \frac{V_{e0}}{V_H}\,. \tag{169}$$

Mit Hilfe der Gaszustandsgleichung ergibt sich:

$$\Lambda_0 = \frac{G_{ez}}{\gamma_0 V_H}\,. \tag{170}$$

G_{ez} ist das Gewicht der eingeströmten Frischladung. $\gamma_0 = g\,\varrho_0$ ist ihr spezifisches Gewicht, bezogen auf den Außenzustand $T_0 = 293$ °K und $P_0 = 10500$ kg/m². Mit $R_F = 28$ mkg/kg °K erhält man aus der Gaszustandsgleichung:

$$\gamma_0 = \frac{P_0}{R_F T_0} = \frac{10500}{28 \cdot 293} = 1{,}28\,\frac{\text{kg}}{\text{m}^3}\,.$$

Zur Berechnung des Spülgrades λ_s wird der spülende Ladungsaufwand Λ_z benötigt. Er ist das Verhältnis des eingeströmten Frischladungsvolumens V_{ez} zum Zylindervolumen V_z, bezogen auf den Zustand im Zylinder nach Temperaturausgleich mit dem Zylinderinhalt:

$$\Lambda_z = \frac{V_{ez}}{V_z} = \frac{G_{ez} R_F}{G_z R_{zm}}. \tag{171}$$

R_z ist die Gaskonstante des Zylinderinhaltes während der Spülperiode. Sie ändert sich mit der Gaszusammensetzung. Bei der Schrittrechnung wurde die Änderung von R_z vernachlässigt und für $R_z = f(\varphi)$ der konstante Wert $R_{zm} = 29{,}5$ mkg/kg °K in der Rechnung berücksichtigt.

Der Spülgrad λ_s gibt Aufschluß über den Erfolg der Spülung. Er ist das Verhältnis des im Zylinder verbliebenen Frischladungsvolumens V_{Fz} zum Zylindervolumen:

$$\lambda_s = \frac{V_{Fz}}{V_z} = \frac{G_{Fz} R_F}{G_z R_{zm}}. \tag{172}$$

Nur unter der Annahme, daß eine Verdünnungsspülung im Zylinder vorhanden ist, kann der Spülgrad berechnet werden. Obwohl der Spülvorgang dadurch nur qualitativ erfaßt wird, ergeben sich doch zahlenmäßig brauchbare Werte. Im allgemeinen liegt der Spülgrad der Umkehrspülung, wie sie der untersuchte Motor besitzt, bei gleichem spülenden Ladungsaufwand höher als bei einer Verdünnungsspülung [*33*].

Bei der Verdünnungsspülung mischt sich das innerhalb eines Zeitelementes dt einströmende Frischladungsvolumen dV_{ez} gleichmäßig mit dem Zylinderinhalt und verdrängt ein gleichgroßes Volumen dV_{az} aus dem Zylinder in das Auspuffrohr. Dafür gilt die Bezeichnung:

$$d\frac{V_{ez}}{V_z} = d\frac{V_{az}}{V_z}. \tag{173}$$

dV_{aF} sei der Volumenanteil der Frischladung des ausströmenden Volumenelementes dV_{az}, dann ist auch

$$\lambda_s = \frac{dV_{aF}}{dV_{az}}.$$

Nur der Frischladungsanteil dV_{Fz} verbleibt als Restteil von dV_{ez} im Zylinder zurück:

$$d\frac{V_{Fz}}{V_z} = d\frac{V_{ez}}{V_z} - d\frac{V_{aF}}{V_z}.$$

Setzt man für $dV_{aF} = \lambda_s \, dV_{az}$ und berücksichtigt Gl. (173), so erhält man:

$$d\frac{V_{Fz}}{V_z} = d\frac{V_{ez}}{V_z} - \lambda_s d\frac{V_{ez}}{V_z},$$

beziehungsweise:

$$d\lambda_s = d\Lambda_z - \lambda_s \, d\Lambda_z.$$

Die Integration ergibt schließlich:

$$\lambda_s = 1 - e^{-\Lambda_z}. \tag{174}$$

Ist der spülende Ladungsaufwand Λ_z bekannt, so kann aus Gl. (174) der Spülgrad der Verdünnungsspülung berechnet werden.

Der Erfolg der Spülung ist letztlich maßgebend für die Größe des Liefergrades λ_l und damit für die Leistungsausbeute des Motors. Der Liefergrad bezeichnet das Verhältnis des im Zylinder verbliebenen Frischladungsvolumens V_{F0}, bezogen auf den Außenzustand, zum Hubvolumen V_H:

$$\lambda_l = \frac{V_{F0}}{V_H} = \frac{G_{Fz}}{\gamma_0 V_H}. \tag{175}$$

G_{Fz} kann aus Gl. (172) berechnet werden, wenn λ_s aus Gl. (174) bekannt ist. Man erhält:

$$\lambda_l = \frac{R_{zm} \lambda_s G_z}{R_F \gamma_0 V_H} = \frac{29{,}5 \cdot 10^3 \cdot \lambda_s G_z}{28 \cdot 1{,}28 \cdot 0{,}199} = 4140 \lambda_s G_z. \tag{176}$$

Die auf den Außenzustand bezogene Gesamtladung des Zylinders erhält man aus:

$$\lambda_g = \frac{\lambda_l}{\lambda_s} = 4140 G_z. \tag{177}$$

3. Die Ausgangswerte der Rechnung

Als Ausgangsgrößen der Rechnung werden der Zylinderdruck P_{0za}, die Zylindertemperatur T_{0za}, die Schallgeschwindigkeit a_{0za} und das Abgasgewicht G_{za} bei Öffnung des Auslaßschlitzes ($\varphi = 68$ °KW v. UT) benötigt. Die Aufgabe der Schrittrechnung ist es dann, die Änderung dieser Größen während des Ladungswechsels unter Berücksichtigung des Einflusses der in den Überströmkanälen und dem Auspuffrohr angeregten instationären Gasströmungen auf den Gaswechsel zu verfolgen.

T_{0za}, P_{0za} und G_{za} sind zunächst durch die Gaszustandsgleichung miteinander verbunden.

$$T_{0za} = \frac{P_{0za}}{G_{za}} \frac{V_{za}}{R_A}. \tag{178}$$

$V_{za} = 182$ cm³ ist die Größe des Zylindervolumens bei Öffnen des Auslaßschlitzes. $R_A = 30{,}88$ mkg/kg °K ist die Gaskonstante des reinen Abgases im Zylinder.

Nach Abschluß des Auspuffschlitzes bleibt das Gasgewicht konstant:

$$G_{za} = \bar{G}_{za}. \tag{179}$$

Es ist daher mit dem Druck $\bar{P}_{0za}$ und der Temperatur $\bar{T}_{0za}$ am Ende des Gaswechsels (Auslaßschlitz geschlossen) auch folgende Gleichung gültig:

$$\frac{T_{0za}}{P_{0za}} = \frac{\bar{T}_{0za}}{\bar{P}_{0za}} \frac{R_{zm}}{R_A}. \tag{180}$$

$\bar{T}_{0za}$ und $\bar{P}_{0za}$ liegen jedoch erst am Ende der Schrittrechnung vor. Bei Berücksichtigung dieser Gleichung müssen diese Größen zunächst geschätzt und dann durch die Schrittrechnung bestätigt werden.

Mit den Kenngrößen des Verbrennungsprozesses gewinnt man eine weitere Gleichung, aus der der Zylinderdruck P_{0za} berechnet werden kann. Nach List [*33*] gilt:

$$P_{0za} = \delta \bar{P}_{0za} + \frac{1{,}986}{C_{vm}|_0^{T_{0za}}} \frac{V_H}{V_{za}} \frac{\eta_u - \eta_{i-l} - \varphi_w \eta_u}{\eta_{i-l}} p_{i-l}. \tag{181}$$

Darin ist

$$\bar{\delta} = \frac{R_A}{R_{zm}} = \frac{30,88}{29,5} = 1,05\,.$$

η_{i-l} ist der innere Wirkungsgrad des Prozesses ohne Ladungswechselarbeit und kann nach Angaben von LIST [33] für den hier betrachteten Motortyp mit

$$\eta_{i-l} = 0,23$$

angenommen werden.

Der Umsetzungsgrad η_u gibt das Verhältnis der umgesetzten zur zugeführten chemischen Energie an. Seine Größe wird entsprechend einer Luftüberschußzahl von $\lambda = 0,8$ mit

$$\eta_u = 0,75$$

angenommen.

Die Wärmeverlustzahl φ_w bezeichnet den verhältnismäßigen Wärmeverlust durch Wärmeübergang während des Prozesses. Nach ähnlichen Beispielen, wie sie von LIST [33] durchgerechnet wurden, kann in Gl. (181)

$$\varphi_w = 0,2$$

eingesetzt werden.

Die mittlere Molwärme $C_{vm}|_0^{T_{0za}}$ bestimmt man zunächst mit einer geschätzten Temperatur T_{0za}. Sie kann dann mit Hilfe der berechneten korrigiert werden. Das gültige C_{vm} lautet mit der berechneten Zylindertemperatur $T_{0za} = 1492\,°\mathrm{K}$:

$$C_{vm}|_0^{T_{0za}} = 6,05\,\mathrm{kcal/kmol}\,°\mathrm{K}\,.$$

Setzt man $V_H = 199\,\mathrm{cm}^3$, $V_{za} = 182\,\mathrm{cm}^3$, $\bar{P}_{0za} = 1,4\,\mathrm{kg/cm}^2$ (Aufladung!) und die übrigen, bereits genannten Größen in Gl. (181) ein, so erhält man:

$$P_{0za} = 1,47 + 0,578\,p_{i-l}\,. \tag{182}$$

Die Konstanten dieser Gleichung können schon zu Beginn der Rechnung recht genau festgelegt werden, so daß P_{0za} nur noch vom mittleren indizierten Druck ohne Ladungswechselarbeit p_{i-l} abhängig ist.

Für p_{i-l} gilt die Beziehung:

$$p_{i-l} = \frac{0,0427\,H_u\,\eta_{i-l}}{V_m/m + \lambda L_0}\,\lambda_l\,. \tag{183}$$

Mit dem Heizwert des Brennstoffes $H_u = 10400\,\mathrm{kcal/kg}$, seinem Molvolumen $V_m = 23,7\,\mathrm{m}^3/\mathrm{kmol}$ ($T_0 = 293\,°\mathrm{K}$, $P_0 = 10\,500\,\mathrm{kg/m}^2$), seinem Molekulargewicht $m = 100\,\mathrm{kg/kmol}$, dem Luftbedarf je kg Brennstoff $L_0 = 12\,\mathrm{m}^3/\mathrm{kg}$, der Luftüberschußzahl $\lambda = 0,8$ und dem indizierten Wirkungsgrad ohne Ladungswechselarbeit $\eta_{i-L} = 0,23$ ergibt sich:

$$p_{i-l} = \frac{0,0427 \cdot 10400 \cdot 0,23}{23,7/100 + 0,8 \cdot 12}\,\lambda_l = 10,4\,\lambda_l\,. \tag{184}$$

Damit ist der Kreis der Rechnung geschlossen; denn λ_l kann aus Gl. (176) berechnet werden. Allerdings ist der Wert für λ_l erst am Ende der Schrittrechnung bekannt, so daß die Rechnung zunächst mit einem geschätzten Wert begonnen werden muß.

Bei der durchgeführten Rechnung wurden als Anfangswerte $\lambda_l = 0,56$ und $G_{za} = 1,9 \cdot 10^{-4}\,\mathrm{kg}$ gewählt.

Mit $\lambda_l = 0{,}56$ erhält man aus Gl. (184):

$$p_{i-l} = 10{,}4 \cdot 0{,}56 = 5{,}8\,\text{kg/cm}^2\,.$$

Diesen Wert in Gl. (182) eingesetzt, ergibt:

$$P_{0za} = 1{,}47 + 0{,}578 \cdot 5{,}8 = 4{,}8\,\text{kg/cm}^2\,.$$

Mit $G_{za} = 1{,}9 \cdot 10^{-4}$ kg ist aus Gl. (178) auch T_{0za} bekannt:

$$T_{0za} = \frac{4{,}8 \cdot 10^4 \cdot 182 \cdot 10^{-6}}{1{,}9 \cdot 10^{-4} \cdot 30{,}88} = 1492\,^\circ\text{K}\,.$$

Für die Schallgeschwindigkeit a_{0za} ergibt sich:

$$a_{0za} = \sqrt{g\varkappa R_A T_{0za}} = \sqrt{9{,}81 \cdot 1{,}32 \cdot 30{,}88 \cdot 1492} = 772\,\text{m/sek}\,.$$

Damit sind die Ausgangsgrößen der Gaswechselrechnung gegeben. In den Abb. 82 und 85 ist das Ergebnis der Gaswechselrechnung eingetragen.

Der angenommene Wert $\lambda_l = 0{,}56$ wird durch die Rechnung bestätigt (Abb. 82 b, ausgezogene Kurve für λ_l), ebenso der Druck $\bar{P}_{0za} = 14000$ kg/m² bei Abschluß des Auslaßschlitzes, der in Gl. (181) eingesetzt wurde (s. Abb. 85, ausgezogene Kurve für P_{0z}).

Die Bedingung (179) $G_{za} = \bar{G}_{za}$ ist nicht ganz erfüllt. Aus Abb. 82a entnimmt man für $\bar{G}_{za}$ den Wert $1{,}98 \cdot 10^{-4}$ kg ($G_{za} = 1{,}9 \cdot 10^{-4}$ kg).

Ein Vergleich der Ausgangsgrößen mit der Messung ist nur für den Zylinderdruck P_{0za} möglich. Bei optimal abgestimmtem Rohr 2 wurde der Druck $P_{0za} = 52000$ kg/m² gemessen (Abb. 85). Der Unterschied zu dem errechneten Druck $P_{0za} = 48000$ kg/m² kann über Gl. (181) damit begründet werden, daß der gemessene mittlere effektive Druck p_e und damit auch der zugehörige mittlere indizierte Druck p_{i-l} höher liegen als die errechneten (s. weiter unten).

p_e kann aus folgender Formel berechnet werden:

$$p_e = p_{i-l} + p_l - p_{Sp} - p_R\,. \tag{185}$$

p_l bedeutet den Mitteldruck des Ladungswechsels. Er wurde durch Planimetrieren der Ladungswechselschleife $P_{0z} = f(V_H)$ im Bereich von $\varphi = 68$ °KW v. UT bis $\varphi = 68$ °KW n. UT unter Zugrundelegung der rechnerisch ermittelten Werte für den Zylinderdruck nach Abb. 85 zu $p_l = 0{,}38$ kg/cm² bestimmt.

p_{Sp} ist der Mitteldruck der Kurbelkastenspülpumpe. Wegen Fehlens einer vollständigen Berechnung des Kurbelkastendruckdiagramms wurde p_{Sp} unter Zuhilfenahme der Druckmessungen im Überströmkanal geschätzt. Es wurde der Wert $p_{Sp} = 0{,}45$ kg/cm² angenommen.

p_R ist der Reibungsdruck. Nach List [*33*] kann bei der Drehzahl $n = 3000$ U/min für einen gut eingelaufenen Motor der untersuchten Motorart $p_R = 0{,}5$ kg/cm² angenommen werden.

Mit $p_{i-l} = 5{,}8$ kg/cm² und den genannten Werten erhält man:

$$p_e = 5{,}8 + 0{,}38 - 0{,}45 - 0{,}5 = 5{,}23\,\text{kg/cm}^2\,.$$

Das gemessene p_e bei der Drehzahl $n = 3000$ U/min und optimal abgestimmtem Rohr 2 liegt um 9,5% höher. Es beträgt nach Abb. 83 $p_e = 5{,}74$ kg/cm². Der Grund hierfür ist, wie bereits erwähnt, in der Hauptsache darin zu sehen, daß der

Spülgrad λ_s und damit auch der Liefergrad λ_l bei der im Motor vorhandenen Umkehrspülung größer ausfallen als bei der theoretischen Verdünnungsspülung, auf der die Gaswechselrechnung aufbaut. In geringerem Maße ist der Unterschied zwischen Rechnung und Messung auch darauf zurückzuführen, daß in der Rechnung zum Teil geschätzte Größen berücksichtigt wurden.

4. Berechnung des Zustandsverlaufes im Zylinder

Der Verlauf des Zylinderdruckes P_{0z} während des Gaswechsels kann bei Vernachlässigung des Wärmeüberganges und der Veränderlichkeit der Gaskonstanten R wieder aus Gl. (161) berechnet werden. Gl. (161) lautet als Differenzengleichung für den Abschnitt des Vorauslasses, während Abgas aus dem Zylinder in das Auspuffrohr und später auch nach Öffnen der Überströmschlitze in die Überströmkanäle strömt:

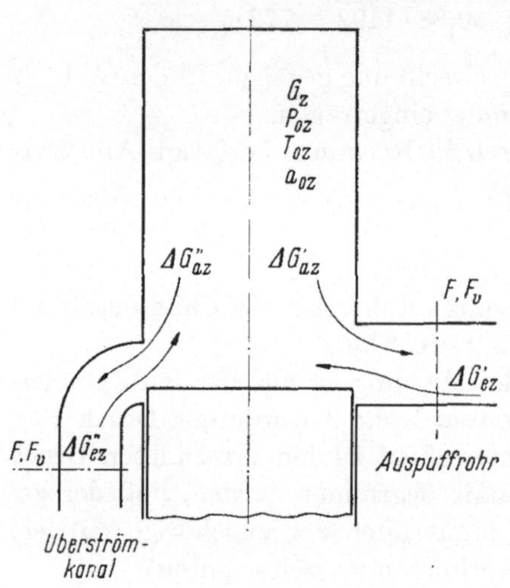

Abb. 72. Bezeichnung der ein- und ausströmenden Gasgewichte

$$\frac{\Delta P_{0z}}{P_{0z}} = -\varkappa \frac{\Delta G'_{az} + \Delta G''_{az}}{G_z} - \varkappa \frac{\Delta V_z}{V}. \tag{186}$$

Der Wert $\varkappa$ des Zylinderinhaltes wurde während des Gaswechsels konstant mit $\varkappa = 1{,}32$ angenommen. $\Delta G'_{az}$ ist der Gewichtsanteil des Zylinderinhaltes, der während eines Kurbelwinkelbereiches $\Delta\varphi$ in das Auspuffrohr ausströmt. $\Delta G''_{az}$ ist der Gewichtsanteil, der nach Öffnung der Überströmschlitze im gleichen Bereich in die beiden Überströmkanäle zurückströmt (Abb. 72). Beide Anteile können aus dem Randbedingungsdiagramm mit Hilfe des dimensionslosen Gewichtsdurchsatzes $\bar{G}$ bestimmt werden. Dazu müssen jedoch die Durchflußzahlen α der Gasströmungen durch den Auspuffschlitz und die Überströmschlitze bekannt sein (vgl. hierzu Kap. IV D 7).

ΔG_{az} wird aus Gl. (122) berechnet:

$$\Delta G_{az} = \bar{G} g F \frac{\varkappa}{\sqrt{(\varkappa - 1)/2}} \frac{P_{0z}}{a_{0z}} \frac{1}{6n} \Delta\varphi. \tag{187}$$

Insbesondere gilt für die Menge $\Delta G'_{az}$, die in das Auspuffrohr ausströmt, mit $g = 9{,}81\ \mathrm{m/sek^2}$, $\varkappa = 1{,}32$, Querschnittsfläche des Auspuffrohres 2 vor dem Diffusor: $F = 12{,}6 \cdot 10^{-4}\ \mathrm{m^2}$ und $n = 3000$ U/min:

$$\Delta G'_{az} = 2{,}26 \cdot 10^{-6} \bar{G} \frac{P_{0z}}{a_{0z}} \Delta\varphi. \tag{188}$$

Für $\Delta G''_{az}$ ergibt sich mit $g = 9{,}81\ \mathrm{m/sek^2}$, $\varkappa = 1{,}32$, Querschnitt zweier Überströmkanäle: $F = 2 \cdot 3{,}2 \cdot 10^{-4}\ \mathrm{m^2}$ und $n = 3000$ U/min die Formel:

$$\Delta G''_{az} = 1{,}151 \cdot 10^{-6} \bar{G} \frac{P_{0z}}{a_{0z}} \Delta\varphi. \tag{189}$$

Das letzte Glied der Gl. (186) berücksichtigt den Einfluß der Kolbenbewegung auf den Druckverlauf. Der Verlauf von V_z ist in Abhängigkeit vom Kurbelwinkel φ in Abb. 68 eingetragen.

Die Zylindertemperatur T_{0z} und die zugehörige Schallgeschwindigkeit a_{0z} ergeben sich in diesem Bereich des Gaswechsels aus:

$$T_{0z} = T_{0za}\left(\frac{P_{0z}}{P_{0za}}\right)^{\frac{\varkappa-1}{\varkappa}}, \tag{190}$$

$$a_{0z} = a_{0za}\left(\frac{P_{0z}}{P_{0za}}\right)^{\frac{\varkappa-1}{2\varkappa}}. \tag{191}$$

$$(T_{0za} = 1492\,°\text{K}, \quad P_{0za} = 48000\,\text{kg/m}^2, \quad a_{0za} = 772\,\text{m/sek}).$$

ΔG_z und damit das Gasgewicht G_z im Zylinder erhält man aus der Gewichtsbilanz. Sie lautet hier:

$$\Delta G_z = -\Delta G'_{az} - \Delta G''_{az}, \tag{192}$$

$$G_{z_i} = G_{z_{i-1}} + \Delta G_z. \tag{192a}$$

Im Bereich der Spülperiode strömt in das Auspuffrohr weiter Abgas, während überströmseitig in den Zylinder zunächst Abgas und dann Frischgas einströmt (Beginn der Spülperiode bei $\varphi = 40\,°$KW v. UT, vgl. Zustandspunkte Ii und Jj, Abb. 91 und 92). Hierfür gilt Gl. (161) in der Form:

$$\frac{\Delta P_{0z}}{P_{0z}} = \varkappa\frac{c_{pe}}{c_{pz}}\left(\frac{a_{0v}}{a_{0z}}\right)^2\frac{\Delta G''_{ez}}{G_z} - \varkappa\frac{\Delta G'_{az}}{G_z} - \varkappa\frac{\Delta V_z}{V_z}. \tag{193}$$

$\Delta G''_{ez}$ ist das Gewicht des Gases, welches während $\Delta\varphi$ aus den Überströmkanälen in den Zylinder einströmt.

$\Delta G''_{ez}$ kann analog wie ΔG_{ek} aus Gl. (157) berechnet werden:

$$\Delta G''_{ez} = \bar{G}_v g F_v \frac{\varkappa}{\sqrt{(\varkappa-1)/2}}\frac{P_{0v}}{a_{0v}}\frac{1}{6n}\Delta\varphi. \tag{194}$$

Für den Zeitabschnitt, während dessen Abgas aus den Überströmkanälen in den Zylinder einströmt, lautet Gl. (194) mit $g = 9{,}81$ m/sek², $F_v = 2\;\;3{,}2\cdot 10^{-4}$ m² (Querschnitt zweier Überströmkanäle), $\varkappa = 1{,}32$ und $n = 3000$ U/min:

$$\Delta G''_{ez} = 1{,}151\cdot 10^{-6}\,\bar{G}_v\frac{P_{0v}}{a_{0v}}\Delta\varphi. \tag{195}$$

$\bar{G}_v$ ergibt sich aus dem Diagramm der Abb. 46a, jedoch muß die Kontraktionszahl μ der Strömung in den Überströmschlitzen bekannt sein (vgl. hierzu Abschn. IV D 7b). P_{0v} ist der Gesamtdruck des Abgases im Querschnitt F_v *eines* Überströmkanals vor der Drosselstelle. Das zugehörige a_{0v} wird aus $a_{0v} = a_2\,(P_{0v}/P_1)^{(\varkappa-1)/2\varkappa}$ mit $a_2 = 692$ m/sek und $P_1 = 14600$ kg/m² (s. Abschn. IV D 6) berechnet.

Strömt Frischgas in den Zylinder ein (ab $\varphi = 25{,}1\,°$KW v. UT, s. Abb. 91), so ist Gl. (158) für $\Delta G''_{ez}$ gültig:

$$\Delta G''_{ez} = \Delta G_{ek} = 1{,}092\cdot 10^{-6}\,\bar{G}_v\frac{P_{0v}}{a_{0v}}\Delta\varphi. \tag{158}$$

$\bar{G}_z$ erhält man jetzt aus Abb. 46b. a_{0v} ergibt sich aus $a_{0v} = a_1\,(P_{0v}/P_1)^{(\varkappa-1)/2\varkappa}$ ($a_1 = 357$ m/sek, $P_1 = 14600$ kg/m², s. Abschn. IV D 6).

T_e/T in Gl. (161) wurde in Gl. (193) durch $(a_{0v}/a_{0z})^2$ ersetzt. Diese Beziehung ist näherungsweise auch hier in dem Bereich gültig, in dem Frischgas in den Zylinder übertritt und sich dort mit dem Abgas mischt:

$$\frac{T_e}{T} = \frac{\varkappa R_{zm} a_{0v}^2}{\varkappa R_F a_{0z}^2} = \frac{1{,}32 \cdot 29{,}5\, a_{0v}^2}{1{,}4 \cdot 28\, a_{0z}^2} \approx \left(\frac{a_{0v}}{a_{0z}}\right)^2.$$

Für a_{0z} gilt nicht mehr die isentrope Beziehung (191). Sie wird jetzt mit Hilfe der Zylindertemperatur

$$T_{0z} = \frac{P_{0z} V_z}{R_{zm} G_z} \tag{196}$$

aus

$$a_{0z} = \sqrt{g \varkappa R_{zm} T_{0z}} = \sqrt{9{,}81 \cdot 1{,}32 \cdot 29{,}5 \cdot T_{0z}} = 19{,}55 \sqrt{T_{0z}} \tag{197}$$

oder aus

$$a_{0z} = 3{,}60 \sqrt{\frac{P_{0z} V_z}{G_z}} \tag{197 a}$$

berechnet.

$c_{pe}/c_{pz} = 1$, solange Abgas aus den Überströmkanälen in den Zylinder strömt. $c_{pe}/c_{pz} = 98/121{,}6 = 0{,}806$ gilt in Gl. (193) von dem Zeitpunkt an, in dem Frischgas in den Zylinder einzuströmen beginnt.

$\Delta G'_{ez}$ erscheint in der Gaswechselgleichung, wenn gegen Ende des Gaswechsels durch den am Zylinder ankommenden Verdichtungsstoß Gas aus dem Auspuffrohr in den Zylinder zurückgeschoben wird ($\varphi = 46{,}6\,°$KW n. UT, s. Abb. 86). Während der gleichen Zeit strömt Gas aus dem Zylinder in die Überströmkanäle zurück. Für diesen Bereich lautet Gl. (161) als Differenzengleichung:

$$\frac{\Delta P_{0z}}{P_{0z}} = \varkappa \frac{c_{pe}}{c_{pz}} \left(\frac{a_{0v}}{a_{0z}}\right)^2 \frac{\Delta G'_{ez}}{G_z} - \varkappa \frac{\Delta G''_{az}}{G_z} - \varkappa \frac{\Delta V_z}{V_z}. \tag{198}$$

c_{pe}/c_{pz} kann gleich 1 gesetzt werden, da das einströmende Gas kurz vorher den Zylinder verlassen hat. $\Delta G'_{ez}$ erhält man mit $g = 9{,}81$ m/sek², $F_v = 12{,}6 \cdot 10^{-4}$ m² (Querschnitt des Auspuffrohres 2 vor dem Diffusor), $\varkappa = 1{,}32$ und $n = 3000$ U/min gemäß Gl. (122) aus:

$$\Delta G'_{ez} = 2{,}26 \cdot 10^{-6}\, \bar{G}_v \frac{P_{0v}}{a_{0v}} \Delta \varphi. \tag{199}$$

a_{0v} errechnet sich aus $a_{0v} = a_5 (P_{0v}/P_1)^{(\varkappa-1)/2\varkappa}$ mit $a_5 = 400$ m/sek und $P_1 = 10500$ kg/m² (s. Abschn. IV D 5). $\bar{G}_v$ wird aus Abb. 46a entnommen.

Nach Abschluß der Überströmschlitze bei $\varphi = 58\,°$KW n. UT ist $\Delta G''_{az} = 0$. Ab $\varphi = 58\,°$KW n. UT (s. Abb. 86) kehrt die Gasströmung ihre Richtung nochmals um, so daß an Stelle von $\Delta G'_{ez}$ wieder $\Delta G'_{az}$ in die Gaswechselgleichung eingesetzt werden muß.

In den Abb. 82 und 85 sind die berechneten Größen G_z, P_{0z}, T_{0z} und a_{0z} über dem Kurbelwinkel φ aufgetragen.

5. Die Kenngrößen der Strömungs- und Zustandsebene für Rohr 2

Die Verträglichkeitsbedingungen zur Berechnung der instationären Gasströmung in Rohr 2 lauten mit Gl. (62) für das Rohrstück A des Rohres 2 (s. Abb. 87):

$$\left.\begin{aligned} \pm d\frac{u}{a_1} + \frac{2}{\varkappa - 1} e^{\frac{s-s_1}{2c_p}} d\left[\left(\frac{P}{P_1}\right)^{\frac{\varkappa-1}{2\varkappa}}\right] &= 0 \\ d\, e^{\frac{s-s_1}{2c_p}} &= 0. \end{aligned}\right\} \quad \varkappa = 1{,}32 \tag{62}$$

Für die Rohrstücke C und D mit konstantem Querschnitt gilt ebenfalls Gl. (62), jedoch ist $e^{(s-s_1)/2c_p} = 1$ (s. Abb. 89).

Für den Diffusor gilt Gl. (72) (s. Abb. 88):

$$\pm d\frac{u}{a_1} + \frac{2}{\varkappa - 1} d\left[\left(\frac{P}{P_1}\right)^{\frac{\varkappa-1}{2\varkappa}}\right] = -\frac{a}{a_1}\frac{u}{a_1}\frac{d\ln f}{dX}dZ \qquad \varkappa = 1{,}32. \tag{72}$$

$e^{(s-s_1)/2c_p}$ ist hier ebenfalls gleich 1.

Die Bezugsschallgeschwindigkeit a_1 wird als gültiger Mittelwert für den *ruhenden Rohrinhalt vor dem Gaswechsel* bei dem Druck P_1 eingeführt. Seine Einzelschichten mit unterschiedlicher Entropie werden bei der Berechnung der Strömungsebene vernachlässigt. Weiterhin wird angenommen, daß die Gasschicht, die während des berechneten Gaswechsels ausströmt, als örtlichen Mittelwert ebenfalls die Schallgeschwindigkeit a_1 des übrigen Rohrinhaltes besitzt. Die Entropieänderung durch Wärmeaustausch- und Rohrreibungsvorgänge sei vernachlässigt. Mit diesen Voraussetzungen ist es möglich, a_1 mit Hilfe der Gl. (119) und (120) zu berechnen, und zwar in dem Rahmen, wie er durch den Gültigkeitsbereich der in Abschn. IV D 7a berechneten Durchflußzahlen α des Auspuffschlitzes und durch die Annahme, daß im Zylinder eine Verdünnungsspülung stattfindet, gegeben ist. Die Entropieschichtung ist im wesentlichen auf die Drosselung des ausströmenden Gases im Auspuffschlitz und auf die Entropieabnahme des Zylinderinhaltes während der Spülung zurückzuführen. Bei der Berechnung wurde der während des Gaswechsels austretende Gasstrom in vier Schichten mit jeweils konstanter Schallgeschwindigkeit – a_2, a_3, a_4, a_5 – bei dem Umgebungsdruck P_1 aufgeteilt.

Während des Vorauspuffes strömt die Gasschicht 2 aus dem Zylinder in das Rohr 2. Das letzte Teilchen der Gasschicht 2 bzw. das erste Teilchen der Gasschicht 3 verlassen bei dem Kurbelwinkel $\varphi = 25{,}1\,°$KW v. UT ($Z = 1{,}72$) den Zylinder, wenn Frischgas aus den Überströmkanälen in den Zylinder übertritt (Abb. 86). Die Zustandsänderung des Zylinderinhaltes erfolgt isentropisch, so daß die Entropieänderung der ausströmenden Teilchen allein durch die Drosselung in dem Auspuffschlitz hervorgerufen wird. Die geringfügige Entropieänderung des Zylinderinhaltes durch seine Mischung mit dem Abgas, welches kurz vor Beginn der Spülung des Zylinders mit Frischgas aus den Überströmkanälen zurückströmt, sei vernachlässigt. Die Zustandspunkte auf dem Rand der Strömungsebene werden im Randbedingungsdiagramm nach Abschn. III C 4b bestimmt.

Die Schallgeschwindigkeiten a_2 der Gasschicht 2 und a_1 des ruhenden Rohrinhaltes vor Beginn des Gaswechsels müssen zunächst vorausgeschätzt werden, da die Neigungen der Zustandscharakteristiken der Gasschicht 2

$$\tan\alpha_2 = \mp\frac{1}{e^{(s_2-s_1)/2c_p}} = \mp\frac{a_1}{a_2} \tag{64}$$

im Zustandsdiagramm vor Beginn der Rechnung festgelegt sein müssen. Ebenso muß der Hilfsabszissenwert

$$e^{\frac{s_2-s_{0z}}{2c_p}} = \frac{a_2}{a_{0za}}\left(\frac{P_{0za}}{P_1}\right)^{\frac{\varkappa-1}{2\varkappa}} \tag{200}$$

des Randbedingungsdiagramms, vgl. Gl. (118), bekannt sein, der die Neigung der Zustandscharakteristiken der Gasschicht 2 im Randbedingungsdiagramm angibt.

Mit $a_2 = 690$ m/sek und $a_1 = 640$ m/sek ergibt sich:

$$\tan\alpha_2 = \mp 0{,}928$$

und für $e^{(s_2-s_{0z})/2c_p}$ erhält man mit $a_2 = 690$ m/sek, $a_{0za} = 772$ m/sek, $P_{0za} = 48000\,\text{kg/m}^2$, $P_1 = 10500\,\text{kg/m}^2$ und $\varkappa = 1{,}32$:

$$e^{\frac{s_2-s_{0z}}{2c_p}} = \frac{690}{772}\cdot\left(\frac{48000}{10500}\right)^{\frac{0,32}{2,64}} = 1{,}075\,.$$

Die Überprüfung der zunächst vorausgeschätzten Schallgeschwindigkeit $a_2 = 690$ m/sek der Gasschicht 2 beim Druck P_1 wurde mit Hilfe der Gl. (120) durchgeführt. Sie lautet hier:

$$a_2 = \frac{\sum\left[(a_2)_i\left(\frac{u}{a_1}\right)_i\left(\frac{P}{P_1}\right)_i^{1/\varkappa}\Delta Z_i\right]}{\sum\left[\left(\frac{u}{a_1}\right)_i\left(\frac{P}{P_1}\right)_i^{1/\varkappa}\Delta Z_i\right]}\,. \tag{201}$$

Die $(a_2)_i$ der Einzelschichten der Gasschicht 2 erhält man gemäß Gl. (119) aus:

$$(a_2)_i = a_{0za}\left(\frac{P_1}{P_{0za}}\right)^{\frac{\varkappa-1}{2\varkappa}} e^{\frac{(s_2)_i-s_{0z}}{2c_p}}\,. \tag{202}$$

Mit $a_{0za} = 772$ m/sek, $P_{0za} = 48000\,\text{kg/m}^2$, $P_1 = 10500\,\text{kg/m}^2$, $\varkappa = 1{,}32$ ergibt sich:

$$(a_2)_i = 772\left(\frac{10500}{48000}\right)^{\frac{0,32}{2,64}} e^{\frac{(s_2)_i-s_{0z}}{2c_p}} = 643\, e^{\frac{(s_2)_i-s_{0z}}{2c_p}}\,. \tag{203}$$

$e^{[(s_2)_i-s_{0z}]/2c_p}$ sind die Entropiewerte der Einzelschichten, bezogen auf die Entropie des Zylinderinhaltes. Sie sind durch die Entropielinien, die durch die jeweiligen Zustandspunkte im Randbedingungsdiagramm gehen, gegeben.

In Abb. 73 sind die $(a_j)_i$ der Gasschichten 2 bis 5 über $X = (u/a_1)\,(P/P_1)^{1/\varkappa} Z$ aufgetragen. Danach beträgt der Mittelwert a_2 aus den ersten 16 Einzelschallgeschwindigkeiten gemäß Gl. (201) $a_2 = 690$ m/sek. Damit ist der im voraus angenommene Wert $a_2 = 690$ m/sek bestätigt.

Der Mittelwert a_1 aus a_2 bis a_5 kann erst am Schluß der Rechnung bestimmt werden. In Abb. 73 wurde der Wert $a_1 = 628$ m/sek ermittelt. Er liegt um 1,8% unter der Schallgeschwindigkeit $a_1 = 640$ m/sek, die bei der Rechnung berücksichtigt wurde und im voraus angenommen worden war.

Mit Beginn des Frischgaseintritts in den Zylinder [$\varphi = 25{,}1$ °KW v. UT, $(Z = 1{,}72)$] strömt das erste Teilchen der Gasschicht 3 in das Rohr 2. Das letzte Teilchen der Gasschicht 3 verläßt bei $\varphi = 15{,}16$ °KW v. UT $(Z = 2{,}114)$ den Zylinder (Abb. 86). Die Gasschicht besteht aus drei Einzelschichten. Der angenommene Wert $a_3 = 600$ m/sek wurde durch die Mittelwertbildung in Abb. 73 bestätigt. Aus Gl. (64) erhält man für die Neigungen der Zustandscharakteristiken der Gasschicht 3 im Zustandsdiagramm:

$$\tan\alpha_3 = \mp\frac{a_1}{a_3} = \mp\frac{640}{600} = \mp 1{,}067\,.$$

Die Neigungen der Zustandscharakteristiken der Gasschicht 3 im Randbedingungsdiagramm ergeben sich mit Hilfe der Hilfsabszissenwerte

$$e^{\frac{s_3 - (s_{0z})_i}{2c_p}} = \frac{a_3}{(a_{0z})_i}\left[\frac{(P_{0z})_i}{P_1}\right]^{\frac{\varkappa-1}{2\varkappa}}. \tag{204}$$

Die Neigungen sind nicht mehr konstant wie bei den Charakteristiken der Gasschicht 2, da sich die Entropie s_{0z} des Zylinderinhaltes während der Spülung des Zylinders mit Frischgas fortlaufend ändert. $(P_{0z})_i$ und $(a_{0z})_i$ sind die Zustandswerte des Zylinderinhaltes beim Schritt i und werden aus den Gl. (193) und (197)

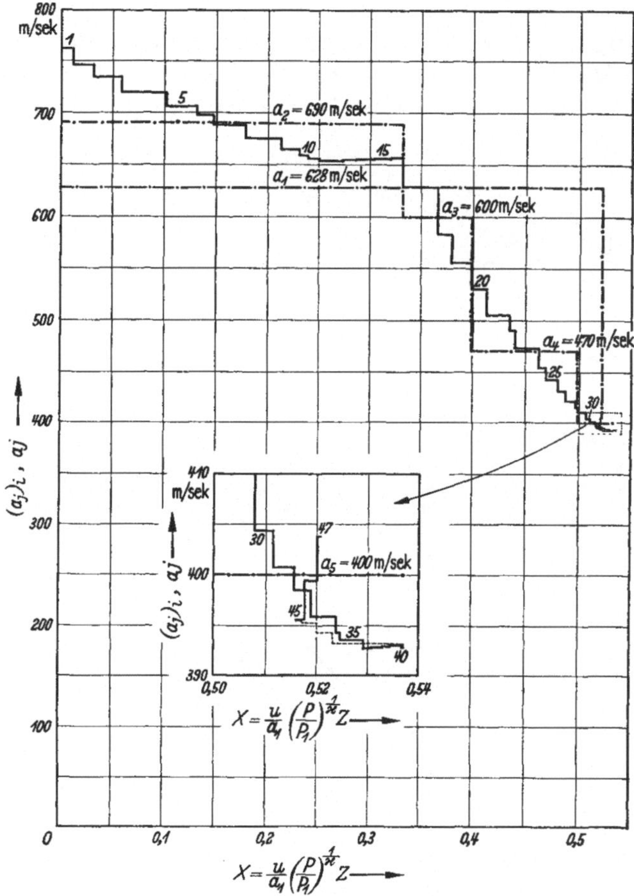

Abb. 73. Bestimmung der mittleren Schallgeschwindigkeiten a_1 bis a_5 im Rohr 2

ermittelt. Der Schnittpunkt der zum Schritt i gehörenden Zustandscharakteristik mit der Bedingungslinie $(\alpha)_i = \text{const}$ legt im Randbedingungsdiagramm den Entropiewert $e^{[(s_3)_i - (s_{0z})_i]/2c_p}$ fest, mit dem die Schallgeschwindigkeit $(a_3)_i$ der während des Schrittes i ausströmenden Einzelschicht berechnet wird:

$$(a_3)_i = (a_{0z})_i \left[\frac{P_1}{(P_{0z})_i}\right]^{\frac{\varkappa-1}{2\varkappa}} e^{\frac{(s_3)_i - (s_{0z})_i}{2c_p}}. \tag{205}$$

Mit den $(a_3)_i$ kann a_3 aus Gl. (201) unter Berücksichtigung der entsprechenden Indizes berechnet werden (Abb. 73).

Für die Gasschichten 4 und 5 gelten ebenfalls die Gl. (204) und (205). Ihre Schallgeschwindigkeiten wurden mit $a_4 = 470$ m/sek und $a_5 = 400$ m/sek angenommen und in Abb. 73 bestätigt. Die Neigungen der Zustandscharakteristiken der Gasschichten 4 und 5 betragen:

$$\tan\alpha_4 = \mp \frac{640}{470} = \mp 1{,}361\,,$$

$$\tan\alpha_5 = \mp \frac{640}{400} = \mp 1{,}6\,.$$

Im Zustandsdiagramm der Abb. 74a sind die Neigungen der Zustandscharakteristiken der Gasschichten 2 bis 5 eingetragen. Ebenso die Hilfsgeraden $\pm u/a_1 = (P/P_1)^{(\varkappa-1)/2\varkappa}\, e^{(s-s_1)/2c_p}$ für alle Gasschichten nach Gl. (65), die zur Bestimmung

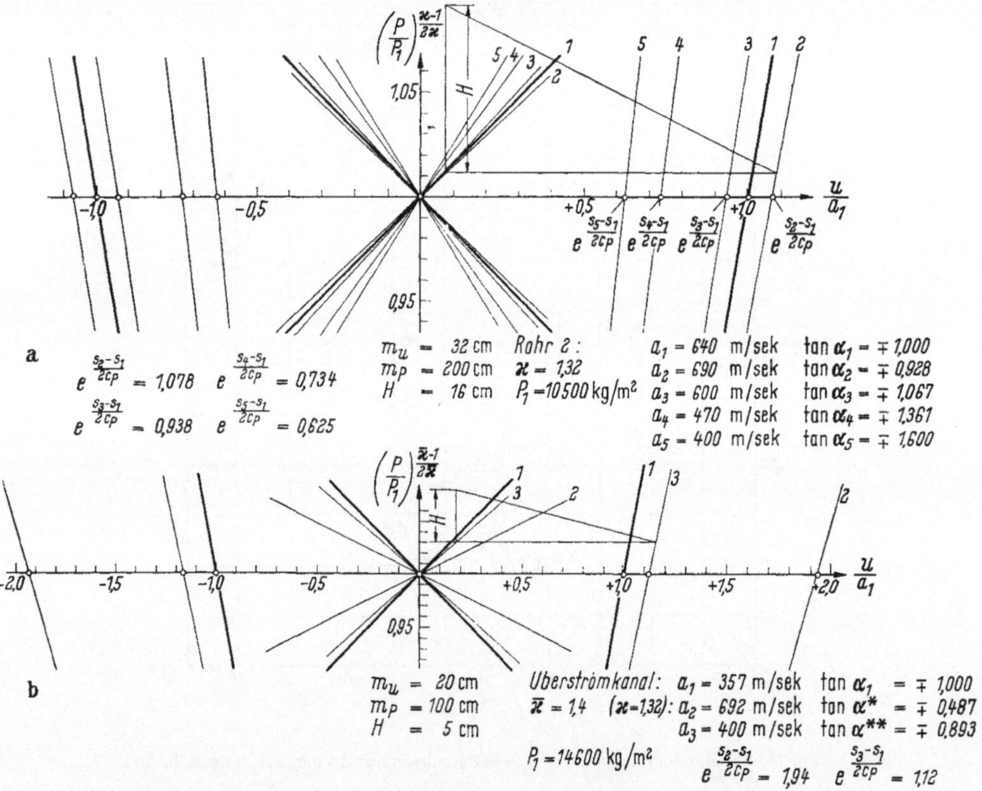

Abb. 74 a u. b. Kenngrößen der Zustandsdiagramme des Rohres 2 und *eines* Überströmkanals

der Neigungen der MACH-Linien in der Zustandsebene benötigt werden. Die Zustände wurden in den Zustandsdiagrammen der Rohrstücke A bis D des Rohres 2 ermittelt (Abb. 87, 88 und 89).

Die Maßstäbe der Strömungsebene und der Zustandsdiagramme wurden wie folgt festgelegt:

Strömungsebene (Abb. 86)	$m_z = 10$ cm
	$m_\varphi = 0{,}4$ cm
	$m_x = 20$ cm
Bezugslänge	$L = \frac{a_1}{6n} \frac{m_z}{m_\varphi} = 0{,}889$ m

Abszissenwerte der Strömungsebene:

Scheitel des Diffusors	$X_{DS} = -0{,}0427$
Diffusoranfang	$X_{Da} = 0{,}5165$
Diffusorende	$X_{De} = 1{,}0755$
Meßstelle I	$X_{I} = 0{,}2014$
Meßstelle II	$X_{II} = 2{,}126$
Blende	$X_{B} = 2{,}318$
Rohrende	$X_{l} = 2{,}51$
Zustandsdiagramm (Abb. 74a)	$m_u = 32$ cm
	$m_p = [2/(\varkappa - 1)]\, m_u = 200$ cm
Poldistanz	$H = m_u m_z / m_x = 16$ cm
Zustandsdiagramm (Abb. 87, 88 u. 89)	$m_u = 160$ cm
	$m_p = [2/(\varkappa - 1)]\, m_u = 1000$ cm.

6. Die Kenngrößen der Strömungs- und Zustandsebene für *einen* Überströmkanal

Die Verträglichkeitsbedingungen der instationären Gasströmung *eines* Überströmkanals sind wie in Abschn. IV C 1 durch die Gl. (43) und (62) festgelegt.

Sie lauten für das Frischgas (Gasschicht 1)

$$\pm d\frac{u}{a_1} + \frac{2}{\bar{\varkappa} - 1} d\left[\left(\frac{P}{P_1}\right)^{\frac{\bar{\varkappa}-1}{2\bar{\varkappa}}}\right] = 0 \qquad \bar{\varkappa} = 1{,}4 \tag{43}$$

und für das Abgasgebiet (Gasschichten 2 und 3)

$$\pm d\frac{u}{a_1} + \frac{2}{\varkappa - 1} e^{\frac{s - s_1}{2c_p}} d\left[\left(\frac{P}{P_1}\right)^{\frac{\varkappa-1}{2\varkappa}}\right] = 0 \qquad d\,e^{\frac{s-s_1}{2c_p}} = 0 \qquad \varkappa = 1{,}32. \tag{62}$$

Der Bezugsdruck P_1 ist wieder der Druck des Frischgases im Kurbelkasten beim Öffnen der Überströmschlitze. Es kann hier der gleiche wie in Abschn. IV C 1 eingesetzt werden, nämlich $P_1 = 14\,600$ kg/m², da der Motorzustand bezüglich Drehzahl und Vergasereinstellung und auch der Außenzustand, wenn man von dem geringen Unterschied $\Delta T_0 = 3$ °K der Außentemperaturen absieht, in beiden Fällen die gleichen sind. Die gültigen Außenzustandsgrößen sind $P_0 = 10\,500$ kg/m² und $T_0 = 293$ °K.

Die zu $P_1 = 14\,600$ kg/m² gehörende Schallgeschwindigkeit ist dann nach S. 107 $a_1 = 357$ m/sek. Die Schallgeschwindigkeit a_2 des auf $P_1 = 14\,600$ kg/m² entspannten Abgases, welches unmittelbar nach Öffnen der Überströmschlitze in die Überströmkanäle eindringt, wurde mit $a_2 = 692$ m/sek als Mittelwert gemäß den Gl. (201) und (202) in Abb. 75 ermittelt.

Aus Gl. (200) kann der mittlere Entropieanstieg der Abgasschicht im Überströmkanal gegenüber dem Zylinderinhalt berechnet werden:

$$e^{\frac{s_2 - s_{0z}}{2c_p}} = \frac{a_2}{a_{0za}} \left(\frac{P_{0za}}{P_1}\right)^{\frac{\varkappa-1}{2\varkappa}}. \tag{200}$$

Mit $a_2 = 692$ m/sek, $P_{0za} = 48000$ kg/m², $a_{0za} = 772$ m/sek, $P_1 = 14600$ kg/m² und $\varkappa = 1{,}32$ erhält man:

$$e^{\frac{s_2 - s_{0z}}{2c_p}} = 1{,}035\,,$$

bzw.

$$e^{\frac{s_2 - s_{0z}}{c_p}} = 1{,}035^2 = 1{,}071\,.$$

Ein Vergleich dieses Wertes mit dem berechneten Entropieanstieg der Abgasschicht 2 im Überströmkanal $e^{(s_2 - s_{0z})/c_p} = 1{,}052$ in Kap. IV C, S. 109 (Gaswechsel mit Rohr 1) zeigt, daß die hier durchgeführte Berechnung, die allein auf berechneten Größen aufbaut, den Entropieanstieg der Gasschicht zutreffend erfaßt. Die Entropiezunahme muß nämlich hier größer als bei dem Gaswechsel mit Rohr 1 sein, da hier der Zylinderdruck $P_{0z\ddot{u}}$ beim Öffnen der Überströmschlitze höher als dort liegt und dadurch eine größere Drosselung bewirkt.

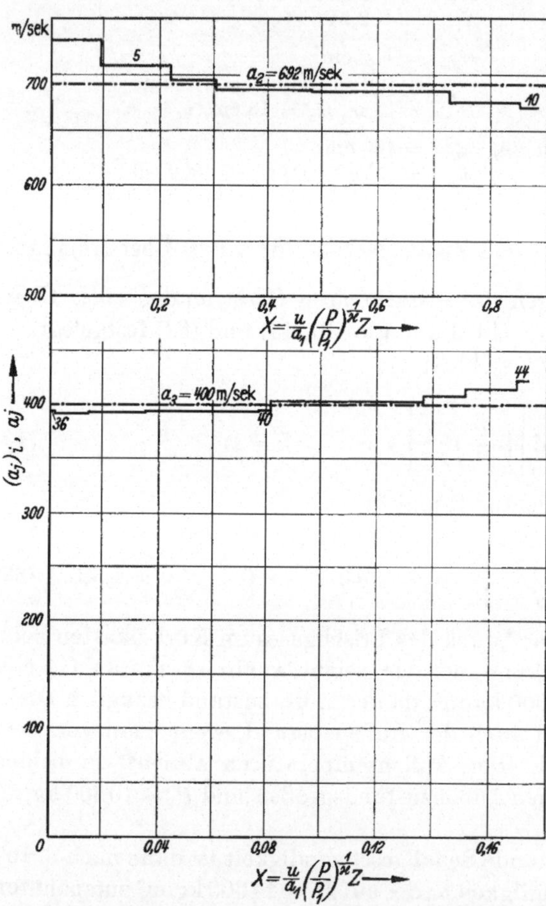

Abb. 75. Bestimmung der mittleren Schallgeschwindigkeiten a_2 und a_3 in *einem* Überströmkanal

Ab $\varphi = 34{,}2\,°$KW n. UT ($Z = 18{,}44$) strömt wieder Abgas-Frischgasgemisch aus dem Zylinder in die Überströmkanäle zurück (Abb. 91). Für diese Gasschicht 3 wurde nach Abb. 75 der Mittelwert $a_3 = 400$ m/sek ermittelt. Die Hilfsabszissenwerte $e^{[s_3 - (s_{0z})_i]/2c_p}$, die die Neigungen der Zustandscharakteristiken im Randbedingungsdiagramm bestimmen, sind durch Gl. (204) gegeben:

$$e^{\frac{s_3 - (s_{0z})_i}{2c_p}} = \frac{a_3}{(a_{0z})_i}\left[\frac{(P_{0z})_i}{P_1}\right]^{\frac{\varkappa - 1}{2\varkappa}}. \tag{204}$$

Für die Maßstäbe der Strömungsebene und der gemeinsamen Zustandsebene des Frischgasgebietes und der Abgasschichten wurden die folgenden Werte angenommen:

Strömungsebene (Abb. 91)	$m_z = 5$ cm
	$m_\varphi = 1$ cm
	$m_x = 20$ cm

Bezugslänge $L = \frac{a_1}{6n} \frac{m_z}{m_\varphi} = 0{,}099$ m

Bezogene Gesamtlänge *eines* Überströmkanals $X_l = 0{,}838$

Meßstelle X_{III} $X_{III} = 0{,}323$

Zustandsdiagramm (Abb. 74b) $m_u = 20$ cm

$m_p = 2/(\varkappa - 1)\, m_u = 100$ cm

$H = 5$ cm

Neigungen der Zustandscharakteristiken d. Frischgasgebietes $\tan\alpha = \mp 1$

Neigungen der Zustandscharakteristiken d. Gasschicht 2 $\tan\alpha^* = \mp 0{,}487$

Neigungen der Zustandscharakteristiken d. Gasschicht 3 $\tan\alpha^{**} = \mp 0{,}893$
[nach Gl. (70)]

Zustandsdiagramm (Abb. 92) $m_u = 200$ cm

$m_p = 1000$ cm.

7. Randbedingungen „Auspuffschlitz" und „Überströmschlitz"

Die Durchflußzahlen α des Auspuffschlitzes und der Überströmschlitze des Versuchsmotors konnten nicht experimentell im stationären Durchfluß bestimmt werden, da keine geeignete Versuchsanlage zur Verfügung stand. Ihre genaue Berechnung ist nicht durchführbar, jedoch soll im folgenden versucht werden, die Durchflußzahlen der Ausströmvorgänge in das Auspuffrohr und in die Überströmkanäle während eines Gaswechsels in Abhängigkeit vom Druckverhältnis P/P_{0z} und Öffnungsverhältnis f/F der Schlitze näherungsweise zu berechnen.

Die Durchflußzahlen der Einströmvorgänge in den Zylinder können mit guter Näherung gleich 1 gesetzt werden, da isentrope Zustandsänderung, beginnend im Rohrquerschnitt F, bis zum engsten Querschnitt $\hat{f}$ unmittelbar hinter dem jeweiligen Schlitz, angenommen werden kann (vgl. Abschn. III C 4d). Lediglich eine Strahlkontraktionszahl $\mu = \hat{f}/f$ soll berücksichtigt werden, deren Abhängigkeit von dem nur wenig veränderlichen Druckverhältnis $\hat{P}/P_{0v}$ und dem Querschnittsverhältnis f/F jedoch vernachlässigt wird.

a) Ausströmvorgang

Nach Zeman [*36*] verhalten sich die Schlitzströmungen an Zweitaktmotoren ähnlich wie eine Blendenströmung. Diese Feststellung erlaubt es, für den Ausströmvorgang ein Ersatzbild anzugeben, welches in zwei Stufen aufgebaut wird und für welches die Durchflußzahlen berechnet werden können.

In Abb. 76a sind die Schlitzströmungen des Motors mit den bekannten Bezeichnungen der Zustandsgrößen schematisch dargestellt.

Abb. 76b zeigt das gemeinsame Ersatzbild der beiden Drosselstellen des Motors in der ersten Stufe. Das Medium strömt aus einem Behälter mit den Zustandsgrößen P_{0z}, ϱ_{0z}, a_{0z}, T_{0z} durch eine Blende in ein angeschlossenes Rohr mit konstantem Querschnitt. Der Öffnungsquerschnitt f_B der Blende soll jeweils mit den veränderlichen Schlitzquerschnitten f am Motor übereinstimmen. Der Druck im Blendenquerschnitt ist P_{f_B}. Bis zum engsten Strahlquerschnitt $\hat{f}_B = \mu_B f_B$ hinter der Blende – der engste Strahlquerschnitt hinter den Schlitzen ist $\hat{f}$ – erfolge die

Zustandsänderung isentropisch. Der zugehörige Druck ist $\hat{P}$, der auch im übrigen Rohrquerschnitt gemessen wird. Ebenso gehören die Zustandsgrößen $\hat{\varrho}$, $\hat{a}$ und $\hat{u}$ dazu. Nach dem engsten Strahlquerschnitt erfolgt der CARNOT*sche Stoß*. Erst im Rohrquerschnitt F herrscht wieder eine einheitliche Strömung mit konstantem Zustandsverlauf.

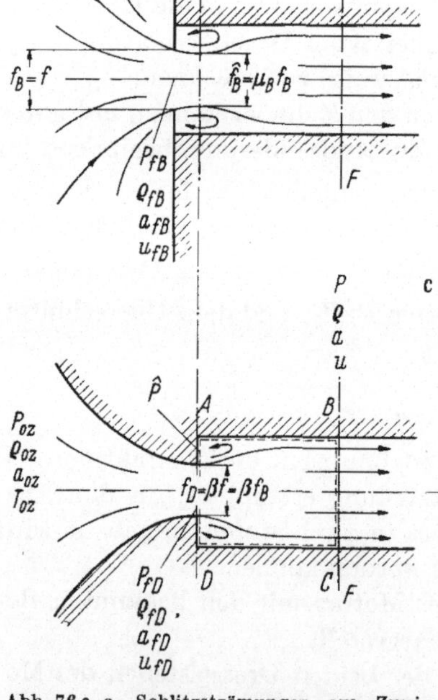

Abb. 76 a–c. Schlitzströmungen am Zweitaktmotor (a), ersetzt durch Blenden- (b) und Düsenströmung (c)

Die Berücksichtigung der Strahlkontraktion der Blendenströmung in der Rechnung erfolgt in der Weise, daß die Blendenströmung durch eine gleichwertige Düsenströmung ersetzt wird (Abb. 76c, Ersatzbild zweite Stufe). Dazu wird der Mündungsquerschnitt f_D der gut abgerundeten Düse, der gleichzeitig auch der engste Strahlquerschnitt ist, so bestimmt, daß durch ihn bei gleichem Druckverhältnis $\hat{P}/P_{0z}$ der gleiche Mengenstrom wie durch die Blende mit dem Querschnitt f_B hindurchtritt. Der Druck in der Düsenmündung ist P_{f_D}. Zum Ringquerschnitt unmittelbar hinter der Düse gehört der Druck $\hat{P}$, der im unterkritischen Gebiet der Strömung mit dem Druck P_{f_D} übereinstimmt.

Die theoretischen Betrachtungen werden zunächst für den Ausfluß, also ohne Berücksichtigung des angeschlossenen Rohres, angestellt. $\hat{P}$ ist dann der Umgebungsdruck vor der Mündung. Für das Ausflußgewicht der isentropen Düsenströmung mit dem Mündungsquerschnitt f_D gilt Gl. (100) im unterkritischen Gebiet in folgender Form:

$$\left.\begin{aligned} G_D &= f_D g \sqrt{2 \varrho_{0z} P_{0z}} \\ &\times \sqrt{\frac{\varkappa}{\varkappa-1}\left[\left(\frac{\hat{P}}{P_{0z}}\right)^{\frac{2}{\varkappa}} - \left(\frac{\hat{P}}{P_{0z}}\right)^{\frac{\varkappa+1}{\varkappa}}\right]} \end{aligned}\right\} \tag{206}$$

oder abgekürzt mit

$$\psi_D = \sqrt{\frac{\varkappa}{\varkappa-1}\left[\left(\frac{\hat{P}}{P_{0z}}\right)^{\frac{2}{\varkappa}} - \left(\frac{\hat{P}}{P_{0z}}\right)^{\frac{\varkappa+1}{\varkappa}}\right]},$$

$$G_D = f_D g \sqrt{2 \varrho_{0z} P_{0z}}\, \psi_D. \tag{207}$$

Das größte Ausflußgewicht $G_{D\,\max}$ stellt sich bei Erreichen des kritischen Druckverhältnisses $P_{f_D}/P_{0z} = \hat{P}/P_{0z} = [2/(\varkappa+1)]^{\varkappa/(\varkappa-1)}$ ein. Damit wird aus Gl. (206)

$$G_{D\,\max} = f_D g \sqrt{2 \varrho_{0z} P_{0z}} \left(\frac{2}{\varkappa+1}\right)^{\frac{1}{\varkappa-1}} \sqrt{\frac{\varkappa}{\varkappa+1}} \tag{208}$$

bzw. mit

$$\psi_{D\,\max} = \left(\frac{2}{\varkappa+1}\right)^{\frac{1}{\varkappa-1}} \sqrt{\frac{\varkappa}{\varkappa+1}}$$

$$G_{D\,\max} = f_D\, g \sqrt{2\,\varrho_{0z} P_{0z}}\, \psi_{D\,\max}\,. \tag{209}$$

In Abb. 77 ist ψ_D der Düsenströmung über dem Druckverhältnis $\hat{P}/P_{0z}$ für $\varkappa = 1{,}32$ aufgetragen. Sinkt $\hat{P}/P_{0z}$ unter den kritischen Wert $\hat{P}/P_{0z} = P_{fD}/P_{0z} = [2/(\varkappa+1)]^{\varkappa/(\varkappa-1)}$, so bleibt $\psi_D = \psi_{D\,\max}$ konstant.

Bei dem Druckverhältnis $\hat{P}/P_{0z}$ tritt durch die Blende mit dem Querschnitt f_B die Menge:

$$G_B = \beta\, f_B\, g \sqrt{2\,\varrho_{0z} P_{0z}}\, \psi_D\,. \tag{210}$$

Nach den Gl. (207) und (210) ist der Mengenstrom durch Blende und Düse gleich, wenn der Düsenquerschnitt die Größe

$$f_D = \beta\, f_B \tag{211}$$

erhält. Die Aufgabe besteht jetzt darin, die Ausflußzahl β zu berechnen. Sie ist nur im unterkritischen Druckbereich $\hat{P}/P_{0z} \leqq [2/(\varkappa+1)]^{\varkappa/(\varkappa-1)}$ mit der Kontraktionszahl $\mu_B = \hat{f}_B/f_B$ der Blendenströmung identisch (s. weiter unten).

Die Bestimmung von β für den Ausfluß aus einem großen Behälter in Abhängigkeit vom Druckverhältnis $\hat{P}/P_{0z}$ gelingt mit Hilfe einer Näherungstheorie, die von Nusselt für die Gasströmung durch Blenden aufgestellt wurde [*37*]. Nusselt bestimmte auf theoretischem Wege bei Annahme adiabatischer Strömung die Ausflußfunktion:

$$\psi_B = \mu_B \sqrt{\frac{\varkappa}{\varkappa-1}\left[\left(\frac{\hat{P}}{P_{0z}}\right)^{\frac{2}{\varkappa}} - \left(\frac{\hat{P}}{P_{0z}}\right)^{\frac{\varkappa+1}{\varkappa}}\right]}\;{}^{1} \tag{212}$$

Der Mengenstrom ergibt sich wieder aus der Gleichung:

$$G_B = f_B\, g \sqrt{2\,\varrho_{0z} P_{0z}}\, \psi_B\,. \tag{213}$$

Setzt man Gl. (210) und (213) einander gleich, so erhält man:

$$\beta = \frac{\psi_B}{\psi_D}\,. \tag{214}$$

Ist ψ_B und insbesondere μ_B gegeben, so kann β aus Gl. (214) berechnet werden.

Zur Berechnung der Kontraktionszahl $\mu_B = \hat{f}_B/f_B$ in Gl. (212) benutzte Nusselt die folgenden Beziehungen:

$$\frac{P_{fB}}{\hat{P}} - 1 = \frac{2\varkappa}{\varkappa-1}\mu_B\left[1 - \mu_B\left(\frac{\hat{P}}{P_{fB}}\right)^{\frac{1}{\varkappa}}\right]\left[\left(\frac{P_{0z}}{\hat{P}}\right)^{\frac{\varkappa-1}{\varkappa}} - 1\right], \tag{215}$$

$$\mu_B^2 = \frac{1 - \left(\dfrac{P_{fB}}{\hat{P}}\dfrac{\hat{P}}{P_{0z}}\right)^{\frac{\varkappa-1}{\varkappa}}}{\left(\dfrac{\hat{P}}{P_{fB}}\right)^{\frac{2}{\varkappa}}(1+\xi_g^2)\left[1 - \left(\dfrac{\hat{P}}{P_{0z}}\right)^{\frac{\varkappa-1}{\varkappa}}\right]}\,. \tag{216}$$

[1] In der Gleichung von Nusselt steht unter der Wurzel noch die Konstante $2\,g$.

Ist ξ_g gegeben, so können aus diesen beiden Gleichungen μ_B und $\hat{P}/P_{f_B}$ in Abhängigkeit von $\hat{P}/P_{0z}$ berechnet werden.

Zur Bestimmung von $\xi_g = u_r/u_{f_B}$, als Verhältnis der Radialgeschwindigkeit u_r zur Axialgeschwindigkeit u_{f_B} eines Gases im Querschnitt f_B der Blende, traf NUSSELT die Annahme:

$$\left(\frac{\xi_g}{\xi_w}\right)_{Blende} = \left(\frac{\xi_g}{\xi_w}\right)_{\text{BORDA}}. \tag{217}$$

Hierin bedeutet ξ_w das oben definierte Geschwindigkeitsverhältnis des inkompressiblen Strömungsmittels Wasser. Es gilt in Gl. (217) einmal für die Blende und zum anderen für die BORDAmündung. Für ξ_w der Blende und der BORDAmündung gilt:

$$\xi_w = \frac{1}{\mu_w} - 1. \tag{218}$$

Mit $\mu_w = 0{,}597$, der Kontraktionszahl für den Ausfluß von Wasser durch eine Blende bei großen REYNOLDSschen Zahlen, erhält man:

$$(\xi_w)_{Blende} = 0{,}675.$$

Auf dem gleichen Wege ergibt sich für das Geschwindigkeitsverhältnis in der BORDAmündung mit der Kontraktionszahl $\mu_w = 0{,}5$:

$$(\xi_w)_{\text{BORDA}} = 1.$$

Gl. (217) lautet jetzt:

$$(\xi_g)_{Blende} = 0{,}675\,(\xi_g)_{\text{BORDA}}. \tag{219}$$

$(\xi_g)_{\text{BORDA}}$ kann aus den Gl. (215) und (216), die auch für die BORDAmündung Gültigkeit haben, bestimmt werden, da ihre Kontraktionszahl μ_{BORDA} der Gasströmung geschlossen berechnet werden kann:

$$\mu_{\text{BORDA}} = \frac{\varkappa - 1}{2\varkappa} \, \frac{\frac{P_{0z}}{\hat{P}} - 1}{\left(\frac{P_{0z}}{\hat{P}}\right)^{\frac{\varkappa-1}{\varkappa}} - 1}. \tag{220}$$

Damit sind alle Gleichungen zur Berechnung von ψ_B und β in Abhängigkeit von $\hat{P}/P_{0z}$ zusammengestellt. Die Gleichungen wurden für $\varkappa = 1{,}32$ ausgewertet. In Abb. 77 sind die Werte von ψ_D, μ_B, ψ_B und β über dem Druckverhältnis $\hat{P}/P_{0z}$ aufgetragen. Die theoretische ψ_B-Kurve gilt nur oberhalb des kritischen Druckverhältnisses $\hat{P}/P_{0z} = 0{,}262$ der Blendenströmung. Unterhalb verläuft die gültige ψ_B-Kurve parallel zur Abszisse, da der Mündungsdruck P_{f_B} der Blende und damit auch die ausfließende Menge konstant bleiben.

Die Ausflußzahl β stimmt bis zum kritischen Druckverhältnis $\hat{P}/P_{0z} = 0{,}542$ der Düsenströmung mit der Kontraktionszahl μ_B der Blendenströmung überein. Sie erreicht ihren größten Wert $\beta = 0{,}82$ bei dem Druckverhältnis $\hat{P}/P_{0z} = 0{,}262$, den sie auch unterhalb $\hat{P}/P_{0z} = 0{,}262$ behält. Die Kontraktionszahl μ_B besitzt bei dem Druckverhältnis $\hat{P}/P_{0z} = 0{,}262$ den Wert 1 und geht mit kleiner werdendem Druckverhältnis gegen ∞.

Mit der Kenntnis der Ausflußzahlen β in Abhängigkeit vom Druckverhältnis $\hat{P}/P_{0z}$ kann jetzt zu jedem Querschnitt $f = f(\varphi)$ des Auspuff- und Überströmschlitzes der zugehörige Düsenquerschnitt $f_D = \beta f_B = \beta f$ gefunden werden. Die eingangs gestellte Aufgabe, Bestimmung der Durchflußzahlen α für die Drosselströmungen nach Abb. 76a, kann nun gelöst werden.

Für die in Abb. 76c dargestellte Düsenströmung, die die beiden Schlitzströmungen des Motors vollwertig ersetzt, gelten im Bereich der Strömung zwischen

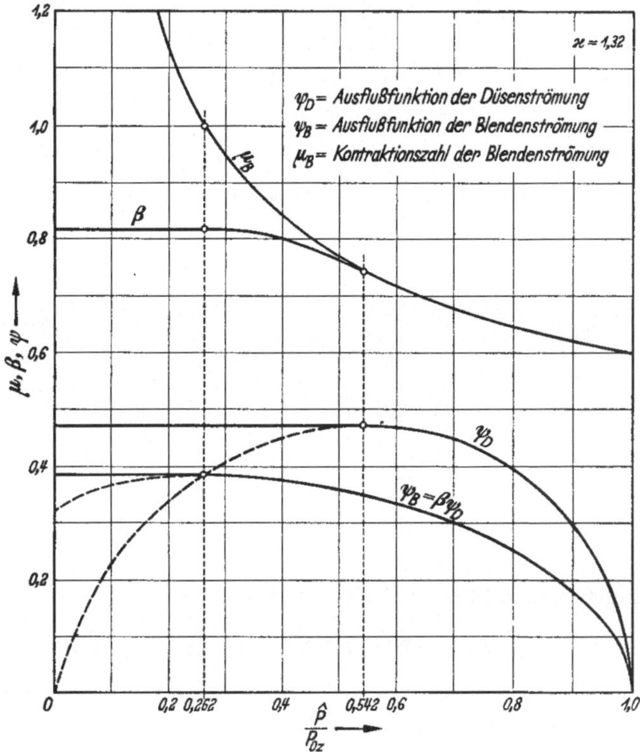

Abb. 77. Ausflußzahl β des Auspuffschlitzes und der Überströmschlitze

Behälter und dem Rohrquerschnitt F im Unterschall- und Schallgebiet folgende Gleichungen:

Unterschallgebiet: $u_{f_D} < a_{f_D}$

Energiegleichung

$$\frac{a_{0z}^2}{\varkappa - 1} = \frac{u_{fD}^2}{2} + \frac{a_{fD}^2}{\varkappa - 1}, \tag{221}$$

$$\frac{a_{0z}^2}{\varkappa - 1} = \frac{u^2}{2} + \frac{a^2}{\varkappa - 1}. \tag{222}$$

Kontinuitätsgleichung

$$u\varrho = \beta \frac{f}{F} u_{fD} \varrho_{fD}. \tag{223}$$

Gleichung der Schallgeschwindigkeit

$$a_{fD}^2 = \varkappa \frac{P_{fD}}{\varrho_{fD}} = \varkappa \frac{\hat{P}}{\varrho_{fD}}, \tag{224}$$

$$a^2 = \varkappa \frac{P}{\varrho}. \tag{225}$$

Isentropengleichung

$$\frac{a_{fD}}{a_{0z}} = \left(\frac{\hat{P}}{P_{0z}}\right)^{\frac{\varkappa-1}{2\varkappa}}. \tag{226}$$

Impulssatz für die Kontrollfläche $ABCD$

$$P - \hat{P} = \beta \frac{f}{F} \varrho_{fD} u_{fD} (u_{fD} - u). \tag{227}$$

Schallgebiet: $u_{fD} = a_{fD}$

Energiegleichung

$$\frac{a_{0z}^2}{\varkappa - 1} = \frac{u^2}{2} + \frac{a^2}{\varkappa - 1}. \tag{222}$$

Isentropengleichung

$$\frac{a_{fD}}{a_{0z}} = \left(\frac{2}{\varkappa + 1}\right)^{\frac{1}{2}}, \tag{228}$$

$$\frac{P_{fD}}{P_{0z}} = \left(\frac{2}{\varkappa + 1}\right)^{\frac{\varkappa}{\varkappa-1}}. \tag{229}$$

Kontinuitätsgleichung

$$u\varrho = \beta \frac{f}{F} a_{fD} \varrho_{fD}. \tag{230}$$

Gleichung der Schallgeschwindigkeit

$$a_{fD}^2 = \varkappa \frac{P_{fD}}{\varrho_{fD}}, \tag{231}$$

$$a^2 = \varkappa \frac{P}{\varrho}. \tag{225}$$

Impulssatz für die Kontrollfläche $ABCD$ [*38*]

$$FP - \beta f P_{fD} - (F - \beta f)\hat{P} = \beta f \varrho_{fD} a_{fD} (a_{fD} - u). \tag{232}$$

In beiden Fällen ist der Zusammenhang zwischen den Zustandsgrößen u/a_{0z} und P/P_{0z} der Strömung im Querschnitt F und der Durchflußzahl α mit Gl. (106) gegeben durch:

$$\sqrt{\varkappa - 1}\,\frac{u}{a_{0z}} = -\frac{\left(\frac{P}{P_{0z}}\right)^{\frac{\varkappa-1}{\varkappa}}}{\alpha\sqrt{2\left[1 - \left(\frac{P}{P_{0z}}\right)^{\frac{\varkappa-1}{\varkappa}}\right]}} + \sqrt{\frac{\left(\frac{P}{P_{0z}}\right)^{\frac{2(\varkappa-1)}{\varkappa}}}{\alpha^2\, 2\left[1 - \left(\frac{P}{P_{0z}}\right)^{\frac{\varkappa-1}{\varkappa}}\right]} + 2}\,. \tag{233}$$

Für die praktische Anwendung ist es nützlich, das Ergebnis dieser Rechnung in ein Diagramm mit der Ordinate f/F und der Abszisse P/P_{0z} einzutragen. Die Durchflußzahl α erscheint dann als Parameter (Abb. 78).

Die Parameterlinien $\alpha = \text{const}$ werden zunächst für das Unterschallgebiet bestimmt.

Nach Division der Impulsgleichung (227) durch a_{0z}^2 und P_{0z} und Auflösung nach $\beta(f/F)$ ergibt sich mit Hilfe der Gl. (221), (224) und (226):

$$\beta \frac{f}{F} = \frac{\frac{P}{P_{0z}} - \frac{\hat{P}}{P_{0z}}}{\varkappa\left(\frac{\hat{P}}{P_{0z}}\right)^{\frac{1}{\varkappa}}\sqrt{\frac{2}{\varkappa-1}\left[1 - \left(\frac{\hat{P}}{P_{0z}}\right)^{\frac{\varkappa-1}{\varkappa}}\right]}} \cdot \frac{1}{\sqrt{\frac{2}{\varkappa-1}\left[1 - \left(\frac{\hat{P}}{P_{0z}}\right)^{\frac{\varkappa-1}{\varkappa}}\right]} - \frac{u}{a_{0z}}}. \tag{234}$$

Eine zweite Beziehung für $\beta(f/F)$ erhält man aus der Kontinuitätsgleichung (223)

$$\beta\frac{f}{F}=\frac{u\,\varrho}{u_{fD}\,\varrho_{fD}}$$

und mit den Gl. (221), (222), (224), (225) und (226) umgeformt

$$\beta\frac{f}{F}=\frac{\frac{P}{P_{0z}}\,\frac{u}{a_{0z}}}{\left(\frac{\hat{P}}{P_{0z}}\right)^{\frac{1}{\varkappa}}\sqrt{\frac{2}{\varkappa-1}\left[1-\left(\frac{\hat{P}}{P_{0z}}\right)^{\frac{\varkappa-1}{\varkappa}}\right]}\left[1-\frac{\varkappa-1}{2}\left(\frac{u}{a_{0z}}\right)^2\right]}\,. \tag{235}$$

Die Gl. (234) und (235) werden einander gleichgesetzt, und man erhält:

$$\left.\begin{aligned}&\frac{2\varkappa}{\varkappa-1}\sqrt{\frac{\varkappa-1}{2}\left[1-\left(\frac{\hat{P}}{P_{0z}}\right)^{\frac{\varkappa-1}{\varkappa}}\right]}\,\frac{u}{a_{0z}}\,\frac{P}{P_{0z}}+\frac{\hat{P}}{P_{0z}}\left[1-\frac{\varkappa-1}{2}\left(\frac{u}{a_{0z}}\right)^2\right]-\\&\qquad-\frac{P}{P_{0z}}\left[1+\frac{\varkappa+1}{2}\left(\frac{u}{a_{0z}}\right)^2\right]=0\,.\end{aligned}\right\} \tag{236}$$

Aus dieser Gleichung kann $\hat{P}/P_{0z}$ näherungsweise mit zusammengehörigen Werten u/a_{0z} und P/P_{0z} ermittelt werden. Diese Wertepaare u/a_{0z}, P/P_{0z} erhält man für $\alpha=\mathrm{const}$ aus Gl. (233). Mit u/a_{0z}, P/P_{0z} und $\hat{P}/P_{0z}$ wird aus Gl. (234) oder (235) das zugehörige Querschnittsverhältnis f/F bestimmt, da mit $\hat{P}/P_{0z}$ auch β aus Abb. 77 bekannt ist. Damit liegen die Parameterlinien $\alpha=\mathrm{const}$ für das Unterschallgebiet fest (Abb. 78).

Der Rechnungsgang zur Bestimmung der Parameterlinien $\alpha=\mathrm{const}$ des Schallgebietes ist der gleiche, wie er für das Unterschallgebiet angegeben wurde. Aus der Impulsgleichung (232) erhält man mit den Gl. (228), (229) und (231):

$$\beta\frac{f}{F}=\frac{\frac{P}{P_{0z}}-\frac{\hat{P}}{P_{0z}}}{\left(\frac{2}{\varkappa+1}\right)^{\frac{\varkappa+1}{2(\varkappa-1)}}\varkappa\left[\frac{\sqrt{2(\varkappa+1)}}{\varkappa}-\frac{u}{a_{0z}}\right]-\frac{\hat{P}}{P_{0z}}}\,. \tag{237}$$

Aus der Kontinuitätsgleichung (230) ergibt sich mit den Gl. (222), (225), (228), (229) und (231):

$$\beta\frac{f}{F}=\frac{\frac{u}{a_{0z}}\,\frac{P}{P_{0z}}}{\left(\frac{2}{\varkappa+1}\right)^{\frac{\varkappa+1}{2(\varkappa-1)}}\left[1-\frac{\varkappa-1}{2}\left(\frac{u}{a_{0z}}\right)^2\right]}\,. \tag{238}$$

Gl. (237) und (238) einander gleichgesetzt:

$$\frac{\hat{P}}{P_{0z}}=\frac{\frac{u}{a_{0z}}\left[\frac{1}{(u/a_{0z})^2}+\frac{\varkappa+1}{2}\right]-\sqrt{2(\varkappa+1)}}{\frac{u}{a_{0z}}\,\frac{1}{P/P_{0z}}\left[\frac{1}{(u/a_{0z})^2}-\frac{\varkappa-1}{2}\right]-\left(\frac{\varkappa+1}{2}\right)^{\frac{\varkappa+1}{2(\varkappa-1)}}}\,. \tag{239}$$

Mit den Wertepaaren u/a_{0z}, P/P_{0z} für $\alpha=\mathrm{const}$ aus Gl. (233) werden die Druckverhältnisse $\hat{P}/P_{0z}$ aus Gl. (239) berechnet. Aus Gl. (237) bzw. (238) werden die

Querschnittsverhältnisse f/F unter Berücksichtigung der β-Werte aus Abb. 77 ermittelt. Damit können die Parameterlinien $\alpha = \text{const}$ des Schallgebietes in Abb 78 eingetragen werden.

Ergänzt wurde das Diagramm in Abb. 78 durch Kurven $f/F = f(\varphi)$, welche die Abhängigkeit der geometrischen Öffnungsverhältnisse des Auspuff- und *eines*

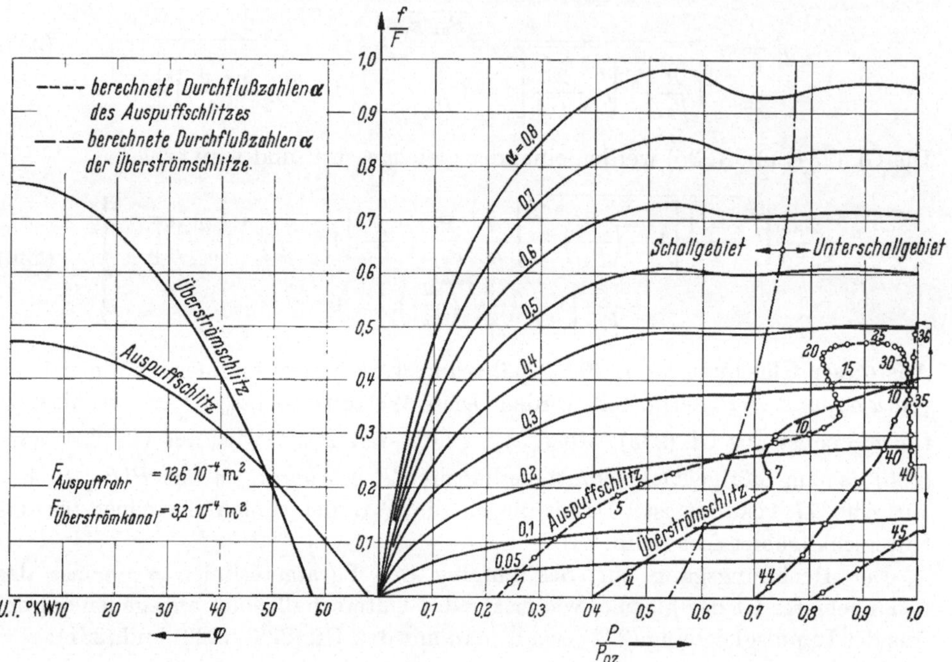

Abb. 78. Diagramm zur Bestimmung der Durchflußzahlen α des Auspuffschlitzes und der Überströmschlitze

Überströmschlitzes von dem Kurbelwinkel φ angeben. Damit liegen sofort bei gegebenem φ und Druckverhältnis P/P_{0z} die Größe des jeweiligen Querschnittsverhältnisses f/F und die zugehörige Durchflußzahl α vor.

Die Kenntnis der Durchflußzahlen α der Drosselstellen am Motor erlaubt es jetzt, in jedem Zeitpunkt des jeweiligen Ausströmvorganges die Zustandspunkte auf den zylinderseitigen Rändern der Strömungsebenen des Auspuffrohres 2 (Abb. 86) und *eines* Überströmkanals (Abb. 91) mit Hilfe des Randbedingungsdiagramms nach Abschn. III C 4 b zu berechnen. Mit den Zustandspunkten sind auch die dimensionslosen Gewichtsdurchsätze $\bar{G}$ gegeben, so daß aus den Gl. (188) und (189) die ausströmenden Gewichtsanteile $\Delta G'_{az}$ und $\Delta G''_{az}$ errechnet werden können. Die berechneten Durchflußzahlen des Auspuffschlitzes und der Überströmschlitze sind in Abb. 78 jeweils durch einen Kurvenzug miteinander verbunden.

b) Einströmvorgang

In Abb. 79 ist der überström- und auspuffseitige Einströmvorgang in den Zylinder dargestellt. Es werde angenommen, daß das Einströmen durch die Überströmschlitze ($\varphi = 40$ °KW v. UT bis $\varphi = 34{,}2$ °KW n. UT, s. Abb. 91) und gegen Ende des Gaswechsels auch durch den Auspuffschlitz ($\varphi = 46{,}6$ ° KW n. UT bis

$\varphi = 58$ °KW n. UT, s. Abb. 86) bis zu den engsten Querschnitten $\hat{f}$ der eintretenden Strahlen isentropisch erfolgt. Das kritische Druckverhältnis wird nicht erreicht, so daß der Druck $\hat{P}$ in den engsten Strahlquerschnitten gleich dem Zylinderdruck P_{0z} gesetzt werden kann.

Eine genaue Aussage über die Größe der Kontraktionszahl $\mu = \hat{f}/f$ ist ohne Modellversuch nicht möglich. In der Rechnung wurde ein geschätzter Mittelwert $\mu = 0{,}75$, gültig für beide Schlitzströmungen, berücksichtigt. Nach WEISBACH ([*23*], S. 481) fällt die Strahlkontraktion bei Durchflußöffnungen $f > 0{,}1\,F_v$ wegen der ins Gewicht fallenden Zuflußgeschwindigkeit zur Verengung geringer aus als bei reiner Ausflußströmung, wenn also $f/F_v = 0$ ist (vgl. $\mu_B = 0{,}597$ in Abb. 77). Damit sind die engsten Strahlquerschnitte $\hat{f} = \mu f$ der beiden Schlitzströmungen bei jedem Kurbelwinkel φ gegeben.

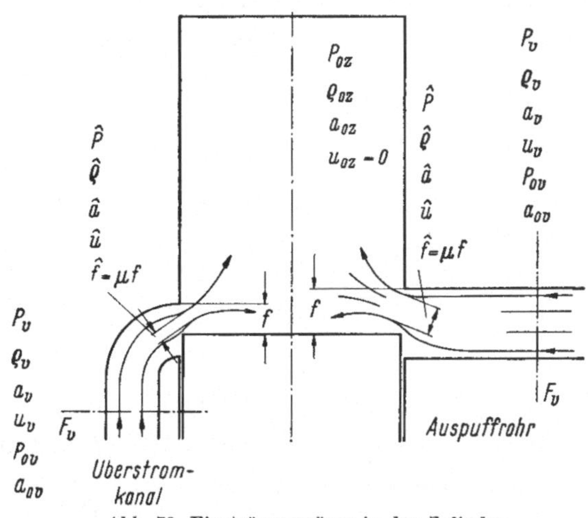

Abb. 79. Einströmvorgänge in den Zylinder

Die Zustandspunkte auf dem zylinderseitigen Rand der Strömungsebene *eines* Überströmkanals in Abb. 91 wurden mit Hilfe der Diagramme der Abb. 46a u. b berechnet. $\overline{G}_v$ liegt ebenfalls vor, so daß $\Delta G''_{ez}$ aus den Gl. (195) und (158) – je nachdem, ob Abgas oder Frischgas in den Zylinder einströmt – bestimmt werden kann.

Auspuffseitig wurden die Zustandspunkte auf dem Rand der Strömungsebene des Rohres 2 (Abb. 86) mit Hilfe des Diagramms in Abb. 46a gefunden. Das jeweils ermittelte $\overline{G}_v$ wurde zur Berechnung von $\Delta G'_{ez}$ in Gl. (199) eingesetzt.

8. Randbedingung „Kurbelkastenmündung“

Die Formulierung dieser Randbedingung erfolgte bereits in Abschn. IV C 2 und hat hier ihre volle Gültigkeit, so daß dort die Einzelheiten des Rechnungsganges ersehen werden können. Insbesondere gelten für die Zustandsgrößen des Kurbelkasteninhaltes die Werte und Formeln des Abschn. IV C 3. Die errechneten Werte der Zustandsgrößen P_{0k}, a_{0k}, T_{0k} und G_k dieses Beispiels sind in Abb. 94 über dem Kurbelwinkel φ aufgetragen.

9. Übergangsbedingung „Blende im Rohr 2“

Die Blende an der Stelle $X_B = 2{,}318$ des Rohres 2 bedeutet für die mathematische Behandlung, daß dort zwei Strömungsebenen aneinanderstoßen (Abb. 80). Die rechtslaufenden MACH-Linien des Rohrstückes C enden an der Blende. Sie finden ihre Fortsetzung in rechtslaufenden MACH-Linien des angeschlossenen kurzen Rohrstückes D, deren Zustandscharakteristiken nicht mit denen des linken Rohrteiles übereinstimmen (Abb. 89). Beide Zustandsebenen sind durch die Übergangsbedingung *Blende* miteinander verknüpft.

Sind die Durchflußzahlen α dieser Blendenströmung bekannt, so können die Zustandsgrößen der Querschnitte F_v und F_n im Randbedingungsdiagramm nach Abschn. III C 4c bzw. nach Abschn. III C 4e berechnet werden. Die berechneten Durchflußzahlen α der Drosselstellen am Motor in Abb. 78 haben auch hier für die Blendenströmung des Rohres 2 Gültigkeit, da man sich das weite Rohr durch einen großen Behälter ersetzt denken kann; denn nach WEISBACH [*23*] übt die Zuströmgeschwindigkeit zur Durchflußöffnung f der Blende auf die Strahleinschnürung einen vernachlässigbaren Einfluß aus, wenn das Querschnittsverhältnis $f/F_v \leqq 0{,}1$ ist. Das vorhandene Querschnittsverhältnis f/F_v beträgt $0{,}098 < 0{,}1$.

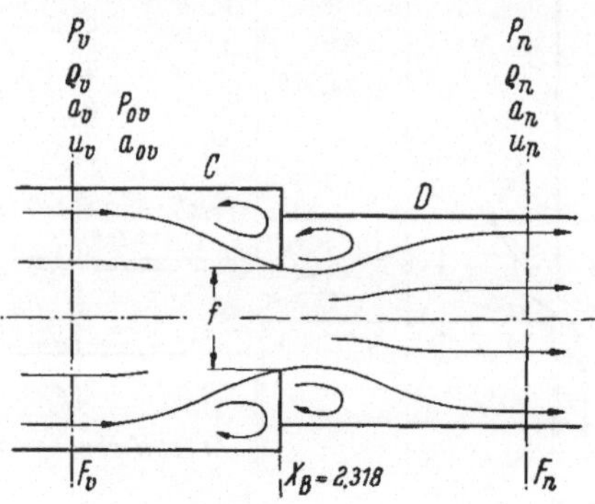

Abb. 80. Blendenströmung im Rohr 2

Für das Querschnittsverhältnis $f/F_n = 0{,}25$ und für den Bereich $0{,}75 < P_n/P_{0v} < 1$ $(P_n/P_{0v} \mathrel{\widehat{=}} P/P_{0z})$ entnimmt man aus Abb. 78 den Mittelwert $\alpha = 0{,}177$, der der Rechnung zugrundegelegt wurde. Die Zustandswerte in den Querschnitten F_v und F_n wurden mit Hilfe des Diagramms in Abb. 47 berechnet.

10. Zahlenbeispiel eines Schrittes der Gaswechselrechnung

Die Berechnung der Strömungsebenen des Rohres 2 und *eines* Überströmkanals (Abb. 86 und 91) nimmt von den Zustandspunkten auf den zylinderseitigen Rändern der Strömungsebenen ihren Ausgang. An einem Zahlenbeispiel sei gezeigt, wie die Berechnung dieser Zustandspunkte und der Zustandsgrößen im Zylinder durchgeführt wurde.

Gesucht sei der Zustandspunkt *Y y* der Strömungsebene des Überströmkanals (Abb. 91) und der im gleichen Schritt – es ist der 24. Rechenschritt – zu ermittelnde Zustandspunkt *P 51* der Strömungsebene des Rohres 2 (Abb. 86). Die jeweilige Schrittgröße der Rechnung wird durch die Ankunft der rechtslaufenden MACH-Linien an der *Z*-Achse der Strömungsebene des Überströmkanals festgelegt. (Erreichte eine linkslaufende MACH-Linie des Rohres 2 nicht zu gleicher Zeit mit der MACH-Linie des Überströmkanals den Rand ihrer Strömungsebene, so mußte durch Interpolation eine Hilfs-MACH-Linie – hier ist es die Hilfs-MACH-Linie *51* – eingezeichnet werden.) Die rechtslaufende MACH-Linie *Y* des Überströmkanals erreicht bei $\varphi = 1{,}25$ °KW v. UT ($Z = 11{,}35$) – zunächst durch Extrapolation bestimmt – den Rand der Strömungsebene. Die Schrittgröße beträgt $\Delta\varphi = 1{,}98$ °KW, da der vorangegangene Schritt bei $\varphi = 2{,}24$ °KW v. UT ($Z = 11{,}15$) endete.

Der Zustand *Y y* am Überströmschlitz wird im Diagramm der Abb. 46b gefunden, da Frischgas in den Zylinder einströmt. Die Zustandscharakteristik der rechtslaufenden MACH-Linie *Y* schneidet die Ordinate des Zustandsdiagramms bei $(P_{Ord}/P_1)_{Yy}^{(\bar{\varkappa}-1)/2\bar{\varkappa}} = 1{,}0354$ (s. Abb. 92). Mit $P_1 = 14600$ kg/m², $\bar{\varkappa} = 1{,}4$ und dem bereits richtig angenommenen Ruhedruck $P_{0v} = 13000$ kg/m² erhält man den Abszissenwert $P_{Ord}/P_{0v} = 1{,}433$ des Diagramms in Abb. 46b. Zu diesem Wert gehört das Druckverhältnis $P_v/P_{0v} = 0{,}9332$ des gesuchten Zustandspunktes Yy und das dimensionslose Gewicht $\bar{G}_v = 0{,}1332$.

Die Überprüfung der Rechnung erfolgt mit Hilfe der Kontinuitätsbedingung

$$\bar{G}_{\hat{f}} = \frac{F_v}{\mu f} \bar{G}_v .$$

F_v/f entnimmt man aus Abb. 78. Dort findet man für $\varphi = 1{,}25\,°$KW n. UT $= 1{,}25\,°$KW v. UT, $f/F = 0{,}773$. Damit wird $F_v/f = F/f = 1/(f/F) = 1{,}293$. Mit $\mu = 0{,}75$ (s. S. 143) erhält man:

$$\bar{G}_{\hat{f}} = \frac{1{,}293}{0{,}75} 0{,}1332 = 0{,}2298 .$$

Dieser Wert muß im Diagramm der Abb. 46b nachgewiesen werden. Im engsten Strahlquerschnitt herrscht der Druck $\hat{P} = P_{0z}$, dessen Größe zunächst noch unbekannt ist und vorausgeschätzt werden muß. Der geschätzte Wert, gültig in der Mitte des Schrittes bei $\varphi = 1{,}25\,°$KW v. UT, wird dann am Ende der Rechnung überprüft. Bei diesem Schritt beträgt $\hat{P} = P_{0z} = 9710$ kg/m² (Abb. 85). Aus dem Diagramm der Abb. 46b entnimmt man zu $P_{0z}/P_{0v} = \hat{P}/P_{0v} = 0{,}7469$ den gleichen Wert wie oben berechnet, nämlich $\bar{G}_{\hat{f}} = 0{,}2298$, womit die Zustandsgröße $P_v/P_{0v} = 0{,}9332$ ihre Bestätigung gefunden hat.

Mit $(P_v/P_1)^{(\varkappa-1)/2\varkappa} = 0{,}9739$ ist auch die Lage des gesuchten Zustandspunktes Yy im Zustandsdiagramm (Abb. 92) bekannt und damit die Prüfung der angenommenen Neigung der MACH-Linie Y in der Strömungsebene möglich (Abb. 91).

Die Menge an Frischgas $\Delta G''_{ez}$, die während $\Delta\varphi = 1{,}98\,°$KW in den Zylinder strömt, ergibt sich aus Gl. (158):

$$\Delta G''_{ez} = 1{,}092 \cdot 10^{-6} \bar{G}_v \frac{P_{0v}}{a_{0v}} \Delta\varphi = 1{,}092 \cdot 10^{-6} \cdot 0{,}1332 \frac{13000}{351{,}1} 1{,}98 = 10{,}66 \cdot 10^{-6}\,\text{kg}.$$

$a_{0v} = 351{,}1$ m/sek wurde aus der Gleichung

$$a_{0v} = a_1 (P_{0v}/P_1)^{(\varkappa-1)/2\varkappa} = 357 \left(\frac{13000}{14600}\right)^{\frac{0,4}{2,8}} = 351{,}1\ \text{m/sek}$$

ermittelt.

Es kommt vor (s. Schritt 12, MACH-Linie M in Abb. 91), daß eine zweite MACH-Linie innerhalb eines Schrittes $\Delta\varphi$ die Ordinate der Strömungsebene erreicht. In diesem Fall kann der zugehörige Zustandspunkt in der gleichen Weise, wie eben beschrieben, berechnet werden, da der Zylinderdruck P_{0z} infolge seines linearen Anstieges während eines Schrittes $\Delta\varphi$ in jedem Zeitpunkt bekannt ist. Das gleiche gilt für die Berechnung der Zustandspunkte auf dem Rand der Strömungsebene des Rohres 2.

Auspuffseitig strömt während des gleichen Zeitraumes Abgas, das sich mit Frischgas vermischt hat, in das Rohr 2 (Gasschicht 4). Die Hilfs-MACH-Linie *51* der Strömungsebene des Rohres 2 (Abb. 86) erreicht bei $\varphi = 1{,}25\,°$KW v. UT ($Z = 2{,}67$) die Z-Achse. Der gesuchte Zustandspunkt P *51* muß auf der Zustandscharakteristik *51* der Zustandsebene des Rohrstückes A liegen (Abb. 87). Ihr Schnittpunkt mit der Ordinate der Zustandsebene liegt bei $(P_{Ord}/P_1)^{(\varkappa-1)/2\varkappa}$

$= 0{,}9565$. Im Randbedingungsdiagramm ergibt sich der Schnittpunkt $(P_{Ord}/P_{0z})^{(\varkappa-1)/2\varkappa} = 0{,}9658$ (Abb. 81). Die Neigung der Zustandscharakteristik *51*

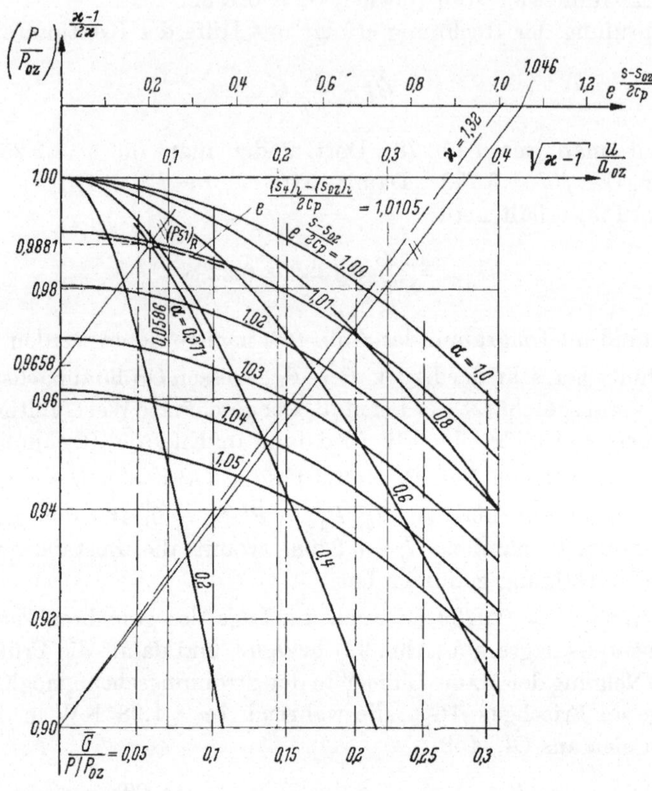

Abb. 81. Berechnung des Zustandspunktes *P 51* auf dem Rand der Strömungsebene des Rohres 2 im Randbedingungsdiagramm

im Randbedingungsdiagramm ist nach Gl. (204) durch den Hilfsabszissenwert

$$e^{\frac{s_4 - (s_{0z})_i}{2 c_p}} = \frac{a_4}{(a_{0z})_i} \left[\frac{(P_{0z})_i}{P_1}\right]^{\frac{\varkappa-1}{2\varkappa}}$$

gegeben.

(a_{0z}) des 24. Rechenschrittes wird aus Gl. (197 a) berechnet:

$$a_{0z} = 3{,}60 \sqrt{\frac{P_{0z} V_z}{G_z}}.$$

G_z muß entsprechend seinem Verlauf $G_z = f(\varphi)$ in Abb. 82a bei dem Kurbelwinkel $\varphi = 1{,}25\,°$KW v. UT im voraus angenommen werden. Mit $G_z = 148 \cdot 10^{-6}$ kg, $V_z = 233{,}25 \cdot 10^{-6}$ m³ (Abb. 68) und $P_{0z} = 9710$ kg/m² ergibt sich:

$$a_{0z} = 3{,}60 \sqrt{\frac{9710 \cdot 233{,}25 \cdot 10^{-6}}{148 \cdot 10^{-6}}} = 445{,}3 \text{ m/sek}.$$

Für den Hilfsabszissenwert erhält man jetzt mit $a_4 = 470$ m/sek, $a_{0z} = 445{,}3$ m/sek, $P_{0z} = 9710$ kg/m² und $P_1 = 10\,500$ kg/m²:

$$e^{\frac{s_4 - s_{0z}}{2 c_p}} = 1{,}046.$$

Der gesuchte Zustandspunkt $(P\,51)_R$ liegt auf der Bedingungslinie $\alpha = 0{,}371$, denn zu $(f/F)_{\varphi=1{,}25\,°\mathrm{KW\,v.UT}} = 0{,}471$ und $P/P_{0z} = 0{,}906$ gehört die Durchflußzahl $\alpha = 0{,}371$, wie man aus dem Diagramm der Abb. 78 entnimmt. $P/P_{0z} = 0{,}906$ wird durch den Ordinatenwert $(P/P_{0z})^{(\varkappa-1)2\varkappa} = 0{,}9881$ des Zustandspunktes $(P\,51)_R$ bestätigt (Abb. 81).

Den Ordinatenwert $(P/P_1)^{(\varkappa-1)/2\varkappa}$ des Zustandspunktes $P\,51$ im Zustandsdiagramm (Abb. 87) findet man aus:

$$\frac{P}{P_{0z}} = 0{,}906 \rightarrow \frac{P}{P_{0z}}\,\frac{P_{0z}}{P_1} = \frac{P}{P_1} = 0{,}8378 \rightarrow \left(\frac{P}{P_1}\right)^{\frac{\varkappa-1}{2\varkappa}} = 0{,}9788\,.$$

Der Entropiewert, der zum Zustandspunkt $(P\,51)_R$ gehört, ist

$$\mathrm{e}^{\frac{(s_4)_i-(s_{0z})_i}{2c_p}} = \mathrm{e}^{\frac{(s_4)_{24}-(s_{0z})_{24}}{2c_p}} = 1{,}0105\,.$$

Die Schallgeschwindigkeit $(a_4)_i = (a_4)_{24}$ der Gasschicht, die während $\Delta\varphi = 1{,}98\,°\mathrm{KW}$ aus dem Zylinder austritt, errechnet sich aus Gl. (205):

$$(a_4)_{24} = (a_{0z})_{24}\left[\frac{P_1}{(P_{0z})_{24}}\right]^{\frac{\varkappa-1}{2\varkappa}} \mathrm{e}^{\frac{(s_4)_{24}-(s_{0z})_{24}}{2c_p}} = 445{,}3\left(\frac{10500}{9710}\right)^{\frac{0{,}32}{2{,}64}} 1{,}0105 = 453{,}7\ \mathrm{m/sek}\,.$$

Dieser Wert wird notiert und zur rechnerischen Überprüfung der im voraus angenommenenen mittleren Schallgeschwindigkeit der Gasschicht 4, $a_4 = 470$ m/sek, benötigt (Abb. 73).

Mit $\bar{G} = 0{,}531$ aus $\bar{G}/(P/P_{0z}) = 0{,}0586$ wird aus Gl. (188) die während $\Delta\varphi = 1{,}98\,°\mathrm{KW}$ aus dem Zylinder in das Rohr 2 ausströmende Abgasmenge berechnet:

$$\Delta G'_{az} = 2{,}26\cdot 10^{-6}\,\bar{G}\,\frac{P_{0z}}{a_{0z}}\,\Delta\varphi = 2{,}26\cdot 10^{-6}\cdot 0{,}531\,\frac{9710}{445{,}3}\cdot 1{,}98 = 5{,}18\cdot 10^{-6}\,\mathrm{kg}\,.$$

Die Zunahme des Zylinderinhaltes ΔG_z im Zeitraum $\Delta\varphi = 1{,}98\,°\mathrm{KW}$ ergibt sich aus der Gewichtsbilanz:

$$\Delta G_z = \Delta G''_{ez} - \Delta G'_{az} = 10{,}66\cdot 10^{-6} - 5{,}18\cdot 10^{-6} = 5{,}48\cdot 10^{-6}\,\mathrm{kg}\,.$$

Das Gewicht G_z in der Mitte des Rechenschrittes 24 ($\varphi = 1{,}25\,°\mathrm{KW}$ v. UT) kann jetzt bestimmt werden:

$$G_z = (G_z)_{\varphi=2{,}24°\,\mathrm{KW\,v.\,UT}} + \frac{\Delta G_z}{2} = 145{,}28\cdot 10^{-6} + \frac{5{,}48\cdot 10^{-6}}{2} = 148{,}02\cdot 10^{-6}\,\mathrm{kg}\,.$$

Dieser Wert wurde auch bei der Berechnung der Schallgeschwindigkeit $a_{0z} = 445{,}3$ m/sek in Gl. (197) berücksichtigt.

$(G_z)_{\varphi=2{,}24\,°\mathrm{KW\,v.\,UT}} = 145{,}28\cdot 10^{-6}$ kg ist aus dem vorangegangenen Rechenschritt bekannt (Abb. 82).

Der Kreis der Rechnung schließt sich, wenn man mit Gl. (193) den bisher in der Rechnung verwendeten Zylinderdruck $P_{0z} = 9710\ \mathrm{kg/m^2}$, gültig in der Mitte des Schrittes 24, überprüft.

Mit $\varkappa = 1{,}32$, $c_{pe}/c_{pz} = 0{,}806$, $a_{0v} = 351{,}1$ m/sek, $a_{0z} = 445{,}3$ m/sek, $\Delta G''_{ez} = 10{,}66\cdot 10^{-6}$ kg, $G_z = 148{,}02\cdot 10^{-6}$ kg, $\Delta G'_{az} = 5{,}18\cdot 10^{-6}$ kg, $\Delta V_z = 0{,}05\cdot 10^{-6}\ \mathrm{m^3}$,

$V_z = 233{,}25 \cdot 10^{-6}\,\mathrm{m}^3$, erhält man:

$$\frac{\varDelta P_{0z}}{P_{0z}} = \varkappa \frac{c_{pe}}{c_{pz}} \left(\frac{a_{0v}}{a_{0z}}\right)^2 \frac{\varDelta G''_{ez}}{G_z} - \varkappa \frac{\varDelta G'_{az}}{G_z} - \varkappa \frac{\varDelta V_z}{V_z} =$$

$$= 1{,}32 \left[0{,}806 \left(\frac{351{,}1}{445{,}3}\right)^2 \frac{10{,}66}{148{,}02} - \frac{5{,}18}{148{,}02} - \frac{0{,}05}{233{,}25}\right] = 0{,}00125\,.$$

Die Druckzunahme während des Schrittes 24 im Zylinder beträgt mit dem eingangs gewählten Zylinderdruck $P_{0z} = 9710\,\mathrm{kg/m^2}$

$$\varDelta P_{0z} = 0{,}00125 \cdot 9710 = 12\,\mathrm{kg/m^2}\,.$$

$P_{0z} = 9710\,\mathrm{kg/m^2}$ muß sich jetzt aus folgender Gleichung ergeben:

$$P_{0z} = (P_{0z})_{\varphi = 2{,}24^\circ\,\mathrm{KW\,v.\,UT}} + \frac{\varDelta P_{0z}}{2}\,.$$

Mit $(P_{0z})_{\varphi = 2{,}24\,^\circ\mathrm{KW\,v.\,UT}} = 9706\,\mathrm{kg/m^2}$ erhält man

$$P_{0z} = 9706 + 6 = 9712\,\mathrm{kg/m^2}\,.$$

Damit ist durch die Rechnung der eingangs angenommene Zylinderdruck $P_{0z} = 9710\,\mathrm{kg/m^2}$ gut bestätigt (Abb. 85). Im Bereich des UT bleibt der Zylinderdruck P_{0z} nahezu konstant.

Die letzte noch fehlende Zustandsgröße, die Zylindertemperatur T_{0z}, als Mittelwert des Schrittes 24, wird aus Gl. (196) berechnet:

$$T_{0z} = \frac{P_{0z} V_z}{R_{zm} G_z} = \frac{9712 \cdot 233{,}25 \cdot 10^{-6}}{29{,}5 \cdot 148{,}02 \cdot 10^{-6}} = 519\,^\circ\mathrm{K}\,.$$

Die zu den berechneten Zustandsgrößen des Zylinderinhaltes gehörenden Kenngrößen des Ladungswechsels lauten (s. Abb. 82b):

Ladungsaufwand aus Gl. (170):

$$\varLambda_0 = \frac{G_{ez}}{\gamma_0 V_H} = \frac{(G_{ez})_{\varphi = 2{,}24^\circ\,\mathrm{KW\,v.\,UT}} + \dfrac{\varDelta G''_{ez}}{2}}{\gamma_0 V_H} = \frac{127{,}56 + 5{,}33}{1{,}28 \cdot 199} = 0{,}522\,.$$

Spülender Ladungsaufwand nach Gl. (171):

$$\varLambda_z = \frac{G_{ez} R_F}{G_z R_{zm}} = \frac{132{,}89 \cdot 28}{148{,}02 \cdot 29{,}5} = 0{,}852\,.$$

Spülgrad aus Gl. (184):

$$\lambda_s = 1 - e^{-\varLambda_z} = 1 - e^{-0{,}852} = 0{,}5735\,.$$

Liefergrad aus Gl. (176):

$$\lambda_l = 4140 \cdot \lambda_s G_z = 4140 \cdot 0{,}5735 \cdot 148{,}02 \cdot 10^{-6} = 0{,}351\,.$$

Gesamtladungsgrad aus Gl. (177):

$$\lambda_g = 4140\, G_z = 4140 \cdot 148{,}02 \cdot 10^{-6} = 0{,}612\,.$$

Das im Zylinder verbliebene Ladungsgewicht G_{Fz} ergibt sich mit $\lambda_l = 0{,}351$ aus Gl. (175):

$$G_{Fz} = \lambda_l \gamma_0 V_H = 0{,}351 \cdot 1{,}28 \cdot 199 \cdot 10^{-6} = 89{,}4 \cdot 10^{-6}\,\mathrm{kg}\,.$$

11. Diskussion des Ergebnisses der Gaswechselrechnung

In den Abb. 73 bis 75, 78, 82, 83 und 85 bis 94 ist das Ergebnis der Gaswechselrechnung, aufgestellt für den Vollastpunkt des Motors bei $n = 3000$ U/min, eingetragen. Es kann einmal mit den auf dem Prüfstand aufgenommenen Kennlinien $p_e = f(n)$ und $b_e = f(n)$ (Abb. 84) und zum anderen mit Hilfe der Druckmessungen im Zylinder (Abb. 85), an den Stellen X_{I} und X_{II} des Rohres 2 (Abb. 90) und im Überströmkanal an der Stelle X_{III} (Abb. 93) überprüft werden.

a) Die Erfolgsgrößen des Gaswechsels

In Abb. 82a sind die Mengenlinien über dem Kurbelwinkel φ eingezeichnet, die über die Größen des Zylinderinhaltes G_z, der aufgewendeten Frischladung G_{ez} und des Frischladungsanteils G_{Fz} des Zylinderinhaltes in jedem Zeitpunkt der Spülperiode Aufschluß geben.

Abb. 82b zeigt die Kurven des Gesamtladungsgrades λ_g, des Ladungsaufwandes Λ_0, des Spülgrades λ_s und des Liefergrades λ_l.

Die Frischladung G_{Fz} des Zylinders bzw. der Liefergrad λ_l kennzeichnen den Erfolg des Gaswechsels. Ihre am Ende des Gaswechsels erreichten Werte bestimmen unmittelbar die Leistung des Motors. Beide Größen wurden sowohl mit als auch ohne Berücksichtigung der Aufladung durch eine Stoßwelle, die im Rohr 2 gegen den Auslaßschlitz läuft und durch Zurückschieben von Abgas-Frischgasgemisch in den Zylinder die Aufladung herbeiführt, berechnet (Abb. 82). Der höchste Aufladegrad wurde mit einer Stoßwelle erreicht, die bei $\varphi = 46{,}8$ °KW n. UT am Zylinder ankommt (s. Strömungsebene in Abb. 86). Des geringeren Aufwandes wegen wurde die Rechnung, in der die Stoßwirkung unberücksichtigt blieb, nur über den letzten Abschnitt des Gaswechsels, beginnend bei $\varphi = 46{,}8$°KW n. UT, durchgeführt. In Wirklichkeit ändern sich jedoch bei dem Gaswechsel ohne Aufladung auch die Anfangswerte der Rechnung, so daß man streng genommen an die erste noch eine zweite ausführliche Rechnung hätte anschließen müssen. Hierauf wurde jedoch verzichtet, da diese keine grundsätzlich neuen Erkenntnisse mehr gebracht und nur eine geringfügige zahlenmäßige Verschiebung der Ergebnisse ergeben hätte.

Der Frischladungsanteil des Zylinderinhaltes beträgt mit Berücksichtigung der Aufladewirkung durch die Stoßwelle am Ende des Gaswechsels bei $\varphi = 68$°KW n. UT $G_{Fz} = 1{,}42 \cdot 10^{-4}$ kg. Dies entspricht einem Liefergrad von $\lambda_l = 0{,}56$. Um diesen Liefergrad zu erreichen, waren eine Ladungsmenge $G_{ez} = 2{,}31 \cdot 10^{-4}$ kg bzw. ein Ladungsaufwand $\Lambda_0 = 0{,}913$ erforderlich. Der Spülgrad beträgt $\lambda_s = 0{,}68$.

Ein noch wesentlich ungünstigeres Verhältnis zwischen aufgewendeter und ausgenutzter Frischladung erhält man, wenn man die Aufladung des Zylinders unberücksichtigt läßt, also den Normalfall des Belastungszustandes eines Zweitaktmotors betrachtet. In diesem Fall wurden ein Frischladungsanteil des Zylinderinhaltes von $G_{Fz} = 1{,}24 \cdot 10^{-4}$ kg bzw. ein Liefergrad von nur $\lambda_l = 0{,}49$ errechnet. Die in den Zylinder eingebrachte Ladungsmenge liegt sogar etwas höher; sie beträgt jetzt $G_{ez} = 2{,}33 \cdot 10^{-4}$ kg. Dies ergibt einen Ladungsaufwand von $\Lambda_0 = 0{,}918$. Der Spülgrad bleibt gegenüber dem Gaswechsel mit Aufladung unverändert.

Damit wurde lediglich durch Festlegung des günstigsten Zeitpunktes der Ankunft der Stoßwelle am Zylinder, die allein durch Abstimmung der Rohrlänge erfolgte,

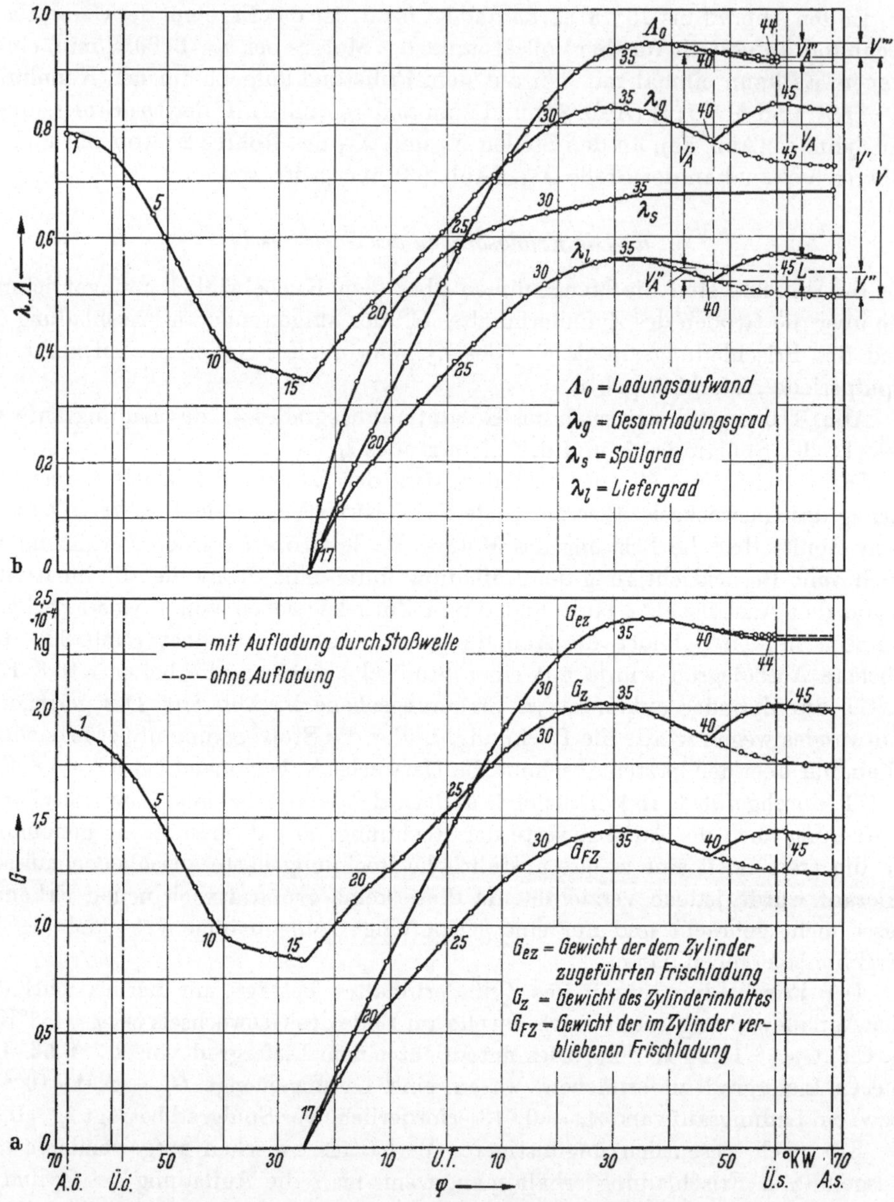

Abb. 82 a u. b. Gewichtsverlauf im Zylinder und Kenngrößen des Gaswechsels

eine theoretische Liefergraderhöhung von 14% erzielt. Setzt man bei beiden Motorzuständen gleichen Innenwirkungsgrad und gleiche Luftüberschußzahl voraus, so ergibt sich eine theoretische indizierte Leistungssteigerung von ebenfalls 14%.

Die zugehörigen mittleren effektiven Drücke ergeben sich aus den Gl. (184) und (185). Der mittlere effektive Druck des Motors mit Aufladung wurde bereits auf S. 125 mit $p_e = 5{,}23$ kg/cm² errechnet. Bei gleichen Mitteldrücken der Spülpumpe und der Reibung und etwas geringerem Mitteldruck des Ladungswechsels ergibt sich für den mittleren effektiven Druck des Motors ohne Aufladung der Wert:

$$p_e = p_{i-l} + p_l - p_{Sp} - p_R = 5{,}1 + 0{,}34 - 0{,}45 - 0{,}5 = 4{,}5\,\text{kg/cm}^2.$$

Damit erhält man durch die Aufladung eine theoretische Steigerung der effektiven Motorleistung von 16%.

Bei dem Gaswechsel mit Aufladung ist trotz Leistungserhöhung der Ladungsaufwand Λ_0 sogar noch etwas geringer als ohne Aufladung. Für das Verhältnis der spezifischen Verbräuche beider Gaswechsel – gleiche Spülpumpenarbeit und gleichen mechanischen Wirkungsgrad vorausgesetzt – ergibt sich:

$$\frac{(b_e)_{Aufl}}{b_e} = \frac{(\Lambda_0)_{Aufl}\,\lambda_l}{\Lambda_0\,(\lambda_l)_{Aufl}} = \frac{0{,}913 \cdot 0{,}49}{0{,}918 \cdot 0{,}56} = 0{,}87\,.$$

Die theoretische Verbrauchssenkung durch die Aufladung beträgt 13%.

Bevor die entsprechenden Meßwerte des Prüfstandes angegeben werden, wird auf den Vergleich der beiden Gaswechselvorgänge noch näher eingegangen (Abb. 82b). Beim Ladungswechsel ohne Aufladung beträgt der Ladungsverlust $V = 44{,}9\%$ – bezogen auf $\Lambda_{0\,\max} = 0{,}95$ bei $\varphi = 34{,}2$ °KW n. UT. Davon gehen $V' = 40{,}5\%$ während der Spülung und $V'' = 4{,}4\%$ nach der Spülung ($\lambda_s = \text{const}$) im Auspuff verloren. Der Betrag $V''' = 3{,}4\%$ wird nach Beendigung der Spülung wieder in den Kurbelkasten zurückgeschoben. Er vermindert zwar die Motorleistung, ist aber nicht als bleibender Verlust zu werten.

Bei dem Gaswechsel mit Aufladung beträgt der bleibende Ladungsverlust im Auspuffrohr $V_A = 37{,}2\%$. Während der Spülung entweichen wieder $V'_A = 40{,}5\%$ der in den Zylinder eingebrachten Frischladung in den Auspuff. Der Verlust nach Beendigung der Spülung im Auspuff beträgt $V''_A = 2{,}3\%$. Die Frischladungsmenge, die durch die Stoßwelle in den Zylinder zurückgeschoben wird, beträgt $L = 3{,}7\%$. Sie ist also größer als der Ladungsverlust $V''_A = 2{,}3\%$ nach der Spülung, so daß auch ein Teil der Menge, die während der Spülung verloren gegangen war, wieder zurückgewonnen wird. Der Liefergrad λ_l in dem Bereich der Aufladung wurde aus Gl. (176) mit $\lambda_s = 0{,}68 = \text{const}$ bestimmt. Der nur unwesentlich kleinere Spülgrad für denjenigen Teil der zurückgewonnenen Menge, der während der Spülperiode ausgeströmt war, wurde vernachlässigt.

Die Ladungsmenge, die in den Kurbelkasten zurückgeschoben wird, ist etwas größer als bei dem Gaswechsel ohne Aufladung, da der Stoß bereits vor Abschluß der Überströmschlitze bei $\varphi = 46{,}8$ °KW n. UT den Zylinder erreicht. V'''_A beträgt 3,9%. Es ist aber in jedem Fall richtig, die Aufladung in diesem Zeitpunkt bereits beginnen zu lassen, da durch den Stoß mehr Ladungsmenge durch den Auspuffschlitz in den Zylinder hineingeschoben wird, als durch die Überströmschlitze in die Überströmkanäle entweichen kann. Der optimale Zeitpunkt des Aufladebeginns kann durch Probieren leicht gefunden werden, indem man den Stoß zu verschiedenen Zeiten an dem Zylinder ankommen läßt. Aus dem Verlauf der Kurve G_{Fz} erkennt man, daß durch die Aufladung das größte Frischladungsgewicht $G_{Fz\,\max} = 1{,}43 \cdot 10^{-4}$ kg, welches sich bereits bei dem Kurbelwinkel $\varphi = 34{,}2$ °KW n. UT im Zylinder befunden hatte, am Ende des Gaswechsels nahezu wieder vorhanden ist.

Die Leistungsmessungen am Motor ergaben bei optimal abgestimmter Länge des Rohres 2 als Bestwert einen mittleren effektiven Druck von $p_e = 5{,}74$ kg/cm² bei der Motordrehzahl $n = 3000$ U/min (Abb. 83). Allerdings war dieser Wert bei der theoretisch ermittelten optimalen Rohrlänge $l_{Rohr} = 2{,}21$ m nicht zu erreichen. Die Stoßwelle kam bei dieser Rohrlänge zu spät an der Zylindermündung an (Abb. 84). Der Grund hierfür lag darin, daß die wirklich vorhandene mittlere Schallgeschwindigkeit des Gases im Rohr 2 ($a_1 \approx 570$ m/sek) kleiner war als die der Rechnung zugrundegelegte ($a_1 = 640$ m/sek). Erst nachdem das Rohr 2 auf eine Gesamtlänge von $l_{Rohr} = 1{,}98$ m zusammengeschoben worden war, wurde das obengenannte p_e erreicht. Nach Abb. 90b kommen in diesem Fall die berechneten und gemessenen Stoßwellen nahezu im gleichen Zeitpunkt an der Zylindermündung an.

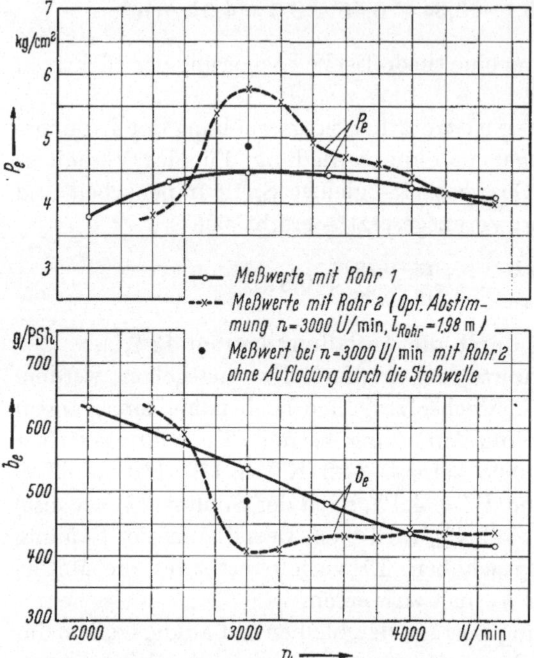

Abb. 83. Kennlinien des Versuchsmotors mit den Rohren 1 und 2

Ohne Ausnutzung der Auflade-wirkung wurde mit dem Auspuffrohr 2 ein mittlerer effektiver Druck von $p_e = 4{,}88$ kg/cm² gemessen (Abb. 83). Damit brachte die Aufladung eine effektive Leistungssteigerung von 17,5%. Sie liegt um 1,5% über der errechneten.

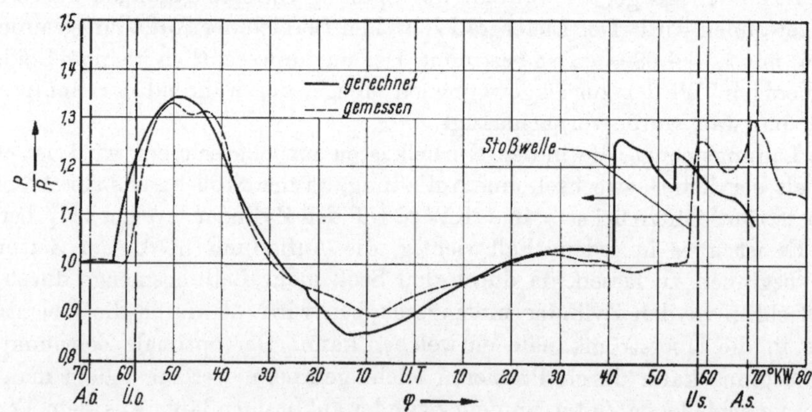

Abb. 84. Druckverlauf an der Stelle X_1 des Rohres 2. Länge des Rohres 2: $l_{Rohr} = 2{,}21$ m

Die absoluten Werte der errechneten und gemessenen mittleren effektiven Drücke weichen allerdings stärker voneinander ab. Der gemessene Bestwert des mittleren effektiven Druckes $p_e = 5{,}74$ kg/cm² ist um 9,5% größer als der errechnete ($p_e = 5{,}23$ kg/cm²). Dies ist in erster Linie damit zu begründen, daß der Spülgrad der Umkehrspülung höher liegt als der Spülgrad der Verdünnungsspülung, so daß die wirkliche Maschine bei gleichem Ladungsaufwand einen größeren Liefergrad hat.

Der Aufladeeffekt wird auch durch die Brennstoffverbrauchsmessung bestätigt. Die Meßwerte in Abb. 83 für Rohr 2 zeigen, daß bei der Drehzahl $n = 3000$ U/min der Brennstoffverbrauch von $b_e = 487$ g/PSh auf $b_e = 407$ g/PSh gesenkt werden konnte. Die erzielte Verbrauchssenkung beträgt 16%. Der zugehörige errechnete Wert beträgt 13%.

Zum Vergleich sind in Abb. 83 die Kennlinien des Motors aufgenommen, die mit Auspuffrohr 1 auf dem Prüfstand gemessen wurden. Der mittlere effektive Druck bei der Drehzahl $n = 3000$ U/min beträgt $p_e = 4{,}48$ kg/cm². Mit dem optimal abgestimmten Rohr 2 wurde bei dieser Motordrehzahl gegenüber Rohr 1 eine Leistungssteigerung von 28% erzielt. Die geringere Leistungsausbeute des Motors mit Rohr 1 ist darauf zurückzuführen, daß dem Zylinder durch den ungünstigen Druckverlauf im Rohr 1 unmittelbar an der Zylindermündung bis zum Ende des Gaswechsels ständig Ladung entzogen wird (s. Abb. 61). Der zugehörige Zylinderdruck bei Abschluß der Auslaßschlitze beträgt nur $\bar{P}_{0za} = 10600$ kg/m² (Abb. 69).

Bei konstanter Länge $l_{Rohr} = 1{,}98$ m erstreckt sich die Leistungssteigerung des Motors durch Rohr 2 nur über einen begrenzten Drehzahlbereich. Wie man in Abb. 83 sieht, verläuft im unteren Drehzahlgebiet, für $n \leqq 2650$ U/min, der mittlere effektive Druck des Motors mit Rohr 2 sogar unterhalb der Kurve von Rohr 1. Der Stoß kommt bei diesen Motordrehzahlen zu früh am Zylinder an und hemmt den Gaswechsel. Im oberen Drehzahlbereich gehen die Kennlinien allmählich ineinander über. Der Stoß erreicht erst bei abgeschlossenem Auslaßschlitz den Zylinder.

b) Die Zustandsgrößen des Zylinderinhaltes

In Abb. 85 sind die berechneten Zustandsgrößen P_{0z}, T_{0z} und a_{0z} des Zylinderinhaltes bei den Motorzuständen mit und ohne Aufladung über dem Kurbelwinkel φ aufgetragen. Zum Vergleich ist der gemessene Zylinderdruck bei dem Motorzustand *Aufladung* angegeben. Die Übereinstimmung der gerechneten und gemessenen Kurve ist befriedigend. Lediglich die Zylinderdrücke bei Auslaßbeginn weichen etwas stärker voneinander ab. P_{0za} der Rechnung beträgt 48000 kg/m². Der gemessene liegt bei $P_{0za} = 52000$ kg/m². Die Drücke nach dem Gaswechsel bei *Auslaß schließt* liegen nahe beieinander. Sie betragen $\bar{P}_{0za} = 14000$ kg/m² (gerechnet) und $\bar{P}_{0za} = 14500$ kg/m² (gemessen).

Die Schwingungen im gemessenen Druckverlauf in der Umgebung des UT zeigen, daß instationäre Strömungsvorgänge nicht allein in den angeschlossenen Rohren des Motors auftreten, sondern daß auch im Zylinder Druckwellen auf- und ablaufen. Die quasistationäre Berechnungsmethode kann lediglich einen mittleren Zustandsverlauf im Zylinder erfassen. Der Vergleich von Rechnung und Messung zeigt jedoch, daß die instationären Strömungsvorgänge im Zylinder vernachlässigt werden können. Der Druckverlauf im Zylinder wird in erster Linie durch den aus- und eintretenden Mengenstrom bestimmt. Diese hängen wiederum von der Durchflußzahl α und der Kontraktionszahl μ ab, so daß die befriedigende Übereinstimmung der gerechneten und gemessenen Kurve $P_{0z} = f(\varphi)$ auch den Schluß zuläßt, daß die Berechnung und Annahme dieser Koeffizienten im Rahmen dieser Aufgabenstellung zutreffend waren. Die berechneten Durchflußzahlen α des Auspuffschlitzes und der Überströmschlitze sind in Abb. 78 eingetragen.

Die Zylindertemperatur liegt bei Auslaßbeginn bei $T_{0za} = 1492$ °K und fällt während der Expansion steil ab. Durch das bei $\varphi = 25{,}1$ °KW v. UT beginnende

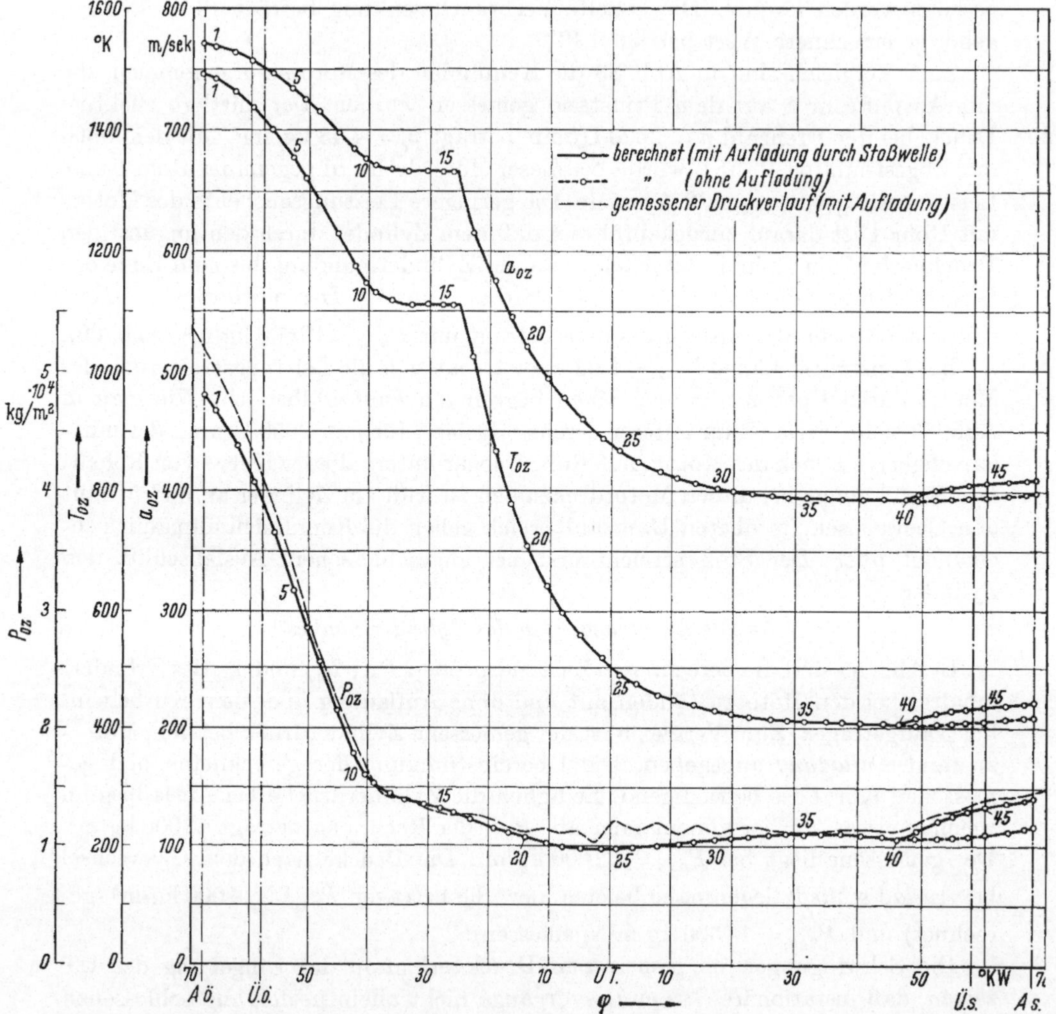

Abb. 85. Verlauf der Zustandsgrößen des Zylinderinhaltes

Einströmen von Frischladung sinkt die Temperatur weiter, bleibt gegen Ende des Gaswechsels nahezu konstant und erreicht bei Abschluß des Auspuffschlitzes den Wert $\bar{T}_{0za} = 438$ °K. Ohne Berücksichtigung der Aufladung ergibt sich die Temperatur $\bar{T}_{0za} = 415$ °K.

Der Verlauf der Schallgeschwindigkeit a_{0z} ist wegen Gültigkeit der Gl. (190), (191) und (197) dem der Temperatur T_{0z} ähnlich. Bei Auslaßbeginn beträgt die Schallgeschwindigkeit $a_{0za} = 772$ m/sek, am Ende des Gaswechsels sind $\bar{a}_{0za} = 407$ m/sek (mit Aufladung) bzw. $\bar{a}_{0za} = 398$ m/sek (ohne Aufladung).

c) Die Strömungsebene und die Zustandsebenen des Rohres 2

Die Strömungsebene und die Zustandsebenen des Rohres 2 sind in den Abb. 86 bis 89 dargestellt.

Auf der φ-Achse der Strömungsebene sind die Längen der einzelnen Rechenschritte mit ihrer fortlaufenden Numerierung abgetragen. Insgesamt wurden 47 Schritte zur Festlegung des Zustandsverlaufes im Zylinder und der Randwerte der Strömungsebene durchgerechnet. Die wichtigsten Ordinaten, insbesondere die der Meßstellen X_{I} und X_{II}, sind in der Strömungsebene eingetragen.

Die angegebenen Teilchenbahnen trennen die einzelnen Gasschichten mit jeweils konstanter Schallgeschwindigkeit bei dem Druck P_1. Auf die Eintragung der Hilfs-MACH-Linien, welche zur Konstruktion dieser Grenzlinien benötigt wurden, wurde verzichtet und lediglich ihre Schallzustände durch unbezeichnete, schwarz ausgefüllte Nullkreise in der zugehörigen Zustandsebene gekennzeichnet (Abb. 87).

Zur Gasschicht 2 gehören nur Teilchen, die während des Vorauslasses vor Beginn der Spülung des Zylinders mit Frischgas ausgeströmt sind. Sie besitzt eine mittlere Bezugsschallgeschwindigkeit $a_1 = 690$ m/sek (Abb. 86). Die Spülperiode beginnt bei $\varphi = 25{,}1$ °KW v. UT ($Z = 1{,}72$) also $\Delta\varphi \approx 33$°KW nach Öffnung der Überströmschlitze. Ihr gehören die Gasschichten 3, 4, 5 an. Ihre Schallgeschwindigkeiten b. Druck P_1 betragen $a_3 = 600$ m/sek, $a_4 = 470$ m/sek und $a_5 = 400$ m/sek.

Der in der Rechnung berücksichtigte örtliche Mittelwert aus allen vier Schichten beträgt $a_1 = 640$ m/sek. Dieser Wert gilt für die Gasschicht 1 im übrigen Feld der Strömungsebene, für die die Unterteilung in Einzelschichten vernachlässigt wurde. Eine Nachrechnung von a_1 ergab den Mittelwert $a_1 = 628$ m/sek (Abb. 73).

Aus den Messungen an den Stellen X_{I} und X_{II} ergibt sich angenähert eine wirklich vorhandene mittlere Schallgeschwindigkeit von $a_1 \approx 570$ m/sek (Abb. 90). Dieser Wert liegt also um 9% unter der berechneten ($a_1 = 628$ m/sek) und um 11% unter der in der Rechnung angenommenen Schallgeschwindigkeit $a_1 = 640$ m/sek. Dieser Unterschied in den Schallgeschwindigkeiten der Rechnung und der Messung kann mit Wärmeverlusten erklärt werden, die im Zylinder während des Auspuffs und im Rohr auftraten. Das Auspuffrohr war nicht wärmeisoliert. Der Vergleich des gemessenen und gerechneten Druckverlaufes an der Stelle X_{I} des Rohres 2 in Abb. 84 zeigt, daß durch die unterschiedlichen Schallgeschwindigkeiten lediglich eine Phasenverschiebung der Kurven zueinander eintritt. Der charakteristische Verlauf ist jedoch in beiden Fällen der gleiche.

Wegen der besseren Übersicht wurde die Zustandsebene des Rohres 2 in Einzelebenen entsprechend den Rohrstücken A bis D aufgeteilt (Abb. 87 bis 89). Die Kenngrößen der Zustandsebenen sind in Abb. 74a angegeben.

Die MACH-Linien A bis F bilden in der Strömungsebene die Front der Vorauslaßwelle. Ihre Zustandspunkte Ba, Ca, Da und Ea auf der Ordinate der Strömungsebene liegen im Zustandsdiagramm des Rohrstückes A auf der Charakteristik a mit der Neigung $\tan\alpha_1 = +1$ (Abb. 87). Genau genommen müßten sie auf Zustandscharakteristiken mit der Neigung $\tan \alpha_2 = +0{,}928$ liegen, entsprechend der höheren Schallgeschwindigkeit a_2 der heißen Abgasschicht 2, zu der sie gehören. Der Zustandspunkt $F\,5$, ebenfalls zur Front der Vorauslaßwelle gehörend, wurde mit der Charakteristik 5 der Gasschicht 2 berechnet ($\tan\alpha_2 = 0{,}928$). Man

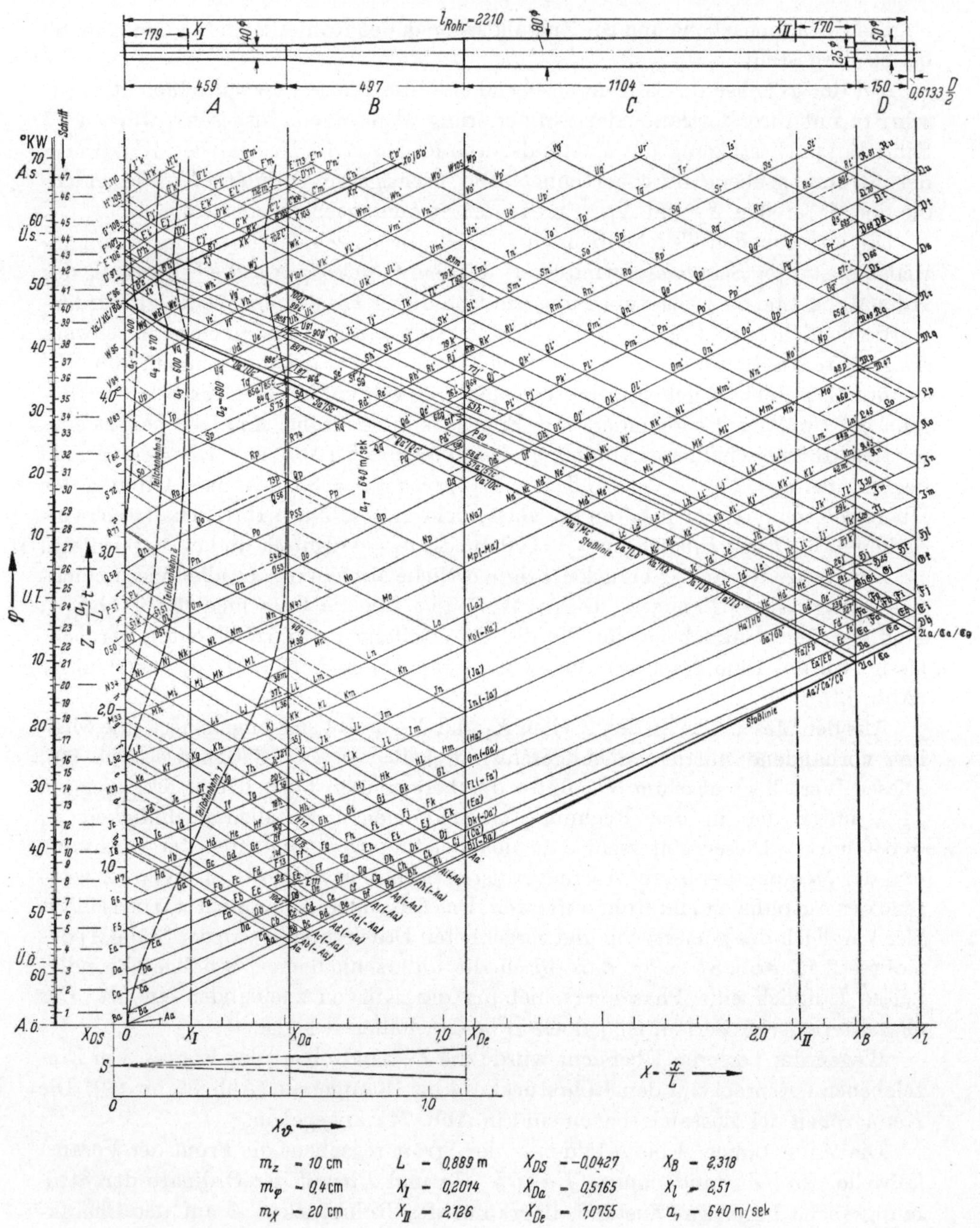

Abb. 86. Strömungsebene des Rohres 2

erkennt aus dem Vergleich der Lagen der Zustandspunkte $F5$ und Fa im Zustandsdiagramm des Rohrstückes A, daß beide Punkte nur unwesentlich auseinander liegen und daher diese Vereinfachung zulässig ist (s. a. Abschn. III C 4b).

Die Vorauslaßwelle erreicht bei dem Kurbelwinkel $\varphi = 55$ °KW v. UT $(Z = 0{,}52)$ den Diffusor. Durch die Diffusorwirkung wird die Amplitude der Vorauslaßwelle,

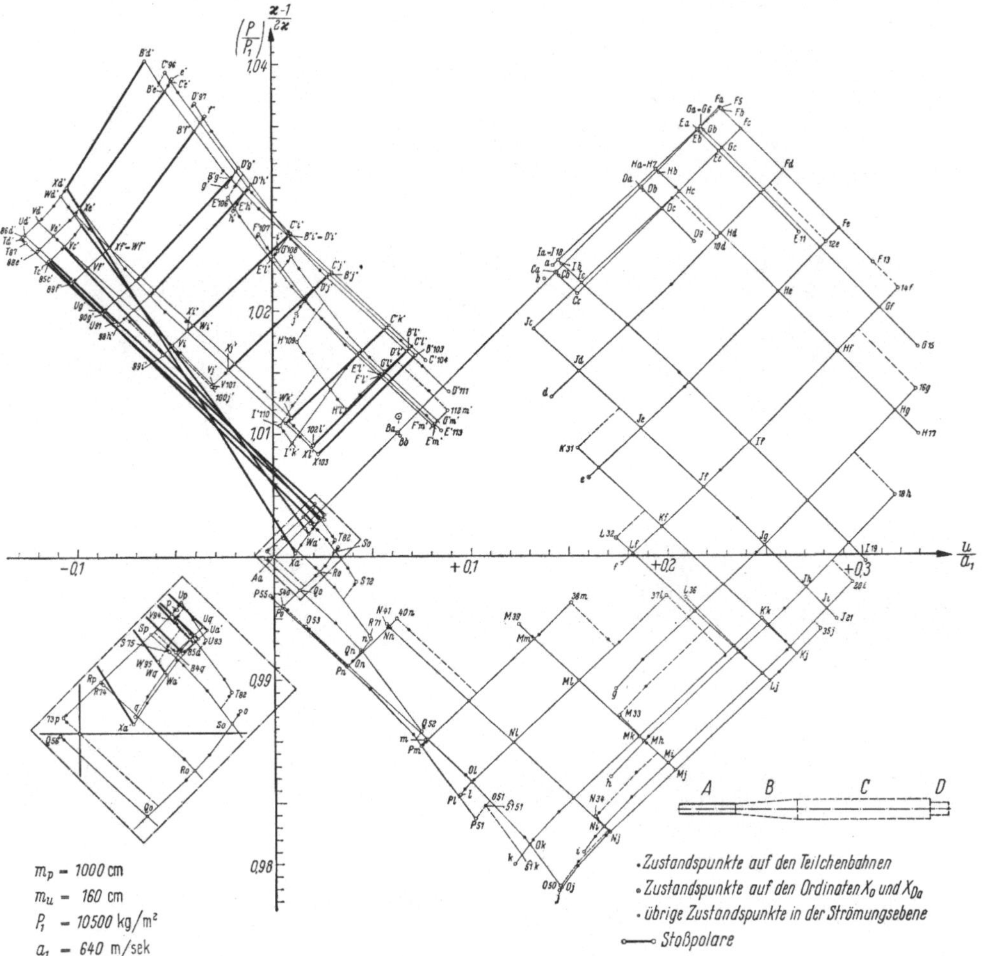

Abb. 87. Zustandsdiagramm für das Rohrstück A des Rohres 2

welche zur MACH-Linie F gehört, von $P/P_1 = 1{,}342$ auf $P/P_1 = 1{,}158$ abgebaut (vgl. Zustandspunkte Fa im Diagramm des Rohrteiles A und $Fl = Fa'$ im Diagramm des Rohrteiles B). Die Welle läuft mit verminderter Amplitude weiter, und ihre Front steilt sich zu einem Verdichtungsstoß auf. Der Stoß hat jedoch bei Ankunft an der Blende ($\varphi = 10$ °KW v. UT) noch nicht die ganze Höhe der Vorauslaßwelle erfaßt; er wird von der MACH-Linie C begrenzt, die noch vor der Blende die MACH-Linie A eingeholt hat. Die Stoßpolare $\overline{Aa'\,Ca'}$ im Zustandsdiagramm des Rohrteils C legt seine Größe fest (Abb. 89a). Das Druckverhältnis des Stoßes beträgt $P_n/P_v = 1{,}1025$. Nach der Reflexion an der Blende läuft der Stoß mit verminderter Höhe zum Zylinder zurück (Stoßpolare $\overline{Ca'\,Cb'}$).

Der Stoß 𝔄𝔞/ℭ𝔞 mit dem Druckverhältnis $P_n/P_v = 1{,}0878$ (Stoßpolare $\overline{\mathfrak{Aa}\,\mathfrak{Ca}}$, Abb. 89b) tritt durch die Blende hindurch und wird am offenen Ende des kurzen Rohrstückes D als Verdünnungsfächer reflektiert.

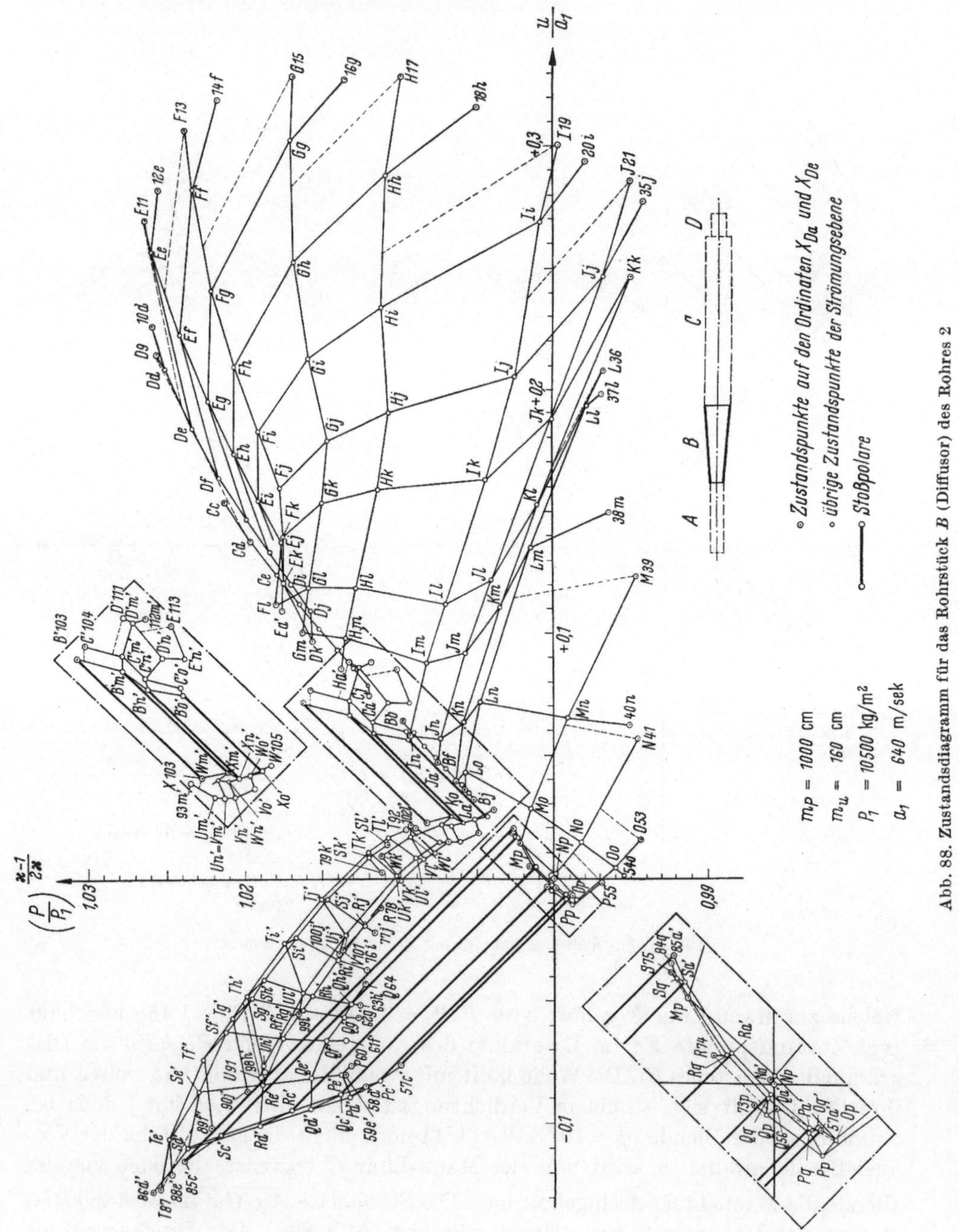

Abb. 88. Zustandsdiagramm für das Rohrstück B (Diffusor) des Rohres 2

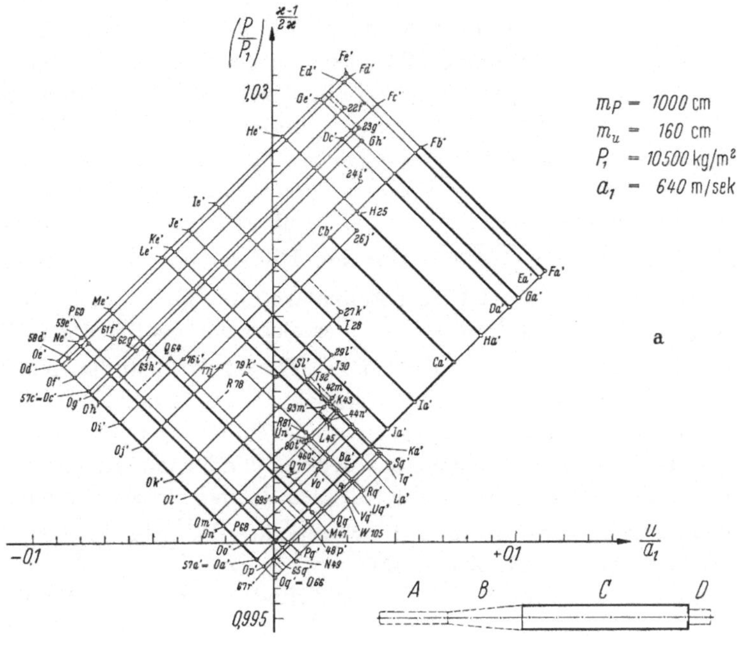

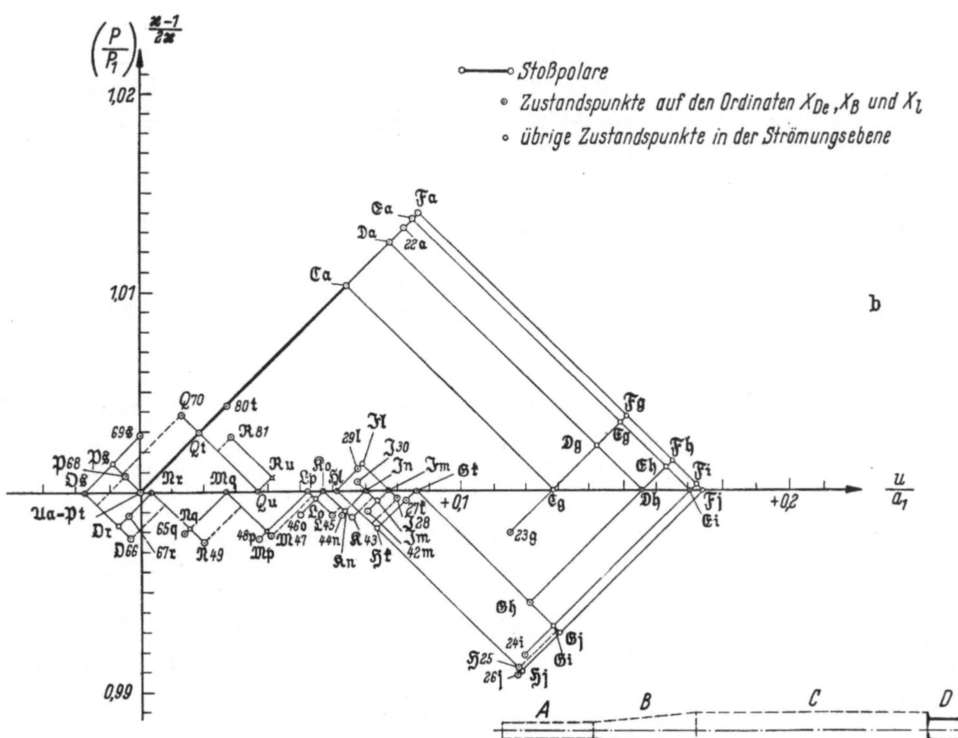

Abb. 89 a u. b. Zustandsdiagramme für die Rohrstücke C und D des Rohres 2

Der zurücklaufende Stoß wird im Rohrteil C durch die linkslaufende MACH-Linie c verstärkt, die ihn bei dem Kurbelwinkel $\varphi = 13\,°$KW n. UT ($Z = 3{,}23$) einholt. Eine weitere Verstärkung erfährt der Stoß im Diffusor. Die im Zustandsdiagramm des Diffusors eingetragenen Stoßpolaren des linkslaufenden Stoßes werden bei seinem Vordringen in Richtung Zylinder größer (Abb. 88). Unmittelbar vor dem Stoß befinden sich die Gasteilchen fast in Ruhe. Beim Überlaufen des Stoßes werden sie schockartig beschleunigt und zwar um so mehr, je weiter der Stoß im Diffusor vorgedrungen ist. Der Stoß tritt mit dem Druckverhältnis $P_n/P_v = 1{,}0865$ (Stoßpolare $\overline{57a'\,57c'}$) in den Diffusor ein und verläßt ihn mit dem Druckverhältnis $P_n/P_v = 1{,}1775$ (Stoßpolare $\overline{85a'\,85c'}$). Nach Durchlaufen der Gasschichten 2 bis 5 im Rohrstück A erreicht der Stoß bei $\varphi = 46{,}8\,°$KW n. UT ($Z = 4{,}59$) mit dem Druckverhältnis $P_n/P_v = 1{,}276$ (Stoßpolare $\overline{Xa'\,Xd'}$, Abb. 87) den Auspuffschlitz und schiebt Frischgas-Abgasgemisch, welches kurz vorher aus dem Zylinder ausgeströmt war, wieder in den Zylinder zurück. Durch den Stoß wird die Gasschicht 5 nicht ganz in den Zylinder zurückgeschoben, wohl aber die Menge, die nach $\varphi = 20\,°$KW n. UT den Zylinder verlassen hat. Der am Zylinder reflektierte Stoß wird durch die Stoßpolare $\overline{Xd'\,B'd'}$ festgelegt ($P_n/P_v = 1{,}0856$). Er läuft wieder zur Blende hin.

Der Zeitpunkt der Ankunft des Stoßes am Zylinder wurde so gewählt, daß sich die beste Aufladewirkung ergab. Bei einmal festliegender Schallgeschwindigkeitsverteilung im Rohr ist die Ankunft des Stoßes nur noch vom Abstand der Blende vom Zylinder abhängig. Der theoretisch ermittelte optimale Abstand beträgt nach Abb. 86 $l_B = 2{,}06$ m. Die Gesamtrohrlänge ist $l_{Rohr} = 2{,}21$ m.

Während die Vorauslaßwelle durch den Diffusor läuft, entsteht eine Saugwelle, die zum Zylinder zurückläuft. Ihre Ankunft am Zylinder wird durch die linkslaufende MACH-Linie a in der Strömungsebene des Rohres 2 festgelegt, die bei $\varphi = 40\,°$KW v. UT den Auslaßschlitz erreicht (Abb. 86). Im gleichen Zeitpunkt setzt auch das Rückströmen von Abgas aus den Überströmkanälen in den Zylinder ein (vgl. Zustandspunkte Ii und Ji in Abb. 91 und 92). Die Saugwelle unterstützt die Spülung des Zylinders mit Frischgas.

In den Abb. 84 und 90 sind die gerechneten und gemessenen Drücke verschiedener Stellen des Rohres 2 eingetragen.

Abb. 84 zeigt den gerechneten und gemessenen Druckverlauf an der Stelle X_{I} über dem Kurbelwinkel φ bei der *errechneten* optimalen Länge $l_{Rohr} = 2{,}21$ m des Rohres 2. Die Kurven stimmen unerwartet gut in ihrem charakteristischen Verlauf überein. Der berechnete Stoß wird durch die Messung nachgewiesen. Es tritt jedoch eine größere Phasenverschiebung zwischen der berechneten und gemessenen Stoßfront auf. Diese Phasenverschiebung ist, wie bereits erwähnt, auf die unterschiedlichen Schallgeschwindigkeiten a_1 aus Rechnung und Messung zurückzuführen.

Abb. 90 zeigt die gerechneten Druckkurven an den Meßstellen X_{I} und X_{II} und unmittelbar am Zylinder, wiederum gültig für berechnete Rohrlänge $l_{Rohr} = 2{,}21$ m.

In Abb. 90a ist der berechnete Druckverlauf, wie er am Zylinder vorliegt, dargestellt. Man erkennt die Vorauslaßwelle, das Drucktal in der Umgebung des UT und die Stoßwelle, die bei $\varphi = 46{,}8\,°$KW n. UT am Zylinder eintrifft. Die Amplitude der Vorauslaßwelle beträgt $P/P_1 = 1{,}342$. Die tiefste Stelle des Drucktales $P/P_1 = 0{,}80$ stellt sich bei $\varphi = 7{,}8$ °KW v. UT im Auspuffrohr am Zylinder ein. Die größte Saugwirkung fällt somit in die Umgebung des UT, wie es eingangs gefordert wurde. Danach steigt der Druckverlauf an und erreicht bereits bei $\varphi = 20$ °KW n. UT wieder die Atmosphärenlinie. Dadurch wird das Ausströmen aus dem Zylinder gedrosselt und unnötiger Kraftstoffverlust vermieden. Mit einer länger anhaltenden Saugwirkung vor dem Zylinder hätte man bei gleichem Aufladegrad eine größere Leistung als die erreichte erzielen können, da durch den damit verbundenen größeren Ladungsaufwand der Spülgrad λ_s und damit auch der Liefergrad λ_l erhöht worden wäre. Wie man aber in Abb. 82b erkennt, ist der Anstieg des Spülgrades λ_s über dem Kurbelwinkel φ nach UT sehr flach, so daß eine spürbare Verbesserung des Spülgrades λ_s nur mit einem großen Ladungsaufwand und damit einem großen spezifischen Verbrauch hätte erreicht werden können.

Die Höhe der Stoßfront in Abb. 90a beträgt $P/P_1 = 1{,}391$. Sie setzt sich aus zwei Anteilen zusammen: aus dem Druckverhältnis $[(P_n - P_v)/P_1]_{ank} = 0{,}276$ des am Zylinder ankommenden Stoßes und dem Druckverhältnis $[(P_n - P_v)/P_1]_{refl} = 0{,}110$ des reflektierten Stoßes, der im Zeitpunkt des Anpralls an den Auspuffschlitz noch auf dem ankommenden aufsitzt und das Einströmen in den Zylinder verhindern will (s. Stoßpolaren $\overline{Xa'\,Xd'}$ und $\overline{Xd'\,B'd'}$ in Abb. 87). Dieser Anteil ist um so kleiner, je weiter der Auspuffschlitz geöffnet und am größten, nämlich gleich dem am Zylinder ankommenden, wenn der Auspuffschlitz geschlossen ist.

Einen noch größeren Aufladegrad hätte man erzielen können, wenn es gelungen wäre, die hohen Drücke, wie sie bei Beginn der Aufladung vor dem Zylinder herrschen, bis zum Abschluß des Auslaßschlitzes beizubehalten. Wie man in Abb. 90a erkennt, reicht dazu jedoch die zur Verfügung stehende Druckenergie nicht aus. Bei $\varphi = 59$ °KW n. UT beträgt das Druckverhältnis $P/P_1 = 1{,}227$. Dieser Druck ist bereits zu klein, um ein erneutes, wenn auch geringfügiges Ausströmen von Zylinderladung aus dem Zylinder in das Auspuffrohr zu verhindern, wie der Zustandspunkt i' in den Abb. 86 und 87 zeigt. Der Druck vor dem Zylinder fällt bis zum Abschluß des Auslaßschlitzes weiter ab, ohne daß jedoch der bereits bei $\varphi = 58$ °KW n. UT erreichte größte Liefergrad $\lambda_l = 0{,}568$ spürbar abgebaut wird. Der Liefergrad bei $\varphi = 68$°KW n. UT beträgt nach Abb. 82 $\lambda_l = 0{,}56$. Der stetig abnehmende freie Auslaßquerschnitt verhindert, daß eine größere Menge Frischladung wieder aus dem Zylinder ausströmen kann.

In den Abb. 90b und 90c sind zum Vergleich die Drücke, welche jetzt aber bei einer Rohrlänge von $l_{Rohr} = 1{,}98$ m an den Stellen X_{I} und X_{II} gemessen wurden, eingetragen. Bei dieser Rohrlänge wurde auf dem Prüfstand der höchste mittlere effektive Druck $p_e = 5{,}74$ kg/cm² ($n = 3000$ U/min) erzielt. Die berechnete Stoßwelle für $l_{Rohr} = 2{,}21$ m und die gemessene Stoßwelle für $l_{Rohr} = 1{,}98$ m stimmen jetzt gut überein, die Phasenverschiebung ist praktisch aufgehoben: Der zurücklaufende Stoß der Messung erreicht beinahe gleichzeitig mit dem berechneten Stoß die Mündung des Zylinders. Der Zeitpunkt für den Beginn der Aufladung mit dem besten Wirkungsgrad stimmt bei der Rechnung und Messung überein.

Abb. 90c zeigt, daß die Reflexion des Stoßes an der Blende recht gut durch die Rechnung erfaßt wird. Die zweite Erhebung im Druckverlauf an der Stelle X_{II} stellt den an der Blende reflektierten und zum Zylinder zurücklaufenden Stoßanteil dar, der sich auf den Rücken der vorlaufenden Welle gesetzt hat. Das gleiche gilt für die Reflexion der Stoßwelle an dem Auspuffschlitz (Abb. 90b). Der zweite,

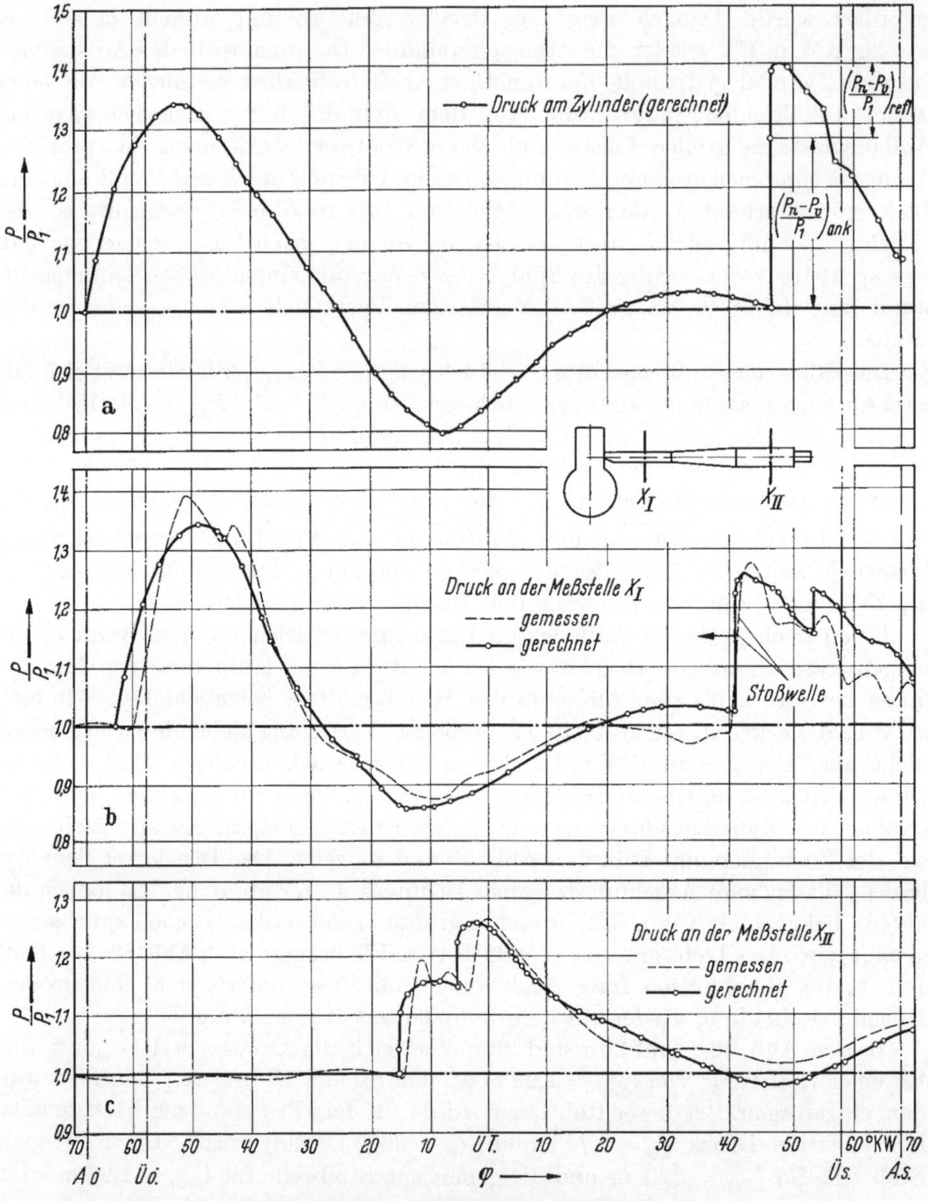

Abb. 90 a–c. Druckverlauf im Rohr 2

(Vergleich zwischen Messung und Rechnung bei jeweils optimal abgestimmten Rohrlängen)

Optimale Länge des Rohres 2 aus der Messung: l_{Rohr} = 1,98 m ($p_{e\,\max}$ = 5,74 kg/cm²)

Optimale Länge des Rohres 2 aus der Rechnung: l_{Rohr} = 2,21 m ($p_{e\,\max}$ = 5,23 kg/cm²)

kleinere Stoß auf dem Rücken der zum Zylinder zurücklaufenden Stoßwelle resultiert aus ihrer Reflexion am Auspuffschlitz. Er läuft wieder zur Blende hin.

d) Die Strömungs- und Zustandsebene eines Überströmkanals

Die Bahn des ersten Abgasteilchens in der Strömungsebene der Abb. 91 zeigt, daß es weiter als das erste Abgasteilchen der Strömungsebene der Abb. 70 (Versuch mit Rohr 1) in den Überströmkanal vordringt. Es erreicht bei $\varphi = 40\,°$KW v. UT die Stelle $X = 0{,}77$ und kehrt dann seine Strömungsrichtung um. In

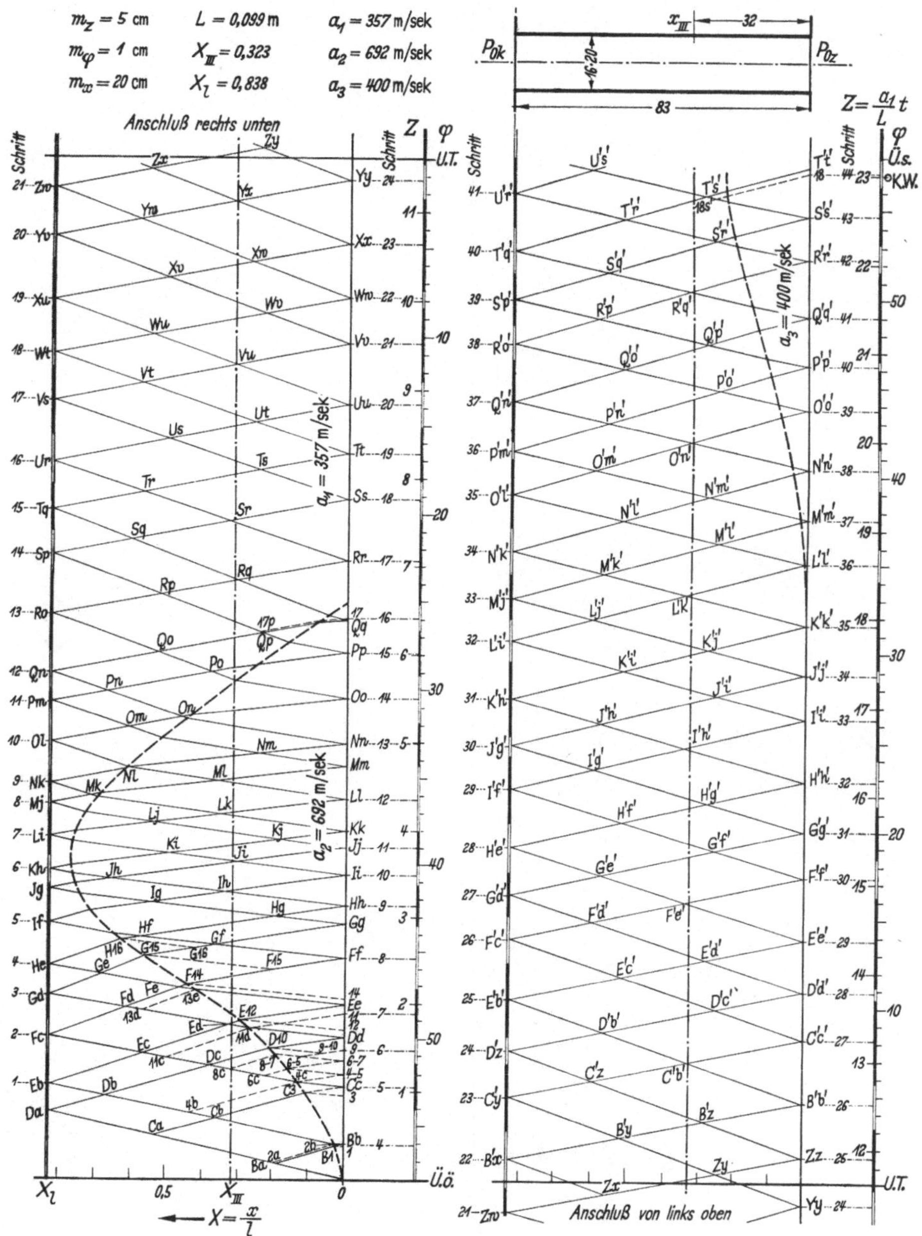

Abb. 91. Strömungsebene *eines* Überströmkanals

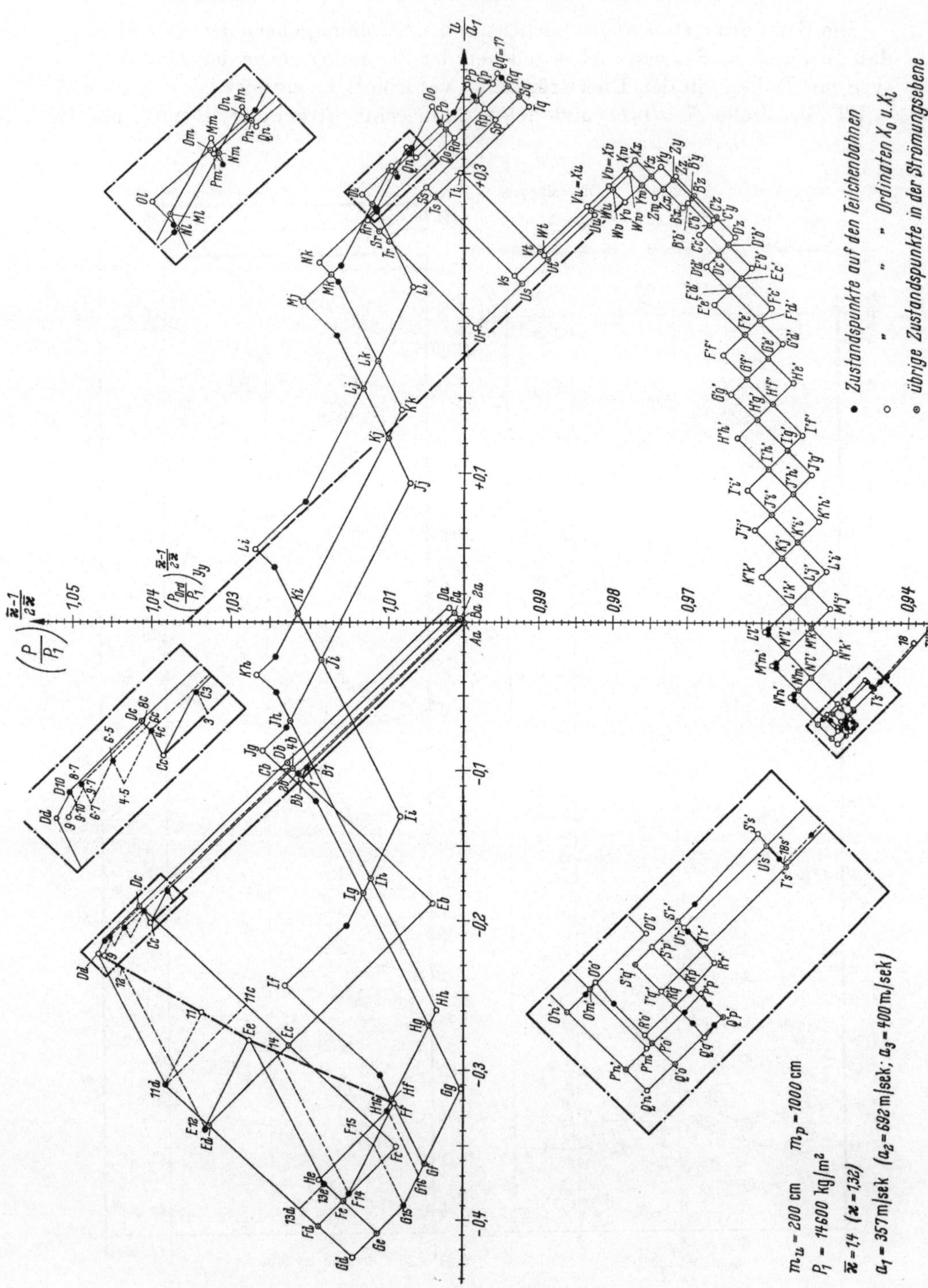

Abb. 92. Zustandsdiagramm zur Strömungsebene *eines* Überströmkanals

Abb. 70 liegt die entsprechende Stelle bei $X = 0{,}67$. Auch bei diesem Belastungsfall strömt kein Abgas in den Kurbelkasten ein. Die Schallgeschwindigkeit der heißen Abgasschicht 2 bei dem Druck P_1 beträgt $a_2 = 692$ m/sek (s. Abb. 75).

Der Beginn des Frischgaseintrittes in den Zylinder liegt bei $\varphi = 25{,}1$ °KW v. UT ($a_1 = 357$ m/sek), also 3,2 °KW später als bei dem Versuch mit Rohr 1. Das spätere Einsetzen der Spülung des Zylinders mit Frischladung ist für den Erfolg der Spülung bei der Motordrehzahl $n = 3000$ U/min keineswegs von Nachteil, wie man aus dem Verlauf der Kurven G_{ez} und Λ_0 in Abb. 82 erkennt. Im Gegenteil, bei gleichem Anstieg von Λ_0 über dem Kurbelwinkel φ hätte durch noch späteres Einsetzen der Spülung das Frischladungsgewicht im Zylinder erhöht werden können, da die der Spülperiode folgende Rückströmperiode verkürzt oder sogar vermieden worden wäre.

Das Rückströmen des Zylinderinhaltes in den Überströmkanal beginnt bei $\varphi = 34{,}2$ °KW n. UT ($a_3 = 400$ m/sek). Die eingezeichnete Teilchenbahn stellt die Grenzlinie zwischen Frischladung und Zylinderladung für den Fall der Aufladung durch die Stoßwelle dar.

Im Zustandsdiagramm der Abb. 92 ist der Bewegungsablauf der Gassäule im Überströmkanal gut zu übersehen. Zunächst strömen Frischgasteilchen in den Kurbelkasten zurück. Sie erreichen eine maximale Geschwindigkeit von $u/a_1 = -0{,}422$ unmittelbar an der Kurbelkastenmündung (Zustandspunkt Gd). Nach Einsetzen der Spülung des Zylinders wird zunächst die Abgasschicht, welche sich der Frischgasschicht vorgelagert hat, sehr schnell bis auf ihre maximale Einströmgeschwindigkeit $u/a_1 = 0{,}368$ beschleunigt (Zustandspunkt Qq). Die nachfolgende Frischgasschicht wird etwas abgebremst. Ihre größte Einströmgeschwindigkeit gehört zum Zustandspunkt Xx und beträgt $u/a_1 = 0{,}312$. Im Gebiet des Zustands-

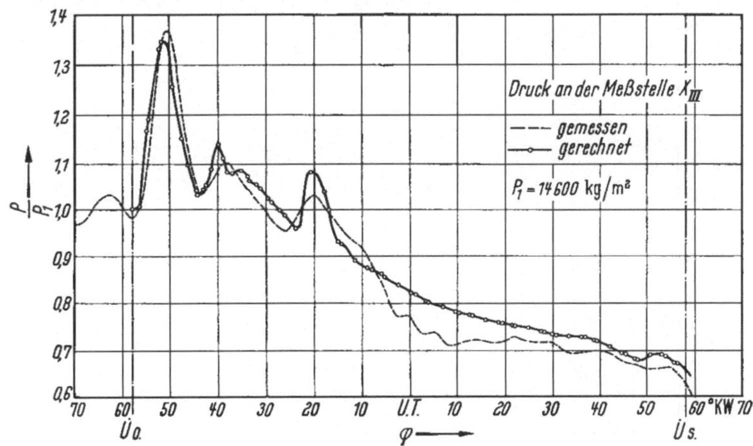

Abb. 93. Druckverlauf in *einem* Überströmkanal

diagramms links von der Charakteristik B' beginnt eine merkliche Verzögerung einzusetzen, bis sich im Zustandspunkt $L'l'$ der Bewegungsablauf umkehrt und wieder Zylinderladung in die Überströmkanäle ausströmt.

Der gemessene Druckverlauf an der Stelle X_{III} des Überströmkanals ist zusammen mit dem berechneten in Abb. 93 eingezeichnet. Die Übereinstimmung beider Kurven ist befriedigend. Man erkennt, daß der Eintritt der Frischgasschicht in den Zylinder bei $\varphi = 25{,}1$ °KW v. UT in dem berechneten Druckverlauf durch einen sehr viel steileren Druckanstieg angezeigt wird als in dem gemessenen. Dies ist darauf zurückzuführen, daß die Frischgas- und Abgasschicht in Wirklichkeit nicht scharf voneinander getrennt sind, sondern daß sie sich an ihren Rändern geringfügig vermischt haben. Diese Mischzone sorgt dafür, daß der Einströmvorgang in den Zylinder während des Übergangs von der Abgas- auf die Frischgasschicht stetiger verläuft, als es die Rechnung aussagt.

Im Gebiet des UT weicht die berechnete Kurve etwas stärker von der gemessenen ab. Sie liegt über der gemessenen. Die Entspannung des Kurbelkasteninhaltes erfolgt in Wirklichkeit schneller, als sich aus der Rechnung ergibt. Der

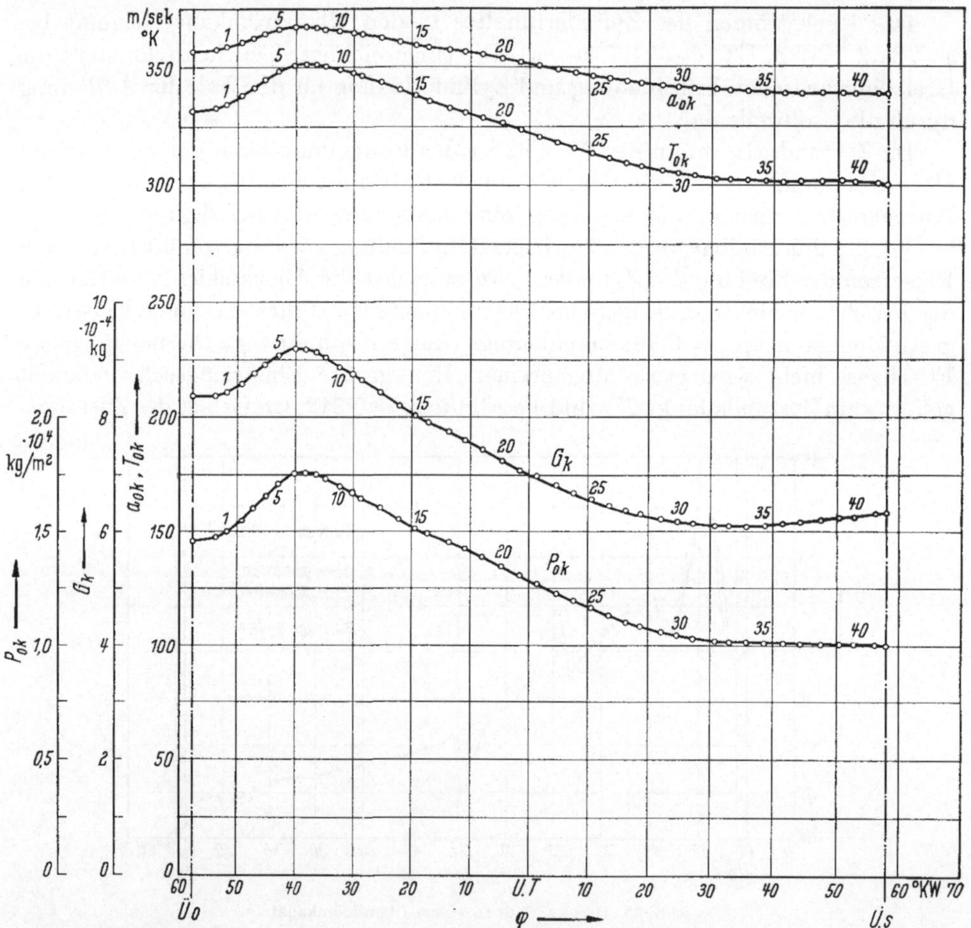

Abb. 94. Zustandsgrößen des Kurbelkasteninhaltes

Grund hierfür kann darin gesehen werden, daß in diesem Bereich des Gaswechsels die wirklich vorhandene Drosselung in den Überströmschlitzen geringer ist – die Überströmschlitze sind ganz geöffnet – als durch die Kontraktionszahl $\mu = 0{,}75$ zum Ausdruck kommt.

Die berechneten Zustandsgrößen des Kurbelkasteninhaltes sind in Abb. 94 eingetragen. Der Druckverlauf P_{0k} im Kurbelkasten ist gegenüber dem Druckverlauf im Überströmkanal sehr stark gedämpft. Insbesondere gilt dies für das Maximum unmittelbar nach der Öffnung der Überströmschlitze.

12. Folgerungen für die Nutzanwendung

Für die berechnete Diffusor-Auspuffanlage des Versuchsmotors kann zunächst nur theoretisches Interesse bestehen, da eine praktische Verwendung wegen ihrer großen Baulänge und des Fehlens einer Schalldämpfung nicht in Frage kommt. Es soll daher noch auf die Frage eingegangen werden, ob aus dem Ergebnis der Gaswechselrechnung praktischer Nutzen gezogen werden kann. Zur Klärung dieser Frage wurden an einem JLO-Zweitaktmotor, Typ L 101, mit einem Hubraum von 101 cm³ Untersuchungen in dieser Richtung begonnen, über deren erste Ergebnisse berichtet werden soll.

Der JLO-Motor L 101 wird als Einbaumotor für Industriezwecke verwendet und hat eine Nenndrehzahl von $n = 4800$ U/min. Der Motor ist mit einem Topf-Schalldämpfer ausgerüstet, der direkt an den Auspuffstutzen des Zylinders angeflanscht ist (Abb. 95).

Abb. 95. JLO-Versuchsmotor L 101
$V_H = 101$ cm³ $n = 4800$ U/min (Werkfoto)

Nach dem Voranstehenden muß sich der Anbau des Schalldämpfers in dieser Form nachteilig auf den Gaswechsel und damit auf das Leistungsverhalten des Motors auswirken, da der Auspufftopf mit seinen Einbauten ein freies Abströmen der Abgase verhindert und auch das Überströmen der Frischladung aus dem Kurbelkasten frühzeitig beendet.

In Abb. 96 stellen die Kurven *a* den mittleren effektiven Druck p_e und den spezifischen Brennstoffverbrauch b_e des Motors L 101 mit Topf-Schalldämpfer über der Drehzahl dar. Im Nennlastpunkt bei $n = 4800$ U/min betragen der mittlere effektive Druck $p_e = 3{,}98$ kg/cm² und der spezifische Brennstoffverbrauch $b_e = 390$ g/PSh.

Es war naheliegend, gerade bei diesem Motor das Diffusorauspuffrohr einzusetzen, da seine Länge wegen der hohen Betriebsdrehzahl $n = 4800$ U/min, für die das Auspuffrohr ausgelegt werden sollte, relativ klein ausfallen mußte. In Abb. 96, Motorskizze *b*, sind die Abmessungen des Diffusorauspuffrohres angegeben. Seine Gesamtlänge beträgt 1,225 m. Mit dieser Anordnung ließ sich in dem Drehzahlbereich oberhalb $n = 4000$ U/min der gleiche gasdynamische Effekt erzielen wie am Motor M 200 V mit Rohr 2 in dem Bereich zwischen $n = 2600$ und $n = 3400$ U/min.

In Abb. 96 zeigen die Kurven b das Ergebnis. Der mittlere effektive Druck beträgt im Nennlastpunkt jetzt $p_e = 4{,}65\ \mathrm{kg/cm^2}$ bei einem spezifischen Kraftstoffverbrauch von $b_e = 360\ \mathrm{g/PSh}$. Das bedeutet gegenüber der Motorausführung mit Auspufftopf eine Leistungssteigerung von 17% und eine Verbrauchssenkung

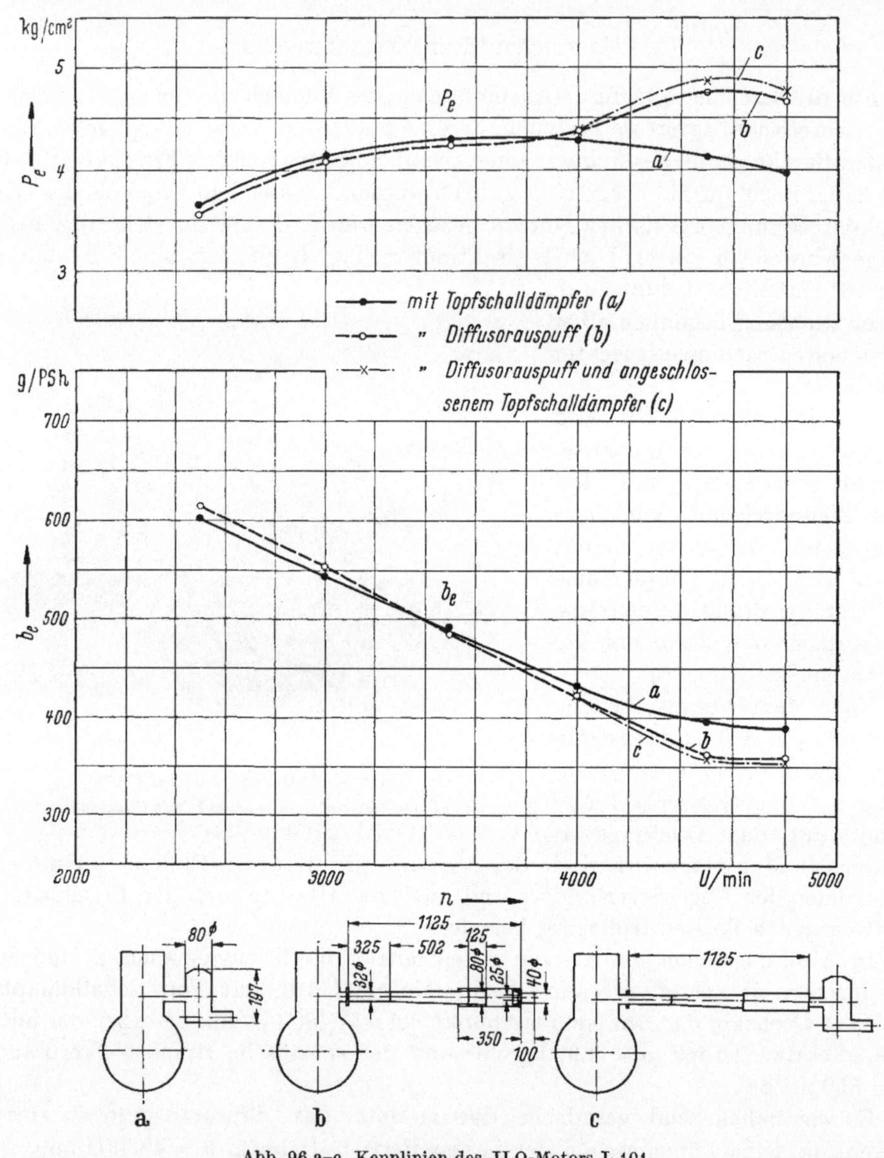

Abb. 96 a–c. Kennlinien des JLO-Motors L 101
($V_H = 101\ \mathrm{cm^3}$)

von 7,6%. Im unteren Drehzahlbereich fällt die p_e-Kurve nur unwesentlich unter die zugehörige Kurve a. Hier läuft der Stoß, der an der Blende am Ende des Diffusorauspuffrohres reflektiert wurde, in die Spülperiode und stört den Ablauf des Gaswechsels etwa in dem gleichen Maße wie der Topfschalldämpfer. Der ungünstige

Einfluß des Diffusorauspuffrohres macht sich nur im unteren Drehzahlbereich bemerkbar, der jedoch für den Betrieb des Industriemotors weniger wichtig ist.

Aus der Wirkungsweise des Diffusorauspuffrohres kann bei der hier gültigen Annahme, daß die Druckschwingungen im Rohr bei jedem Gaswechsel aus der Ruhe beginnen, sofort geschlossen werden, daß das Anbringen eines Schalldämpfers unmittelbar hinter der Blende des Diffusorauspuffrohres das Bild der für den Gaswechsel günstigsten instationären Gasströmung nicht stören kann (Abb. 96, Motorskizze *c*); denn alle Störungen, die vom Dämpfer ausgehen, kommen nach dem Stoß am Zylinder an. Zur Untersuchung dieser Auspuffanordnung wurde der Topfschalldämpfer hinter der Blende des Diffusorauspuffrohres angebracht und der mittlere effektive Druck und der Brennstoffverbrauch des Motors bestimmt. Die Kurven *c* in Abb. 96 zeigen das Ergebnis. Der mittlere effektive Druck bei der Nenndrehzahl $n = 4800$ U/min beträgt $p_e = 4{,}75$ kg/cm² und der Brennstoffverbrauch $b_e = 358$ g/PSh. Somit konnte der mittlere effektive Druck nochmals geringfügig erhöht werden. Gegenüber der ursprünglichen Anordnung mit Topfschalldämpfer wurde eine Leistungssteigerung von 19% erzielt. Die Senkung des Brennstoffverbrauchs beträgt 8,2%. Im unteren Drehzahlbereich fallen die Kurven *b* und *c* zusammen.

Dieses zunächst nicht vermutete Ergebnis kann damit erklärt werden, daß dem zum Zylinder zurücklaufenden Stoß Druckwellen folgen, welche am Zylinder den Druckabfall hinter der Stoßfront verzögern und damit die Aufladewirkung erhöhen (vgl. Abb. 90a).

Damit ist gezeigt, daß eine Schalldämpfung nicht immer mit einem *Leistungsverlust* verbunden sein muß. Der Grund hierfür kann jedoch nur über eine gasdynamische Betrachtung gefunden und verstanden werden.

V. Zusammenfassung

Der Inhalt des vorliegenden Buches liefert einen Beitrag zur Berechnung instationärer Strömungsvorgänge in den angeschlossenen Rohren von kurbelkastengespülten Zweitaktmotoren im besonderen und von Kolbenmaschinen im allgemeinen. Der Berechnung wurden die Gesetze der instationären Fadenströmung (Druckwellen mit großer Amplitude) zugrundegelegt. Ihre Gleichungen wurden entwickelt und auf den Problemkreis *Kolbenmaschinen* ausgerichtet. Es konnte gezeigt werden, daß sich die graphische Lösungsmethode der Charakteristikentheorie trotz der komplizierten theoretischen Zusammenhänge sehr gut für die praktische Anwendung eignet.

Die Differentialgleichungen, welche die Bedingungen festlegen, nach denen die Zustandsänderungen auf den MACHschen Linien der Strömungsebene verlaufen, wurden durch Transformation der Grundgleichungen der Strömungslehre auf diese Linien gewonnen. Diese sogenannten Verträglichkeitsbedingungen der MACHschen Linien wurden unter Berücksichtigung der äußeren Reibung, des Wärmeaustausches mit der Umgebung und der Querschnittsänderung aufgestellt. Die Lösungsmethode lieferte das Gitterpunktverfahren. Es ist ein graphisches Charakteristikenverfahren und wurde in der Form benutzt, wie es DE HALLER vorgeschlagen hat. Das Verfahren konnte unter Zuhilfenahme des Stoßpolarendiagramms auf Stoßvorgänge mit großen Druckverhältnissen erweitert werden. Angewendet auf den allgemeinen Fall, ist es sehr zeitraubend. Bei der praktischen Anwendung wurde auf die Berücksichtigung des Einflusses der Reibung und des Wärmeaustausches auf die Gasströmung verzichtet.

Zur Erfüllung der Randbedingungen, wie sie durch die Steuerschlitze eines kurbelkastengespülten Zweitaktmotors oder allgemein durch die Einlaß- und Auslaßorgane der Kolbenmaschinen festgelegt werden, wurde aus dem Zustandsdiagramm ein Randbedingungsdiagramm entwickelt, in dem die Bedingungslinien als Parameterkurven der Durchflußzahl α erscheinen. Bei Voraussetzung der Gültigkeit der quasistationären Betrachtungsweise ist es mit Hilfe dieses Diagramms und bei Bekanntsein der Durchflußzahlen α möglich, die instationären Drosselströmungen durch Steuerorgane von Kolbenmaschinen zu berechnen und die Zustandswerte auf den Rändern der Strömungsebenen zu finden. Das Randbedingungsdiagramm enthält außer den α-Kurven Mengen- und Entropielinien, mit deren Hilfe der Gewichtsdurchfluß und der Drosselgrad der Strömung berechnet werden können. Die Berechnung kann mit jedem $\varkappa$-Wert durchgeführt werden. Übergangsbedingungen, wie sie in Rohren durch Blenden – der Blendenöffnungsquerschnitt kann zeitlich veränderlich sein – oder Querschnittssprünge gegeben sind, werden im Randbedingungsdiagramm ebenfalls durch die Bedingungslinien $\alpha = \text{const}$ erfaßt. Auch sind Sonderfälle der Randbedingung *Rohrverzweigung* im Randbedingungsdiagramm darstellbar.

Die experimentellen Untersuchungen wurden an einem JLO-Zweitaktmotor vom Typ L 200 V durchgeführt. Die Verwendungsmöglichkeit des Gitterpunktverfahrens wurde an drei Beispielen gezeigt.

1. Unter Zugrundelegung einer Druckmessung an einer willkürlich festgelegten Stelle eines Auspuffrohres mit konstantem Querschnitt wurde mit Hilfe des Gitterpunktverfahrens die Strömungsebene der instationären Gasströmung des Auspuffrohres berechnet. Der Versuchsmotor war auf Vollast eingestellt und hatte eine Drehzahl von $n = 3000$ U/min. Aus dem Ergebnis der Berechnung konnten wertvolle Schlüsse über den Ablauf des Gaswechsels und seine Auswirkungen auf das Leistungsverhalten des Motors gezogen werden.

2. Es wurde der Weg des ersten Abgasteilchens in einem der beiden Überströmkanäle des Motors berechnet, welches nach Öffnen der Überströmschlitze dort eingeströmt war. Die Berechnung baute auf einer Druckmessung auf, die im Überströmkanal aufgenommen worden war. Die Motoreinstellung war die gleiche wie unter 1.

An Hand der Bahn des ersten Abgasteilchens in der Strömungsebene konnte festgestellt werden, daß Abgasteilchen bei Vollasteinstellung und der Drehzahl $n = 3000$ U/min nicht bis in den Kurbelkasten vordrangen. Außerdem war es möglich, den Zeitpunkt festzustellen, in dem das letzte Abgasteilchen den Überströmkanal wieder verließ und die eigentliche Spülperiode begann.

3. Der Gaswechsel des JLO-Motors M 200 V bei Vollast und $n = 3000$ U/min, einschließlich der instationären Gasströmungen im Auspuffrohr und in den Überströmkanälen, wurde berechnet. Die Auspuffanlage wurde als Diffusorauspuffrohr ausgebildet. Mit diesem Auspuffrohr konnte durch eine Stoßwelle, welche gegen Ende des Gaswechsels an der Zylindermündung eintraf und Abgas-Frischgasgemisch in den Zylinder zurückschob, der Motorzylinder aufgeladen werden. Die Stoßwelle und ihre Aufladewirkung wurden sowohl rechnerisch als auch

experimentell nachgewiesen. Die theoretische Leistungssteigerung allein durch die Aufladung der Stoßwelle betrug 16%, die tatsächlich erreichte 17,5%.

Dieses Berechnungsbeispiel eignete sich besonders dazu, die Anwendung des Randbedingungsdiagramms zu zeigen. Da keine stationären Durchflußmessungen an dem Motor zur Ermittlung der Durchflußzahlen α der Schlitze durchgeführt werden konnten, wurde sie näherungsweise mit Berücksichtigung der Strahlkontraktion, wie sie NUSSELT für die Blendenströmung bestimmt hat, und des Impulsverlustes berechnet. Die gerechneten und gemessenen Druckkurven stimmten unerwartet gut überein.

Das Ergebnis von Vorversuchen an einem JLO-Motor L 101 zeigte, daß die Leistungssteigerung, welche mit dem Diffusorauspuffrohr erreicht wurde, auch bei gleichzeitiger Schalldämpfung nicht nur erhalten blieb, sondern noch geringfügig gesteigert werden konnte, wenn der Schalldämpfer dem Diffusorauspuffrohr nachgeschaltet wurde.

Literaturverzeichnis

[1] Schultz-Grunow, F.: Nichtstationäre eindimensionale Gasbewegung. Forsch.Ing.-Wes. XIII (1942) 125–134.

[2] Sauer, R.: Charakteristikenverfahren für die eindimensionale instationäre Gasströmung. Ing.-Archiv XIII (1942) 79–89.

[3] Oswatitsch, K.: Gasdynamik (Kapitel stationäre und instationäre Fadenströmung). Wien: Springer 1952.

[4] List, H. u. Reyl, G.: Der Ladungswechsel der Verbrennungskraftmaschine. Erster Teil. Wien: Springer 1949.

[5] Lutz, O.: Resonanzschwingungen in den Rohrleitungen von Kolbenmaschinen. Bericht aus dem Laboratorium für Verbrennungskraftmaschinen der TH Stuttgart, Heft 3.

[6] Berdjis, M.: Schwingungstilgung in Abgasleitungen mit Hilfe von Resonatoren. Dissertation. TH Karlsruhe 1958.

[7] Huber, E. W.: Beitrag zur Berechnung von Strömungsvorgängen, insbesondere von Ladungswechselvorgängen an Verbrennungskraftmaschinen unter Berücksichtigung der instationären Strömung. VDI-Forschungsheft 462, Düsseldorf: VDI-Verlag

[8] Jenny, E.: Berechnungen und Modellversuche über Druckwellen großer Amplitude in Auspuffleitungen (mit einer ausführlichen Abhandlung der Charakteristikentheorie nach Sauer). Dissertation. ETH Zürich 1949. Basel: Ameba-Druck

[9] De Haller, P.: Über eine graphische Methode in der Gasdynamik. Technische Rundschau Sulzer, Nr. 1 (1945) 6–24.

[10] Hadlatsch, P.: Einfluß von Gasschwingungen endlicher Amplitude auf den Spülvorgang eines Zweitaktmotors. Habilitationsschrift, TH Aachen 1947.

[11] Yian-Nian Chen: Druckwellenspülung bei Zweitaktmotoren (Berechnungen und Versuche). Dissertation. ETH Zürich, 1953. Zürich: Verlag Leemann

[12] Wilhelm, W.: Instationäre Gasströmung im Auspuffsystem eines Zweitaktmotors. Forschungsbericht des Wirtschafts- und Verkehrsministeriums Nordrhein-Westfalen Nr. 165. Köln und Opladen: Westdeutscher Verlag 1955.

[13] Jenny, E.: Die Verwertung der Abgasenergie beim aufgeladenen Viertaktmotor. Brown Boveri Mitt. 37 (1950).

[14] Gyssler, G.: Untersuchungen über den Auslaßvorgang aufgeladener Zweitakt-Dieselmotoren. Brown Boveri Mitt. 47 (1960) 73–85.

[15] Berchtold, M.: Zur Entwicklung der instationären Gasdynamik. Schweizerische Bauzeitung, Heft 28 (1960).

[16] Hadlatsch, P.: Reibende Gasströmung durch Drosselstellen sowie Reflexion anbrandender Druckwellen mit großen Amplituden. Z. VDI, Nr. 17/18, 95 (1953) und Z. VDI, Nr. 20, 95 (1953).

[17] Rudinger, G.: Wave Diagrams for Nonsteady Flow in Ducts. New York: Verlag D. Van Nostrand Company, Inc. 1955.

[18] Stanyukovich, K. P.: Unsteady Motion of Continuous Media. Verlag Pergamon Press 1960.

[19] Benson, R. S.: The Application of Modern Gasdynamic Theories to Exhaust Systems of Internal Combustion Engines. Journal of the Liverpool Engineering Society, Nr. 6, Session 1956–1957.

[20] Oswatitsch, K.: Über die Charakteristikenverfahren der Hydrodynamik. ZAMM 25/27 (1947) 195–208 und 264–270.

[21] Schultz-Grunow, F.: Der Carnotsche Stoßverlust in nichtstationärer Gasströmung. ZAMM 29 (1949) 257–267.

[22] Pfriem, H.: Zur Theorie ebener Druckwellen mit steiler Front. Zschr. Akustik 1941.
[23] Hütte I, 27. Aufl., Berlin: Ernst u. Sohn 1949.
[24] Schultz-Grunow, F.: Pulsierender Durchfluß durch Rohre. Forsch.Ing.-Wesen XI (1940) 170–187.
[25] Naumann, A.: Wirkungsgrad in Diffusoren bei hohen Unterschallgeschwindigkeiten. FB 1705 (1942).
[26] Teipel, I.: The Influence of a Local Cross-Sektion on the Two-Dimensional Wave by Linearized Theory. Journal of the ARW/Space Sciences 1958.
[27] Teipel, I.: Ein neues Charakteristikenverfahren für eindimensionale instationäre Strömungen. Deutsche Versuchsanstalt für Luftfahrt, Bericht Nr. 74 (1958). Köln und Opladen: Westdeutscher Verlag.
[28] Prandtl, L.: Strömungslehre. Braunschweig: Vieweg und Sohn (1956) 152ff.
[29] Trendelenburg, F.: Einführung in die Akustik. Berlin/Göttingen/Heidelberg: Springer (1950) 62.
[30] Busemann, A.: Gasdynamik. Beitrag in Wien-Harms, Handbuch der Exp.-Physik, IV 343–406, Leipzig (1931).
[31] List, H.: Der Ladungswechsel der Verbrennungskraftmaschine. Dritter Teil. Wien: Springer 1952.
[32] Giertz, P.: Neue IS-Tafeln für Verbrennungsgase von Kohlenwasserstoffen. MTZ (1944) 62–66.
[33] List, H.: Der Ladungswechsel der Verbrennungskraftmaschine. Zweiter Teil. Wien: Springer 1950.
[34] Hansen, M.: Über das Ausflußproblem. VDI-Forschungsheft 428. Düsseldorf 1950.
[35] Hülsse, W.: Leistungssteigerung bei Zweitakt-Schnelläufern. MTZ (1959) 293–298.
[36] Zeman, J.: Grundlagen für die Berechnung von Zweitaktmaschinen. MTZ (1941) 285 bis 291.
[37] Nusselt, W.: Die Strömung von Gasen durch Blenden. Forsch.Ing.-Wesen III (1932) 11–20.
[38] Nusselt, W.: Der Druck im Ringquerschnitt von Rohren mit plötzlicher Erweiterung beim Durchfluß von Luft mit hoher Geschwindigkeit. Forsch.Ing.-Wesen XI (1940) 250–255.
[39] Schniewind, J.: Gasdynamische Untersuchung des Spülvorganges eines kurbelkammergespülten Zweitaktmotors. VDI-Berichte Bd. 3, 1955.
[40] Zeller, H.: Beitrag zur eindimensionalen stationären und nichtstationären Gasströmung mit Reibung und Wärmeleitung insbesondere in Rohren mit unstetigen Querschnittsänderungen. Forschungsbericht d. Wirtschafts- und Verkehrsministeriums Nordrhein-Westfalen Nr. 175. Köln und Opladen: Westdeutscher Verlag 1955.

Namen- und Sachverzeichnis

Abgasturboaufladung 2
Abhängigkeitsgebiet 23
akustische Wellen 1, 53
Anwendungsbeispiele 96, 105, 120
Ausflußzahl 137
Auspuffrohre 96, 99
Auspuffschlitz 135
Ausströmvorgänge 63ff

Bedingungslinie a = konst. 58
BENSON 4
BERCHTOLD 3
BERDJIS 1
BERNOULLI-L'HOSPITAL 36
Bewegungsgleichung 13
Bezugsdruck 16
Bezugslänge 16, 98
Bezugsschallgeschwindigkeit 16
Blende 82
Blendenströmung 136
Borda-Mündung 54, 84, 138
BUSEMANN 63

Carnotscher Stoßverlust 54, 84, 136
Charakteristik 8
Charakteristikenverfahren 1, 17
Comprex-Verfahren 3

Diffusor 39, 121
Diffusorströmung, instationär 37
Druckmeßeinrichtung 94
Druckverlauf im Auspuffrohr 22, 95, 100, 103, 152, 161
Druckwelle 19, 51
Düse 82
Düsenströmung 136
Durchflußvorgang, instationärer 73
Durchflußzahl 57, 84, 88, 89, 142

EICHELBERG 112
Einflußgebiet 23
Einströmvorgang, instationär 78
Elementarwelle 6
Energiegleichung 13
Entropielinien 60
Entropieschichtung 32
EULER 8

Fadenströmung 50
Felderverfahren 3, 23
fortschreitende Wellen 1
Fortsetzungsgebiet 23

Gaswechsel 96, 103, 120
Gaszustandsgleichung 10
Gesamtdruck 59
Gesamtladungsgrad 123, 149
Gitterpunktverfahren 17, 23
GYSSLER 3

HADLATSCH 2, 4
DE HALLER 2, 28, 31, 109
HANSEN 111
Hauptsatz der Wärmelehre, erster 11
— — —, zweiter 11
HÜLSSE 120
HUBER E. W. 1

Impulssatz 55, 140
innere Energie 14
instationäre Diffusorströmung 37
— Fadenströmung mit Reibung und Wärmeaustausch 50
— Rohrströmung, anisentrop [29
— —, isentrop 17
— —, mit Reibung 42
— —, mit Wärmeaustausch 45
instationärer Gaswechsel eines Viertaktmotors 77
— — — Zweitaktmotors 77

JENNY 2, 3, 32, 43, 45, 84

KADENACY-Effekt 77
kinetische Energie 14
Knotenpunkt 87
Kontinuitätsgleichung 12
Kontraktionszahl 83, 127, 137, 138, 143

Ladungsaufwand 108, 121, 149
Lebenslinie 7
LEVINE 51
Liefergrad 123, 149
LIST 105, 108, 120, 121, 124, [125
LUTZ 1

MACH-Linie 7
Massenwirkung 1, 77
Mengenlinien 61
Meßeinrichtungen 93
Molverhältnis 108

NAUMANN 41
NUSSELT 137, 140

örtlicher Mittelwert 67
OSWATITSCH 1, 5, 26
Oszillogramm 95

PFRIEM 24
Piezo-Quarzdruckgeber 94
Poldistanz 21
PRANDTL 42
Programmierung 4
Prüfstandsaufbau 92

quasistationär 54, 76, 57, 88

Randbedingung 3
— Auspuffschlitz 135
— Blende 82, 83
— Düse 82, 83
— Geschlossenes Rohrende 56
— Kurbelkastenmündung 110
— Offenes Rohrende 51
— Rohrverzweigung 85ff.
— Turbine 84
— Überströmschlitz 135

Randbedingungsdiagramm 57
Reibungs-druck 125
—-kraft 14,42
—-wärme 44
Resonanz 19
Rohr-anordnungen, untersuchte 96
—-strömung, instationär 17, 19, 42, 45
—-verzweigung 85
RUDINGER 4
Ruhedruck 59

SAINT-VENANT 58
SAUER 5
Saugwelle 54, 103, 160
Schall-gebiet 140
—-geschwindigkeit 6
—-zustand 8, 18
SCHNIEWIND 111
SCHULTZ-GRUNOW 1, 54, 42
SCHWINGER 51
Spülgrad 108, 122, 149
STANYUKOVICH 4
Staudruck 42
stehende Wellen 1
Stoß-front 23, 161
—-geschwindigkeit 6
—-polare 24, 57
—-polarendiagramm 25

Teilchenbahn 7
Teilchengeschwindigkeit 8
TEIPEL 41
Temperatursprung 33
Transformation der Grundgleichungen 15
TRENDELENBURG 51
T-Stück 85

Übergangsbedingung Blende 143
Übergangsbedingung 77
Überschallbereich 7, 62
Überströmschlitz 135
Umkehrspülung 122

Verdichtungs-stoß 23, 42, 54, 57, 76, 161
—-welle 6
Verdrängungsarbeit 14
Verdrängungsspülung 105
Verdünnungsspülung 105, 108, 122
Verdünnungswelle 6
Versuchsmotor 91
Versuchseinrichtung 91
Verträglichkeitsbedingung 8

Wärme-abfuhr 49
—-leitung 5
—-zufuhr 48
WEISBACH 143
WILHELM 3

YIAN-NIAN-CHEN 3, 11

ZEMAN 135
Zustandscharakteristik 18
Zustandsdiagramm 18